高等院校"十三五"系列规划教材

环境科学与工程、化学工程与技术类系列规划教材

废水处理工艺及设备

主编 郭 勇 杨 平

Process and Equipment for Wastewater Treatment

四川大学出版社

项目策划：毕　潜
责任编辑：毕　潜
责任校对：蒋　玙
封面设计：墨创文化
责任印制：王　炜

图书在版编目（CIP）数据

废水处理工艺及设备 / 郭勇，杨平主编 . — 成都：
四川大学出版社，2019.9
　ISBN 978-7-5690-3094-5

　Ⅰ . ①废… Ⅱ . ①郭… ②杨… Ⅲ . ①废水处理
Ⅳ . ① X703

中国版本图书馆 CIP 数据核字（2019）第 214326 号

书　名	废水处理工艺及设备
主　编	郭　勇 杨　平
出　版	四川大学出版社
地　址	成都市一环路南一段 24 号（610065）
发　行	四川大学出版社
书　号	ISBN 978-7-5690-3094-5
印前制作	四川胜翔数码印务设计有限公司
印　刷	成都金龙印务有限责任公司
成品尺寸	185mm×260mm
印　张	18.5
字　数	470 千字
版　次	2019 年 10 月第 1 版
印　次	2019 年 10 月第 1 次印刷
定　价	65.00 元

扫码加入读者圈

◆ 读者邮购本书，请与本社发行科联系。
　电话：(028)85408408/(028)85401670/
　(028)86408023　邮政编码：610065
◆ 本社图书如有印装质量问题，请寄回出版社调换。
◆ 网址：http://press.scu.edu.cn

四川大学出版社
微信公众号

前　言

我国的经济在近年来得到了飞速的发展，与此同时对环境造成了一定程度的污染。为了保护生态环境，我国积极倡导节能减排，并且在污染物的处理上给予了足够的重视。在全球水资源日益紧缺的形势下，对于污水的处理就显得尤为重要，可以通过多种技术手段对污水进行净化处理，使其恢复利用价值，减少对环境的污染。污水处理技术在我国未来的发展中具有广阔的前景和重要的地位。

本书针对高等院校化工类和环境类专业的需要，结合废水处理工艺和设备进行编写，系统介绍了废水处理的工艺及设备，废水处理的典型工艺和设备的工作原理、结构特点、运行过程，以及废水处理的通用设备和非标准设备的选用方法和设计原则。全书共 11 章，分别介绍了物理法、化学法、物理化学法和生物法废水处理技术，内容主要包括过滤、沉降、气浮、混凝、中和、化学沉淀、氧化还原、吸附、离子交换、萃取、膜分离、磁分离、好氧生物处理、厌氧生物处理、生物脱氮、生物除磷、自然处理等废水处理中通用的技术及单元操作，详细介绍了各种技术的基本原理及工艺流程，各单元操作所用设备的结构、工作原理、设计参数、操作维护等，此外还列举了一些典型废水处理的实例。本书在注重课程内容完整和整体优化的同时，努力以较少的理论推导和简明的叙述，将废水处理工艺和设备的基本内容和诸多新技术、新设备、新方法、新概念一并展现在读者面前。全书基本涵盖了国内外废水处理工艺及设备方面最新的技术和发展动态。在编写方面，集内容的先进性和叙述的深入浅出为一体，以更好地满足环境工程和化工工艺类学生和技术人员学习的需要。

本书各章给出了例题与思考题，供广大师生与读者参考，以指导学生和帮助读者复习学过的相关知识，提高对学习内容的掌握度。

本书重视基本理论的阐述，力求理论与实际相结合，工艺与设备兼顾，内容丰富，实用性强。本书可作为高等院校环境工程、化学工程等相关专业的教材，也可作为广大科技人员和生产技术人员的参考书。

本书由郭勇、杨平主编，郭勇统稿。其中，第一章、第二章、第三章、第五章、第七章和第十一章由郭勇编写，第八章、第九章和第十章由杨平编写，第四章由赖波编写，第六章由兰中仁编写。参加本书编写和校对工作的还有童启邦、徐云倩、郑慈航、陈茂莲等，对他们为本书付出的辛勤劳动深表敬意。在本书的编写过程中，还得到了许多老师的帮助，在此谨向这些老师及对本书提出过宝贵意见的广大朋友表示感谢。

由于编者水平有限，书中难免有不足之处，望广大读者给予指正并提出宝贵意见。

编　者

2019 年 8 月

目 录

第一章　绪　论

水在社会循环中，由于种种原因丧失了使用价值而外排，这种废弃外排的水称为废水。在这些原因中，最根本的原因是水中混入了各种污染物质。废水有两种概念：一种是"废水"，重点强调被废弃而外排，"废水"的污染物含量并不一定会很高，如工业生产过程中排放的冷却水；另一种是"污水"，更多地强调其中的污染物含量较高。由于约定俗成的原因，现在所称的"废水"，通常是"废水"和"污水"的统称，并更偏重于"污水"。

第一节　废水性质与污染指标

一、废水的类型和特征

废水的分类方法很多，根据废水中含有的污染物的化学特性，可将废水分为无机废水和有机废水；根据行业或产生废水的生产工艺，可将废水分为造纸废水、食品废水、化工废水、制药废水、冶金废水、采矿废水、电镀废水、制造业废水等。

目前普遍采用的分类方法是根据来源不同，将废水分为生活污水、工业废水、初期雨水和城镇污水。

1. 生活污水

生活污水是指人们在日常生活中所产生的废水，主要包括厨房用水，洗涤用水，洗衣、沐浴以及卫生间冲洗厕所等所产生的污水。生活污水含有大量的有机物，其主要成分为纤维素、淀粉、糖类、脂肪、蛋白质等，同时含有氯化物、硫酸盐、磷酸盐、碳酸氢盐、硝酸盐以及钠、钾、钙、镁等无机盐类，以及多种微生物、病原体和寄生虫卵等。城市每人每日排出的生活污水量为 150 ~ 400 L，其产生量与人民生活水平及生活习惯有密切关系。大量生活污水如果不经处理直接排入河流、湖泊，必定会导致河流、湖泊不同程度的污染，严重的可能造成河流、湖泊水体富营养化，暴发蓝藻水华。蓝藻水华爆发会造成水体中藻毒素含量过高，降低水中溶解氧，给人们饮水和水产养殖造成重大损失。

2. 工业废水

工业废水是指在工业生产过程中所产生的废水和废液。工业废水（industrial wastewater）包括生产废水、生产污水及冷却水，其中含有随水流失的工业生产用料、中间产物、副产品以及生产过程中产生的污染物。工业废水一般是按行业划分的，如造纸工业废水、化工行业废水、石油工业废水、纺织工业废水、钢铁工业废水、冶金工业废水、机械加工工业废水、食品加工业废水、制药工业废水、制革工业废水等。一般而言，工业废水种类繁多，成分复杂。例如，电解盐工业废水中含有汞，重金属冶炼工业废水中含有铅、镉等各种金属，电镀工业废水中通常含有氰化物和铬等各种重金属，石油炼制工业废水中含有酚，农药制造工业废水中含有各种农药等。由于工业废水的排放量大，污染物种类繁多，常含有多种有毒物质，对人类健康有很大危害，所以要综合利用，化害为利，并根据废水中污染物的成分和浓度，采取相应的净化措施进行处置后才可排放。随着工业的迅速发展，废水的种类和数量迅猛增加，对水体的污染也日趋广泛和严重，威胁人类的健康和安全。因此，对于保护环境来说，工业废水的处理显得尤为重要。

3. 初期雨水

初期雨水是指雨雪降至地面形成的初期地表径流的雨水，一般是指地面 $10 \sim 15$ mm 厚已形成地表径流的降水。初期雨水的成分较复杂，且水质水量随地区环境、季节、气候等变化。在降雨初期，雨水中溶解了空气中大量的酸性气体、汽车尾气、工厂废气等污染性气体，降落地面后，又冲刷屋面、沥青混凝土道路等，使得初期雨水中含有大量的污染物质，污染程度较高，甚至超出普通城市生活污水的污染程度。初期雨水经雨水管直排入河道，给水环境造成了一定程度的污染，特别是那些工业废渣或城镇垃圾堆放场地，经雨水冲淋后产生的初期雨水更具危险性。因此，如果将初期雨水直接排入自然受纳水体，将会对水体造成非常严重的污染。必须对初期雨水进行弃流处理，可以设置初期弃流过滤装置，将初期雨水弃流至污水管道，降雨后期污染程度较轻的雨水经过截污挂篮截留水中的悬浮物、固体颗粒杂质后，排入自然受纳水体，有效地保护自然水体环境。

4. 城镇污水

城镇污水（municipal wastewater）是指城镇居民生活污水，机关、学校、医院、商业服务机构及各种公共设施排水，以及部分允许排入城镇污水收集系统的工业废水和初期雨水等。由于我国幅员辽阔，各地自然条件及经济发展水平悬殊，城镇区域特点、产业结构及主要功能也各不相同，因此，城镇污水的特性、收集方式、排放水体状况等均不相同。由于各地产业结构区域特定差异、受雨季影响及用水量时变化系数较大，城镇污水水量、水质变化大，成分、性质比较复杂，不但各城镇间不同，同一城市中的不同区域也有相当大的差异。一般来讲，城镇污水相对于城市生活污水而言，具有人口数量较少、用水量标准较低、污水排放规模较小等特点。

很多小城镇由于尚无排水系统，污水均沿道路边沟或路面就近排入受纳水体；一些城镇（特别是山区和贫困地区等）由于街道过于狭窄、两侧建筑密集、施工复杂，无条件修建分流制排水系统，采用完全合流制排水体制。我国对城镇污水的处理日益重视，并制定了相应的排放标准。现行排放标准执行《城镇污水处理厂污染物排放标准》（GB 18918—2002），对城镇污水处理厂排放 BOD_5、COD_{Cr}、SS、pH、总磷、总氮、氨氮、粪大肠菌群数等均限定了严格的标准。对于一些城镇化发展中的地区而言，建设及运营资金短缺，土地资源紧张，可考虑维护管理技术人员及运行管理经验严重缺乏等原因，将排放标准进行调整或适当放宽。

二、水质污染指标

废水所含污染物千差万别，可通过分析检测对废水中的污染物做出定性、定量评价，以反映废水水质。水质是指水和其中所含的污染物共同表现出来的物理、化学和生物学的综合性质。水质污染指标则是评价水质污染程度、进行污水处理工程设计的基本依据，可体现出其中污染物的种类和数量，是判断水质的具体参数。污水水质污染指标一般分为物理性指标、化学性指标和生物性指标三类。

（一）物理性指标

表示污水物理性质的污染指标主要有温度、色度、嗅和味、悬浮固体等。

1. 温度

温度（temperature）是反映水体热污染的指标。水的温度对水中化学反应的速率及水生生物的生存都有重要的影响，工业生产和生活中排放的废热直接排在水环境里，造成了对局部水域生物群落的破坏，威胁其稳定性，从而产生严重后果，这就是水体的热污染。水体热污染一般是指水温超过60℃的污染现象。许多工业排出的废水都有较高的温度，这些废水排入水体使水温升高，引起水体的热污染。

水温升高影响水生生物的生存和对水资源的利用。氧气在水中的溶解度随水温的升高而减小，这样一方面水中溶解氧减少，另一方面水温升高加速耗氧反应，最终导致水体缺氧或水质恶化。还需要注意的是，当水的温度产生突变时，会引起水生生物的大量死亡。反常的高温还会导致某些对生态不利的水生植物和真菌的大量生长，加速水体富营养化的进程。温度对废水处理微生物的影响很大。除了高温厌氧微生物的最佳温度为50℃~55℃外，常见的废水处理微生物的适宜生存温度为25℃~35℃。经研究发现，好氧微生物和硝化菌在温度升高到50℃时，其好氧和硝化作用就会停止。而在厌氧工艺中，若温度低于15℃，产甲烷菌的活性就会大大降低，而到了5℃，自养硝化菌就会停止活动，到2℃时，化能异养菌就进入休眠状态。地表水的温度随季节、气候条件而有不同程度的变化，一般为0.1℃~30℃，地下水的温度比较稳定，一般为8℃~12℃，而工业废水的温度与生产过程有关。

2. 色度

色度是反映感官污染的指标。纯净的天然水是无色透明的，但含有金属化合物或有机化合物等有色污染物的废水会呈现不同的颜色，造成感官上的不悦。水的颜色分为表观颜色和真实颜色。水的表观颜色是由溶解物质及不溶解性悬浮物产生的颜色，而水的真实颜色是指仅由溶解物质产生的颜色。水质色度的测定是用铂钴标准比色法，即用氯铂酸钾（K_2PtCl_6）和氯化钴（$CoCl_2 \cdot 6H_2O$）配制成测色度的标准溶液，与被测样品进行目视比较，以测定样品的色度。规定每升溶液中含有2.419 mg的氯铂酸钾和2.00 mg的氯化钴时，将铂（Pt）的浓度为每升1 mg[以六氯铂（Ⅳ）酸的形式]时所产生的颜色深浅定为1度。饮用水的色度大于15度时多数人即可察觉，大于30度时人会感到厌恶。标准中规定饮用水的色度不应超过15度。

3. 嗅和味

嗅和味也是感官性指标。天然水是无臭无味的，而废水往往会产生异样的气味，水中臭味主要来源于生活污水和工业废水中的污染物、天然物质的分解或与之有关的微生物活动，其中主要是还原性硫和氮的化合物、挥发性有机物等。研究表明，嗅和味产生的原因主要有三类：一是排入水体的无机物、化学制品及溶解性的矿物盐，如氯化钠带咸味，硫酸镁带苦味，铁盐带涩味，硫酸钙略带甜味；二是腐殖质等有机物、藻类放线菌和真菌的分泌物以及残体产生的 *Geosmin*（地霉菌）、MIB（2 - 甲基异茨醇）；三是过量投氯引起的。

目前，国内对水体异味的检测方法主要有嗅觉法、气相色谱法、气质联用法、比色法、化学发光法、蒸馏萃取法（SDE）、液—液萃取法（LLD）、吹扫捕集法（PT）、固相微萃取法（SPME）、酶联免疫法等。其中气相色谱法最为常用，多采用火焰离子化检测器和质谱检测器。而近几年发展起来的固相微萃取法因不需要有机溶剂，无须浓缩，简便易行而广泛应用于食品、环境安全等领域。

4. 悬浮固体

在国家标准和规范中，悬浮固体又称为悬浮物，用 SS（Suspended Solids）表示，是指滤渣脱水烘干后的固体。国家标准定义为：水质中的悬浮物是指水样通过孔径为 0.45 μm 的滤膜，截留在滤膜上并于 103℃ ~ 105℃ 烘干至恒重的物质。悬浮固体表示水中不溶解的固态物质，如淤泥、黏土、无机沉淀、有机沉淀、污垢、微生物等。悬浮固体是重要的水质指标，排入水体后会在很大程度上影响水体外观，除了会增加水体的浑浊度，妨碍水中植物的光合作用，对水生生物生长不利外，还会造成管渠和抽水设备的堵塞、淤积和磨损等。此外，悬浮固体还有吸附和凝聚重金属及有毒物质的能力，因此，饮用水、工业用水等对悬浮固体都有严格的要求。悬浮固体含量也是污水处理厂设计的一个重要参数。

（二）化学性指标

表示污水化学性质的污染指标可分为有机物指标和无机物指标。

1. 有机物指标

污水中有机污染物种类繁多，组成也较为复杂，现有技术很难分别测定各类有机物的含量，通常也没有必要性。有机物的主要危害是消耗水中溶解氧（DO），因此，在工作中一般采用间接指标来反映水中有机物的含量。常用指标如下：

（1）生化需氧量（Biochemical Oxygen Demand，BOD）。水中有机污染物被好氧微生物分解时所需的氧称为生化需氧量（以 mg/L 为单位）。它反映了在有氧条件下，微生物分解水中的某些可氧化的物质，特别是分解有机物的生物化学过程消耗的溶解氧，其值表示了可生物降解的有机物的量。BOD 值越大，表示水中耗氧有机污染物越多，污染越严重。有机污染物被好氧微生物氧化分解的过程，一般可分为两个阶段：第一阶段主要是有机物被转化成二氧化碳、水和氨；第二阶段主要是氨被转化为亚硝酸盐和硝酸盐。废水的生化需氧量通常只指第一阶段有机物生物氧化所需的氧量。有机物被微生物降解消耗氧的过程主要有：一部分有机物被氧化成最终产物，以获得维持细胞活动和合成新的细胞组织所需要的能量；一部分有机物被转化为新的细胞组织，实现微生物的增殖；当有机物耗尽时，新生的细胞就进入"内源呼吸期"，即微生物消耗其自身的组织来获得维持其活性的能量。这三个过程可以用下述化学反应方程式来表示：

氧化过程：有机物 $+ O_2 +$ 微生物 $\longrightarrow CO_2 + H_2O + NH_3 +$ 最终产物 $+$ 能量

合成过程：有机物 $+ O_2 +$ 微生物 $+$ 能量 $\longrightarrow$ 新细胞组织

内源呼吸：细胞组织 $+ 5O_2 \longrightarrow 5CO_2 + 2H_2O + NH_3$

微生物的活动与温度有关，测定生化需氧量时以 20℃ 作为测定的标准温度。生活污水中的有机物一般需 20 天左右才能基本上完成第一阶段的分解氧化过程，即测定第一阶段的生化需氧量至少需要 20 天，这在实际工作中是比较困难的。目前以 5 天作为测定生化需氧量的标准时间，简称 5 日生化需氧量（用 BOD_5 表示）。据试验研究，生活污水 5 日生化需氧量约为第一阶段生化需氧量的 70% 左右。通常情况下，将水样充满完全密闭的溶解氧瓶中，在 (20 ± 1)℃ 的暗处培养 5 d ± 4 h 或 $(2 + 5)$d ± 4 h[先在 0℃~4℃ 的暗处培养 2 d，接着在 (20 ± 1)℃ 的暗处培养 5 d]，分别测定培养前后水样中溶解氧的质量浓度，由培养前后溶解氧的质量浓度之差，计算每升水样消耗的溶解氧量，以 BOD_5 形式表示。

若样品中的有机物含量较多，BOD_5 大于 6 mg/L，样品需适当稀释后测定；对水样中不含或含微生物量少的工业废水，在测定 BOD_5 时应进行接种，以引进能分解废水中有机物的微生物。当废水存在难以被一般生活污水中的微生物以正常速度降解的有机物或含有剧毒物质时，应将驯化后的微生物引入水样中进行接种。

（2）化学需氧量（Chemical Oxygen Demand，COD）。化学需氧量是指用化学强氧化剂氧化水中有机污染物时所消耗的氧化剂量折合成的氧量，以 mg/L 为单位。COD 值越高，表示水中有机污染物越多。常用的强氧化剂主要是重铬酸钾和高锰酸钾。以高锰酸钾作氧化剂时，测得的值称为 COD_{Mn} 或 OC；以重铬酸钾作氧化剂时，测得的值称为 COD_{Cr}。在废水处理中，通常采用重铬酸钾法测定废水的化学需氧量。

COD_{Cr} 的定义是：在一定条件下，经重铬酸钾氧化处理时，水样中的溶解性物质和悬浮物所消耗的重铬酸钾相对应的氧的质量浓度。国标法的测量原理是：在水样中加入已知量的重铬酸钾溶液，并在强酸性介质下以银盐作催化剂，经沸腾回流后，以试亚铁灵为指示剂，用硫酸亚铁铵滴定水样中未被还原的重铬酸钾，由消耗的硫酸亚铁铵的量换算成消耗氧的质量浓度。在酸性重铬酸钾条件下，芳烃及吡啶难以被氧化，其氧化率较低，在硫酸银的催化作用下，直链脂肪族化合物可有效地被氧化。

COD 能够较为精确地反映废水中有机物的含量，测定时间较短，且不受水质的限制。但它不能像 BOD 那样反映出水中可以被微生物降解的有机物的量。例如，当废水中含有还原性无机物（如硫化物）时，加入强氧化剂后这类物质也会被氧化，因此，COD 值也存在一定的误差。

如果污水中有机物的组成相对稳定，则 BOD 和 COD 之间应有一定的比例关系，生活污水通常在 0.4~0.5 之间。一般而言，COD_{Cr} 与 BOD 之差，可以粗略地表示不能被微生物氧化分解的有机物量，差值越大，难以被微生物降解的有机物含量越多，越不宜采用生物处理法。因此，BOD_5 与 COD 的比值（B/C 值，称为可生化性指标）可作为废水是否宜于采用生物处理的判别标准，比值越大，越容易被生物处理。一般认为 B/C 值大于 0.3 的废水才适合采用生物处理法。

（3）总有机碳（TOC）与总需氧量（TOD）。总有机碳（TOC）是指水样中所有有机物的含碳量，并以此来间接表示水样中所含有机物的总量，它反映了水被有机物质污染的程度。

它是把水样中所有有机碳转化为 CO_2 后，测定 CO_2 的量来确定水样中碳的含量。有机物中含有 C、H、N、S 等元素，当有机物全都被氧化时，C 被氧化为 CO_2，H、N 及 S 则被氧化为 H_2O、NO、SO_2 等，此时的需氧量称为总需氧量(TOD)。TOC 和 TOD 的测定仅需几分钟。

现行检测标准为《水质 总有机碳的测定 燃烧氧化—非分散红外吸收法》(HJ 501—2009)，适用于地表水、地下水、生活污水和工业废水中总有机碳(TOC)的测定，检出限为 0.1 mg/L，测定下限为 0.5 mg/L。该标准测定 TOC 分为差减法和直接法。当水中苯、甲苯、环己烷和三氯甲烷等挥发性有机物含量较高时，宜用差减法测定；当水中挥发性有机物含量较少而无机碳含量相对较高时，宜用直接法测定。

差减法测定总有机碳的方法是：将试样连同净化气体分别导入高温燃烧管和低温反应管中，经高温燃烧管的试样被高温催化氧化，其中的有机碳和无机碳均转化为二氧化碳，经低温反应管的试样被酸化后，其中的无机碳分解成二氧化碳，两种反应管中生成的二氧化碳分别被导入非分散红外检测器。在特定波长下，一定浓度范围内二氧化碳的红外线吸收强度与其浓度成正比，由此可对试样总碳(TC)和无机碳(IC)进行定量测定。总碳与无机碳的差值，即为总有机碳。

直接法测定总有机碳的方法是：试样经酸化曝气，其中的无机碳转化为二氧化碳被去除，再将试样注入高温燃烧管中，可直接测定总有机碳。由于酸化曝气会损失可吹扫有机碳(POC)，故测得的总有机碳值为不可吹扫有机碳(NPOC)。

(4)油类污染物。油类通过不同途径进入水体环境形成含油污水，油类污染物有石油类和动植物油脂两种。油类污染物是一种量大、面广且危害严重的污染物。全世界每年有 500 万~1000 万吨石油通过各种途径进入水体。油类污染物的来源可分为自然来源(约占 8%)和人类活动来源(约占 92%)。自然来源主要有海底、大陆架渗漏，含油沉积岩缺损等。人类活动来源主要有油轮事故和海上石油开采的泄漏与井喷事故，港口和船舶的作业含油污水排放，石油工业的废水，餐饮业、食品加工业、洗车业排放的含油废水等。

油类污染物在水体中通常以四种状态存在，即悬浮油、乳化油、溶解油和凝聚态的残余物(包括海面漂浮的焦油球以及在沉积物中的残余物)。油品在水中分散颗粒较大，粒径大于100 μm 的称为悬浮油。这种油占水中总含油量的 60%~80%，是水中油类污染物的主要部分，易于从水中分离出来。油品在水中分散的粒径很小，呈乳化状态的，称为乳化油。乳化油比较稳定，不易从水中分离出来。小部分油品在水中呈溶解状态，称为溶解油，溶解度为 5~15 mg/L。石油产品不同于其他溶解性物质，它的黏滞性大于水，密度小于水，在水中的溶解度较小。因此，工业废水中的矿物油基本上是由两大部分组成：一部分以油膜状态浮于水面，油膜厚度与水中油的含量有关；另一部分呈乳化状态溶于水或吸附于悬浮微粒上。

油类污染物进入河流、湖泊或地下水后，其含量超过了水体的自净能力，使水质和底质的物理、化学性质或生物群落组成发生变化，从而降低水体的使用价值和使用功能。石油类污染物在进入水体后，会在水面上形成厚度不一的油膜。据测定，每吨石油能覆盖 5×10^6 m^2 的水面。油膜使水面与大气隔绝，使水中溶解氧减少，从而影响水体的自净作用，致使水底质变黑发臭。油膜、油滴还可贴在水体中的微粒上或水生生物上，不断扩散和下沉，会向水体表面和深处扩展，污染范围越扩越大，破坏水体正常生态环境。另外，水面浮油还可萃取分散于水体中的氯烃，如狄氏剂、毒杀芬等农药和聚氯联苯等，并把这些毒物浓集到水体表层，毒害水生生物。

油类污染物还会对渔业产生严重的影响。首先是石油污染会破坏渔场、玷污渔网、养殖器材和渔获物，水体污染可直接引起鱼类死亡，造成渔获量的直接减产。其次表现为产值损失，油污染能使鱼虾类生物产生特殊的气味和味道，且不易消除，因此会降低水产品的食用价值，严重影响其经济利用价值。最后，对水上旅游和娱乐业产生不良的影响。

油类污染物对水生动物也有不良影响。水体中的石油类污染物主要通过动物呼吸、取食、体表渗透和食物链传输等方式富集于动物体内。水体中石油类污染物含量为 0.01 ~ 0.10 mg/L 时，会对水生动物产生有害影响，导致其中毒。石油中有些烃类与一些海洋动物的化学信息（外激素）相同，或是化学结构类似，从而影响这些海洋动物的行为。

石油一般可以通过呼吸、皮肤接触、食用含污染物的食物等途径进入人体，影响人体多种器官的正常功能，引发多种疾病。石油的浓度是考察其毒性的关键因子。不同组分的石油其毒性效果不一样，随着石油浓度的升高和暴露时间的延长，其毒性增强。研究表明，人们在食用受石油烃衍生出的致癌物质特别是多环芳烃污染的水产品时，这些致癌物质可通过食物链的传递危及人体的健康和安全。

油类污染物现行检测标准为《水质 石油类和动植物油类的测定 红外分光光度法》（HJ 637—2012）。该标准规定了测定水中石油类和动植物油类的红外分光光度法，适用于地表水、地下水、工业废水和生活污水中石油类和动植物油类的测定。

当样品体积为 1000 mL，萃取液体积为 25 mL，使用 4 cm 比色皿时，检出限为 0.01 mg/L，测定下限为 0.04 mg/L；当样品体积为 500 mL，萃取液体积为 50 mL，使用 4 cm 比色皿时，检出限为 0.04 mg/L，测定下限为 0.16 mg/L。

测量原理：用四氯化碳萃取样品中的油类物质，测定总油，然后将萃取液用硅酸镁吸附，除去动植物油类等极性物质后，测定石油类。总油和石油类的含量均由波数分别为 2930 cm^{-1}（CH$_3$基团中 C—H 键的伸缩振动）、2960 cm^{-1}（CH$_3$基团中 C—H 键的伸缩振动）和 3030 cm^{-1}（芳香环中 C—H 键的伸缩振动）谱带处的吸光度 A$_{2930}$、A$_{2960}$、A$_{3030}$ 进行计算，其差值为动植物油类浓度。

（5）有机性有毒有害物质。主要有酚、有机农药、苯类化合物等。有毒有机污染物是指在水中通常只以微克级（10^{-6} g/L）或更低级水平存在，常规的 BOD、COD 等有机物监测指标不能对它们实施有效监测的有机污染物，主要包括以下几类：

多氯联苯（PCBs）：多氯联苯是联苯上的氢被氯取代后生成物的总称。一般以 4 氯或 5 氯化合物为主，若 10 个氢皆被置换，则可形成 210 种化合物。多氯联苯被广泛用作电器绝缘材料和塑料增塑剂等，是一种稳定性极高的合成化学物质。该类污染物在环境中不易分解，一般极难溶于水，但易溶于有机溶剂和脂肪，其进入生物体内也相当稳定，故一旦侵入肌体就不易排泄，而易聚集于脂肪组织、肝和脑中，引起皮肤和肝脏损坏。随着水体水分循环，PCBs 已成为环境污染最具代表性的物质之一。

多环芳烃（PAHs）：多环芳烃是含碳化合物在温度高于 400℃ 时，经热解环化和聚合作用而成的产物，多为石油、煤等燃料以及木材和可燃性气体等在不完全燃烧或高温处理条件下所产生，排入大气后经沉降和雨洗等途径到达地表，引起地表水和地下水的污染。生物毒性实验表明，许多 PAHs 具有致癌作用，是公认的有毒有机污染物。PAHs 的种类多达数百种，它们的基本结构是芳香烃的多环同系物，具有相似的物理化学性质。美国环保局公布的 129 种优先污染物中有 16 种多环芳烃。

有机氯农药：有机氯农药是一类对环境具有严重威胁的人工合成有毒有机化合物，在世界各国优先控制污染物黑名单中均有公布。引起水体污染的有机氯农药主要包括 DDT、DDD、艾氏剂、六六六等，都属于持久性农药。有机氯农药易溶于脂肪和有机溶剂而不易溶于水，它们的光学性质稳定，在环境中的残留时间长。

酚类化合物：酚类化合物广泛存在于自然界中，煤气、焦化、石油化工、制药、油漆等行业大量排放的工业废水中主要含有苯酚。苯酚是产生臭味的物质，溶于水，毒性较大，能使细胞蛋白质发生变性和沉淀。当水中酚浓度达 0.1 ~ 0.2 mg/L 时，鱼肉产生酚味，浓度更高时可使鱼类大量死亡。人长期饮用含酚水，可引起头昏、贫血及各种神经系统症状，甚至中毒死亡。

有毒有机污染物在水体中虽然含量甚微，但生态毒理学研究的结果证明，它们中有些极难为生物分解，对化学氧化和吸附也有阻抗作用，在急性及慢性毒性实验中往往并不表现出毒性效应，但却可以在水生生物、农作物和其他生物体中迁移、转化和富集，并具有"三致"（致癌、致畸、致突变）作用，在长周期、低剂量条件下，往往可以对生态环境和人体健康造成严重的甚至是不可逆的影响。

2. 无机物指标

常用的无机物指标如下：

(1)pH 值。氢离子浓度(hydrogenion concentration)是指溶液中氢离子的总数和总物质的量的比。pH 是 1909 年由丹麦生物化学家 Soren Peter Lauritz Sorensen 提出的。p 来自德语 potenz，意思是浓度、力量，H(hydrogenion)代表氢离子。

在标准温度(25℃)和压力下，pH = 7 的水溶液(如纯水)为中性，这是因为水在标准温度和压力下自然电离出的氢离子和氢氧根离子浓度的乘积(水的离子积常数)始终是 1×10^{-14}，且两种离子的浓度都为 1×10^{-7} mol/L。pH 值小说明 H^+ 的浓度大于 OH^- 的浓度，故溶液酸性强；而 pH 值大则说明 H^+ 的浓度小于 OH^- 的浓度，故溶液碱性强。所以 pH 值越小，溶液的酸性越强；pH 值越大，溶液的碱性越强。

通常 pH 值是一个介于 0 和 14 之间的数(浓硫酸 pH 值约为 2)。在 25℃ 的温度下，当 pH < 7 时，溶液呈酸性；当 pH > 7 时，溶液呈碱性；当 pH = 7 时，溶液呈中性。但在非水溶液或非标准温度和压力的条件下，pH = 7 可能并不代表溶液呈中性，这需要通过计算该溶剂在这种条件下的电离常数来决定 pH 为中性的值。

在水质指标中，pH 值主要指示水样的酸碱性。天然水的 pH 值主要取决于水中二氧化碳、重碳酸根离子、碳酸根、氢氧根离子的平衡含量；受工业废水污染的水，引起 pH 值变化的因素比较复杂。一般要求处理后污水的 pH 值在 6 ~ 9 之间。

(2)氮、磷含量。氮、磷含量表示水体中含氮化合物和含磷化合物在水中存在的形式和浓度，是重要的水质指标。污水中氮的形式有四种：有机氮(主要是蛋白质和尿素)、氨氮、硝酸盐氮和亚硝酸盐氮。这四种氮的总和(以 N 计量)称为总氮(TN)，有机氮和氨氮之和(以 N 计量)称为凯氏氮(TKN)。含磷化合物包括有机磷和无机磷，二者之和(以 P 计量)称为总磷(TP)。

氮、磷污染物来源分为外源性污染和内源性污染。外源性污染又分为点源污染和面源污染。其中点源污染主要来源于生活污水和工业废水，面源污染主要来源于农业和渔牧业。内源性污染是指水底沉积物中氮和磷的释放、水生动植物新陈代谢分解等产生的氮磷污染。

据估算，我国人均体内排出的磷为 1.8 g/d 左右。生活污水中含有有机氮和氨态氮，其来自食物中蛋白质代谢产物，一般人均产生 11 g/d 氮态废物。新鲜生活污水中有机氮约占 40%，氨氮约占 60%。

食品加工企业，特别是乳制品行业和豆制品行业，以及化肥生产企业等排放的工业废水中含有大量高浓度的氮污染物。磷污染主要来源于磷化工，其排放的污水中含有大量的磷酸盐。

面源性的农业污染物，包括化肥、农药和动物粪便等。化肥和农药通过雨水冲淋、农业退水和地表径流进入河道和水体。畜禽养殖业废物和水环境中野生动物的排泄物，氮、磷含量相当高，也会给水体带来大量氮、磷污染物。

沉积物是湖泊的主要污染内源，是污染物的蓄积库。各种途径的营养盐经湖泊物理、化学和生物化学的作用沉积于湖底，成为湖泊营养盐的内负荷。在湖泊环境发生变化时，如入湖营养盐负荷减小或者完全被截污后，沉积物中的营养盐会逐步释放出来，补充湖水中的营养盐。

污水中的氮、磷为植物营养元素。从农作物生长角度看，植物营养元素是宝贵的养分，但过多的氮、磷进入天然水体会导致富营养化，引起水生植物和藻类的大量繁殖，严重影响鱼类生存。氮污染物对水体环境和人类都具有很大的危害，主要表现在以下几方面：①氨氮会通过氨化作用和硝化作用消耗水体中的溶解氧；②含氮化合物对人体和其他生物具有毒害作用，氨氮对鱼类有一定的毒害作用，NO_3^- 和 NO_2^- 可被转化为一种"三致"物质——亚硝胺；③加速水体的富营养化。水体富营养化是指在人类活动的影响下，生物所需的氮、磷等营养物质大量进入湖泊、河口、海湾等缓流水体，引起藻类及其他浮游生物迅速繁殖，水体溶解氧量急剧下降，水质恶化，鱼类及其他水生生物大量死亡的现象。

（3）重金属。重金属指密度大于 4.5 g/cm³ 的金属，约有 45 种，如铜、铅、锌、铁、钴、镍、锰、镉、汞、钨、钼、金、银等。尽管锰、铜、锌等重金属是生命活动所需要的微量元素，但是大部分重金属如汞、铅、镉等并非生命活动所必需，而且所有重金属超过一定浓度都对人体有毒。水质指标中重金属主要指汞、镉、铅、铬、镍等生物毒性显著的元素，也包括具有一定毒害性的一般重金属，如锌、铜、钴、锡等。其中，汞（Hg）、镉（Cd）、铅（Pb）、铬（Cr）和砷（As）俗称"五毒"。

由于重金属在生物体内会累积，并且很难自行代谢，所以生物在受到重金属危害后会造成很多健康问题，毒理作用会表现为生殖障碍、影响胎儿发育、降低生物体机能。重金属对人体的危害十分巨大，日本发生的"水俣病"和"骨痛病"就是典型的重金属威胁人体健康的例子。而我国很多省份也出现过"血铅病"，血铅中毒的儿童会出现多动、注意力不集中、反应迟钝的现象，甚至会发生攻击性行为，严重者会出现颅神经瘫痪等症状。

（4）无机性非金属有毒有害物质。主要有硫化物、氰化物和挥发酚等。

炼油、纺织、印染、焦炭、煤气、纸浆、制革等多种化工原料的生产过程中会排放含有硫化物的工业废水，含有硫酸盐的污水在厌氧条件下会还原产生硫化物，成为含有硫化物的污水。水中含有高浓度硫化物时一般会带有令人厌恶的臭蛋气味，且具有腐蚀性。有机硫化物种类繁多，同样具有难闻的臭味，容易使人觉察。含硫污水在一定条件下可以释放出硫化氢气体，硫化氢不仅可以直接腐蚀金属管道，而且在污水管壁上能被微生物氧化成 H_2SO_4，从而严重地腐蚀金属管道或水泥管道，所以硫化物含量较高的工业废水的排放都应采用耐腐蚀的塑料或玻璃钢材质的管道。

自然水体中一般不含氰化物，水中氰化物是人类活动所引起的。采矿提炼、摄影冲印、电镀、金属表面处理、焦炉、煤气、染料、制革、塑料、合成纤维及工业气体洗涤等行业都排放含氰污水。含氰污水的处理原理是将氰化物氧化成毒性较低的氰酸盐，或完全氧化成二氧化碳和氮。常用的处理方法是氯氧化法、臭氧氧化法和电解氧化法，过量的氰化物对活性污泥的毒害作用很大，但在不超过一定浓度时，只要保证 pH 值大于7、水温低于35℃和合理的曝气量，活性污泥中的微生物就可以将氰化物氧化生成铵离子和碳酸根。

炼油、化工、炸药、树脂、焦化等行业会排放含酚污水，其中以土法炼焦排放的污水中含酚浓度最高。另外，机械维修、铸造、造纸、纺织、陶瓷、煤制气等行业也排放大量的含酚污水。水质标准中的挥发酚是指在蒸馏时，能与水蒸气一起挥发的酚类化合物。常用的挥发量测定方法是4-氨基安替比林分光光度法和溴化容量法。4-氨基安替比林分光光度法干扰因素少、灵敏度较高，适用于测定挥发酚含量小于5 mg/L 的水样。

（三）生物性指标

表示污水生物性质的污染指标主要有细菌总数和大肠菌群。

1. 细菌总数

水中细菌总数反映了水体受细菌污染的程度。通常，细菌总数越多，表示病原菌存在的可能性越大。但细菌总数不能说明污染的来源，必须结合大肠菌群数来判断水体的污染来源和安全程度。

2. 大肠菌群

大肠菌群被视为最基本的粪便污染指示菌群。大肠菌群数可以反映水体被粪便污染的程度，间接表明有肠道病菌（如痢疾、霍乱等）存在的可能性。

第二节　废水的出路与排放标准

一、污水出路

污水经过处理后的最终出路是排入水体，或者经过适当处理后回用。

排入水体是污水净化后的传统出路，是目前最常用的方法。污水排入水体的前提是不破坏水体的原有功能，因此，污水必须经过适当处理，达到相应的排放标准后才能排放。

水资源短缺已成为全球面临的严重问题，污水经过适当的处理后回用已成为全世界的共识。污水的回用领域主要包括市政用水（如道路清洗、绿地浇灌等），工业用水（如冷却用水、锅炉用水等），农业、林业、渔业和畜牧业用水，地下水回灌等。随着废水处理技术的不断进步，水质净化手段日益增多，经过处理后的废水回用率正在不断提高，有些企业（如冶金矿山的磁选厂）的污水回用率已超过95％。

二、污水排放标准

污水直接排放会造成水体的污染，破坏水体的环境功能，因此，污水必须经处理达标后才能排放。根据排放途径和排放要求，可以确定污水经过处理后排放所执行的排放标准。例如，处理后的水排入地表，须达到《地表水环境质量标准》（GB 3838—2002）和《污水综合排放标准》（GB 8978—1996）；处理后的水排入城市下水道，须达到《污水排入城市下水道水质标准》（GB/T 31962—2015）；处理后的水要进行回用，须达到有关污水回用的标准。对于污水处理厂，处理后的出水必须达到《城镇污水处理厂污染物排放标准》（GB 18918—2002）。为控制流域污染物排放量，一些地区还制定了更为严格的地方性标准，如四川省为控制和治理岷江、沱江流域水污染，改善水环境质量，四川省环境保护厅、四川省质量技术监督局组织编制了《四川省岷江、沱江流域水污染物排放标准》（DB 51/2311—2016）。

污水排放标准根据控制形式，可分为浓度标准和总量控制标准；根据地域管理权限，可分为国家排放标准、行业排放标准和地方排放标准。我国现有的国家标准和地方标准基本上都是浓度标准，规定了排放污染物的浓度限值，其单位一般为 mg/L。在进行废水处理工程设计时，要根据具体情况选择参考和设计标准。

表1-1和表1-2列出了常用标准中部分常见污染物的排放标准。

表1-1 《地表水环境质量标准》中常见污染物排放标准　　　　　　单位：mg/L

序号	项目　标准值　分类	Ⅰ类	Ⅱ类	Ⅲ类	Ⅳ类	Ⅴ类
1	pH 值（无量纲）	6~9				
2	溶解氧	饱和率≥90％（或≥7.5）	≥6	≥5	≥3	≥2
3	COD_{Cr}	≤15	≤15	≤20	≤30	≤40
4	BOD_5	≤3	≤3	≤4	≤6	≤10
5	氨氮	≤0.15	≤0.5	≤1.0	≤1.5	≤2.0
6	TP	≤0.02（湖、库≤0.01）	≤0.1（湖、库≤0.025）	≤0.2（湖、库≤0.05）	≤0.3（湖、库≤0.1）	≤0.4（湖、库≤0.2）
7	TN（湖、库）	≤0.2	≤0.5	≤1.0	≤1.5	≤2.0

表 1-2　《城镇污水处理厂污染物排放标准》中常见污染物排放标准　单位：mg/L

序号	控制项目		一级标准		二级标准	三级标准
			A 标准	B 标准		
1	COD_{Cr}		50	60	100	120[①]
2	BOD_5		10	20	30	60[①]
3	SS		10	20	30	50
4	TN		15	20	—	—
5	氨氮		5(8)[②]	8(15)[②]	25(30)[②]	—
6	TP	2005 年 12 月 31 日前建设的	1	1.5	3	5
		2006 年 1 月 1 日起建设的	0.5	1	3	5
7	粪大肠菌群数(个/L)		10^3	10^4	10^4	—

注：①下列情况按去除率指标执行：当进水 COD 大于 350 mg/L 时，去除率应大于 60%；当 BOD 大于 160 mg/L 时，去除率应大于 50%。

②括号外数值为水温大于 12℃时的控制指标，括号内数值为水温小于等于 12℃时的控制指标。

思考题

1. 废水有哪几种类型？各有什么特征？
2. 水质污染指标主要有哪些？它们在水体污染控制和污水处理工程设计中有何作用？
3. 生化需氧量和化学需氧量的含义是什么？二者有何区别？
4. 废水处理中，关于氮的指标有哪些？它们之间有何关系？
5. 污水的出路有哪些？
6. 污水的排放标准如何分类？

第二章　废水处理动力设备

第一节　泵

　　泵是一种把原动机的机械能转换成输送液体的能量，用来增压输送液体的机械。其作用主要是输送水、油、酸碱液、乳化液、悬乳液等液体，在废水处理中泵是必不可少的通用设备，例如用泵进行废水的提升、污泥的抽送、药剂的添加等。在废水处理运行过程中，泵一旦出现故障，往往会使整个处理系统停止工作，因此，泵常被比作废水处理工艺流程中的"心脏"。

一、泵的分类及工作原理简介

（一）泵的分类

　　泵的种类繁多，其分类方法也很多。根据泵的工作原理，可将泵简单分为叶轮式泵、容积式泵和其他类型的泵，如图2-1所示。

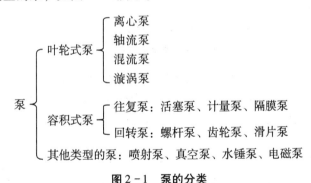

图2-1　泵的分类

　　（1）叶轮式泵：又称动力式泵或叶片式泵，依靠旋转的叶轮对液体的动力作用，把能量连续地传递给液体，使液体的动能（为主）和静压能增加，达到输送液体的目的。叶轮式泵主要有离心泵、轴流泵、混流泵和漩涡泵。

　　（2）容积式泵：依靠包容液体的密封工作空间容积的周期性变化，把能量周期性地传递给液体，使液体的压力增加至将液体强行排出。根据工作元件的运动形式，可分为往复泵和回转泵。

(3)其他类型的泵：以其他形式传递能量。如喷射泵是依靠高速喷射的工作流体的形式传递能量的泵；气体升液泵(气提装置)是依靠导管通入气体以降低液体的密度，通过外压实现液体的输送。

按输送介质，可分为清水泵、污水泵、油泵、泥浆泵和砂泵等。

按吸口数目，可分为单吸泵、双吸泵等。

此外，泵也常按其形成的流体压力分为低压泵、中压泵和高压泵三类，常把压力低于 2 MPa 的泵称为低压泵，压力为 2~6 MPa 的泵称为中压泵，压力高于 6 MPa 的泵称为高压泵。

(二)泵的工作原理

1. 离心泵

离心泵的主要结构部件是叶轮和泵壳。泵壳内的叶轮固定安装于由电动机拖动的转轴上，由电动机带动叶轮旋转，利用叶轮旋转时产生的离心力使流体自叶轮中心向外周做径向运动，当液体自叶轮中心甩向外周时，叶轮中心形成低压区，液体被吸进叶轮中心。依靠叶轮的不断运转，液体便连续地被吸入和排出。离心泵的结构如图 2-2 所示。

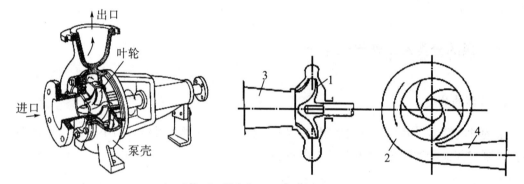

1—叶轮；2—压水室；3—吸入室；4—扩散管

图 2-2 离心泵的结构

离心式泵具有效率高、性能可靠、流量均匀、易于调节流量等优点，特别是可以制成各种流量和扬程的泵以满足不同的需要，所以应用最为广泛。离心泵在废水处理过程中用于输送污水、腐蚀性液体及悬浮液，不适合输送黏度较大的液体。

2. 轴流泵

轴流泵的结构如图 2-3 所示。它的工作原理是当叶轮 1 旋转时，流体轴向流入，在叶片叶道内获得能量后，再经导流器 2 轴向流出。当原动机驱动浸在液体中的叶轮旋转时，叶轮内的流体相对叶片做旋流运动。根据升力定理和牛顿第三定律可知，旋流流体会对叶片产生一个升力，而叶片也会同时给流体一个与升力大小相等且反向的作用，成为"推力"。这个推力对流体做功，使流体的动能增加，并沿轴向流出叶轮，经过导流器 2，进入出口管路。与此同时，叶轮进口处产生负压，使流体被吸入。只要叶轮不断地旋转，流体就会源源不断地被吸入和压出。

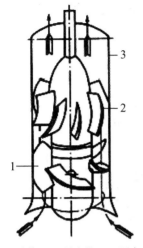

1—叶轮；2—导流器；3—泵壳

图 2-3 轴流泵的结构

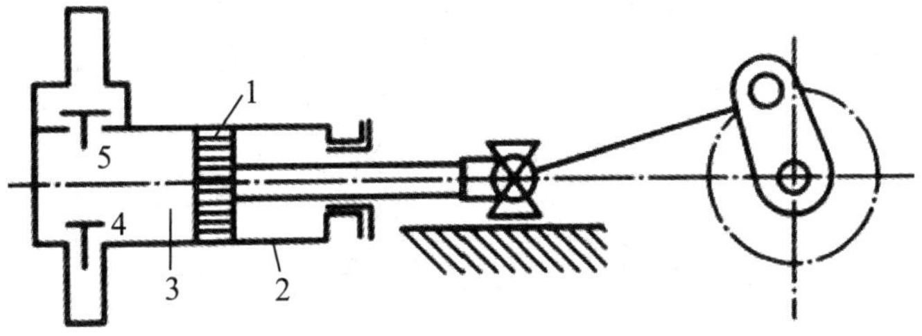

1—活塞；2—泵缸；3—工作室；4—吸水阀；5—压水阀

图 2-4 活塞泵的结构

3．往复泵

往复泵包括活塞泵、计量泵和隔膜泵。它是正位移泵的一种，应用比较广泛。往复泵是通过活塞的往复运动直接以压力能形式向液体提供能量的输送机械。按驱动方式，往复泵分为机动泵(电动机驱动)和直动泵(蒸汽、气体或液体驱动)两大类。以活塞泵为例来说明其工作原理。如图 2-4 所示，活塞泵主要由活塞 1 在泵缸 2 内做往复运动来吸入和排出液体。当活塞 1 自最左端开始向右移动时，工作室 3 的容积逐渐扩大，室内压力降低，流体顶开吸水阀 4，进入活塞 1 所让出的空间，直至活塞 1 移动到最右端为止，此过程为泵的吸水过程。当活塞 1 从右端开始向左端移动时，充满泵的流体受挤压将吸水阀 4 关闭，并打开压水阀 5 而排出，此过程称为泵的压水过程。活塞不断往复运动，泵的吸水与压水过程就连续不断地交替进行。

往复泵的主要特点是：①效率高且高效区宽。②能达到很高的压力，压力变化几乎不影响流量，因而能提供恒定的流量。③具有自吸能力，可输送液、气混合物，特殊设计的还能输送泥浆、混凝土等。④流量和压力有较大的脉动，特别是单作用泵，由于活塞运动的加速度和液体排出的间断性，脉动更大。通常需要在排出管路上(有时还在吸入管路上)设置空气室使流量比较均匀。采用双作用泵和多缸泵还可显著地改善流量的不均匀性。⑤速度低、尺寸大，结构较离心泵复杂，需要有专门的泵阀，制造成本和安装费用都较高。活塞泵主要用于给水，手动活塞泵是一种应用较广的家庭生活水泵。计量泵用于提供高压液源，如水压机的高压水供给，它和活塞泵都可作为石油矿场的钻井泥浆泵、抽油泵。隔膜泵特别适合于输送有剧毒、放射性、腐蚀性的液体，贵重液体和含有磨砾性固体的液体。

4．螺杆泵

螺杆泵的工作原理与齿轮泵类似，是通过主动螺杆与从动螺杆做相反方向转动，螺纹相互啮合，使流体从吸入口进入，被螺旋轴向前推进增压至排出口。螺杆泵是容积式泵，依靠由螺杆和衬套形成的密封腔的容积变化来吸入和排出液体。螺杆泵按螺杆数目分为单螺杆泵、双螺杆泵、三螺杆泵和五螺杆泵。螺杆泵的特点是流量平稳、压力脉动小、有自吸能力、噪声低、效率高、寿命长、工作可靠，其突出的优点是输送介质时不形成涡流，对介质的黏性不敏感，可输送高黏度介质。螺杆泵的结构如图2-5所示。

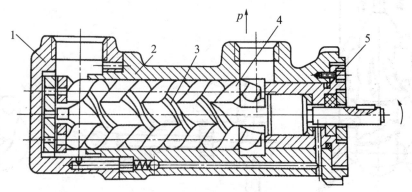

1—后盖；2—壳体；3—主动螺杆；4—从动螺杆；5—前盖

图2-5　螺杆泵的结构

螺杆泵是依靠螺杆与衬套相互啮合在吸入腔和排出腔产生容积变化来输送液体的。它的主要工作部件由具有双头螺旋空腔的衬套(定子)和在定子腔内与其啮合的单头螺旋螺杆(转子)组成。当输入轴通过万向节驱动转子绕定子中心做行星回转时，定子—转子副就连续地啮合形成密封腔，这些密封腔容积不变地做匀速轴向运动，把输送介质从吸入端经定子—转子副输送至压出端，吸入密闭腔内的介质流过定子而不被搅动和破坏。

二、泵的主要性能参数

泵的主要性能参数有流量、扬程、功率、效率、转速、允许吸上真空高度、允许汽蚀余量等。在泵的铭牌上，一般会标注这些参数，以说明泵在最佳或额定工作状态下的性能。

1. 流量

流量是单位时间内通过泵出口输出的液体量，一般采用体积流量 Q 表示，单位为 m^3/h 或者 L/s。叶轮式泵的流量与扬程有关，容积式泵的流量与扬程无关，几乎为常数。

2. 扬程

扬程又称为泵的压头或能头，是指单位质量流体经泵所获得的能量，其定义为：泵所输送的单位质量流体从进口到出口的能量增加值，亦即单位质量流体通过泵所获得的有效能量。扬程一般用 H 表示，叶轮式泵的扬程为流量的函数。对于容积式泵而言，一般以出口压力表示，它能自动适应管网系统所需压力的变化，最高使用压力是由泵体结构设计限定的，出口压力变化时泵流量几乎不变。泵的扬程单位一般以 m 水柱或 MPa 表示。工程上，扬程通常用 m 水柱来表示。泵扬程的确定如图2-6所示。

在泵的入口和出口分别设1-1断面和2-2断面，则扬程的数学表达式可写为

$$H = E_2 - E_1 \qquad\qquad (2-1)$$

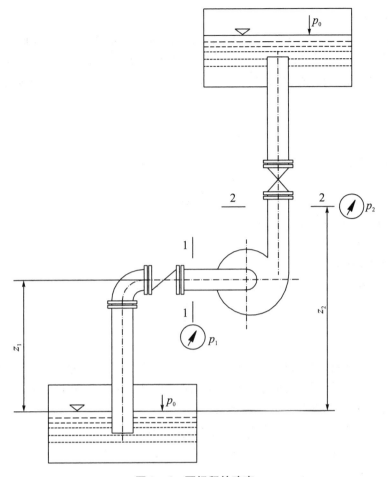

图 2-6 泵扬程的确定

式中，E_1——断面 1-1 处液体的总能头，m；

E_2——断面 2-2 处液体的总能头，m。

由流体力学可知，液体的总能头由压力能头（$p/\rho g$）、速度能头（$v^2/2g$）和位置能头（z）三部分组成。

$$E_1 = \frac{p_1}{\rho g} + \frac{v_1^2}{2g} + z_1 \tag{2-2}$$

$$E_2 = \frac{p_2}{\rho g} + \frac{v_2^2}{2g} + z_2 \tag{2-3}$$

式中，p_2，p_1——泵出口 2-2 断面、泵入口 1-1 断面中心处液体的压力，N/m^2；

v_2，v_1——泵出口 2-2 断面、泵入口 1-1 断面液体的平均速度，m/s；

z_2，z_1——泵出口 2-2 断面、泵入口 1-1 断面中心处到吸入容器液面基准面的距离，m；

ρ——被输送液体的密度，kg/m^3。

由此可得泵的扬程公式为

$$H = \frac{p_2 - p_1}{\rho g} + \frac{v_2^2 - v_1^2}{2g} + (z_2 - z_1) \tag{2-4}$$

3. 功率和效率

泵的功率通常是指输入功率，即原动机传至泵轴上的功率，故又称轴功率，用 N 表示，单位为 kW；泵的有效功率又称输出功率，用 N_e 表示，它是单位时间内从泵中输送出去的液体在泵中获得的有效能量，单位为 kW。泵的效率为有效功率 N_e 和轴功率 N 之比，用 η 表示，即

$$\eta = \frac{N_e}{N} \times 100\% \qquad (2-5)$$

泵的有效功率为

$$N_e = \frac{\rho Q H}{102} \qquad (2-6)$$

式中，ρ——被输送液体的密度，kg/m³；

Q——液体的流量，m³/s；

H——泵的扬程，m。

因此，泵的轴功率计算公式为

$$N = \frac{\rho Q H}{102\eta} \qquad (2-7)$$

4. 转速

转速是指泵的叶轮每分钟旋转的速度，用符号 n 表示，单位为 r/min。它是影响泵的性能的十分重要的因素，当转速发生变化时，泵的流量、扬程、功率等都会发生变化。

5. 允许吸上真空高度和允许汽蚀余量

允许吸上真空高度和允许汽蚀余量都是泵的汽蚀性能参数，它们的大小是由制造厂家通过试验来确定的。允许吸上真空高度越小或允许汽蚀余量越大，泵的抗气蚀性能就越差，运行中泵内越易发生汽蚀。

汽蚀是指泵内反复出现液体汽化和凝聚过程，使金属表面材料受到破坏的现象。汽蚀发生时大量气泡的产生使液流的过流断面面积减小，流动损失增大，导致泵内流量减小，扬程变小，效率降低，性能恶化，严重时造成液流间断，泵的工作中断。另外，气泡反复凝结破裂时将产生局部水击和化学腐蚀，使叶轮和壳体壁受到破坏，泵的使用寿命缩短，同时产生振动和噪声。在泵的运行中，通常都要求掌握不同工况下泵的允许吸上真空高度或允许汽蚀余量，以设法防止汽蚀的发生。

允许吸上真空高度是指水泵内部开始发生汽蚀时，泵入口处用所送液体柱高度表示的最大真空值（$H_{s\,max}$）减去 0.3 的安全量后所得的数值，记为 $[H_s]$。若运行泵的入口处吸上真空高度 $H_s \leqslant [H_s]$，则泵内就不会发生汽蚀。允许汽蚀余量是指泵的临界汽蚀余量（Δh_{min}）加上 0.3 的安全量后得到的数值，记为 $[\Delta h]$。

6. 泵的性能曲线

泵的扬程、流量、功率和效率等性能之间是相互影响的，因此通常将泵的流量与扬程的关系用 $H = f_1(Q)$ 来表示，将泵的流量与所需要外加的功率之间的关系用 $N = f_2(Q)$ 来表示，将泵的流量与泵的效率之间的关系用 $\eta = f_3(Q)$ 来表示。将上述关系用曲线绘制在以流量 Q 为横坐标的图上，这些曲线就称为泵的性能曲线，如图 2-7 所示。泵的性能曲线是泵选型的重要依据。

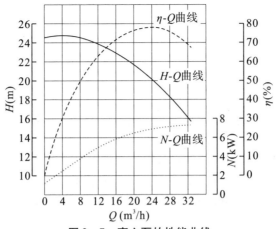

图 2-7 离心泵的性能曲线

离心泵的性能曲线有理想性能曲线和实际性能曲线两种。理想性能曲线是在无限多且无限薄的叶片的条件下，不计流动损失的情况下得出的。而实际工况中，需要考虑实际运行中的损失，包括水力损失、容积损失和机械损失。

从图 2-7 可以看出：

(1)从 H-Q 曲线可知，$Q=0$ 时，$H=H_0$，为阀门全关的状态，称为空转状态，此时泵的效率 $\eta=0$。泵在空转状态时，消耗的机械能使泵内的液体温度升高。

(2)η-Q 曲线上有一个最高效率点 η_{max}，在此点运行时泵的经济性最佳。选择泵时，尽量选择在最高效率点及其附近区域。一般规定工作点的效率应不小于最高效率点的 85% ~ 90%，而由此得出的工作范围称为经济工作区或最高效率区。

(3)H-Q 曲线、N-Q 曲线和 η-Q 曲线是泵在一定转速下的基本性能曲线，其中最重要的是 H-Q 曲线，它揭示了泵的两个最重要且最有实际意义的性能参数 Q 和 H 之间的关系。

通常 H-Q 曲线的大致趋势有三种：平坦型、陡降型和驼峰型。如图 2-8 所示，具有平坦型 H-Q 曲线的泵，当流量变化很大时，都能保持较为恒定的扬程，这种类型的泵最适合作为锅炉给水泵；具有陡降型 H-Q 曲线的泵，在流量变化时，其扬程变化较大，这种类型的泵适合用作水位波动较大的循环水泵；具有驼峰型 H-Q 曲线的泵，当流量自零逐渐增大时，其相应的扬程最初升高，达到最高点后开始下降，这种类型的泵在一定的运行条件下可能出现不稳定，因此在选用时，应尽量避开不稳定区。

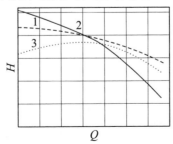

1—平坦型；2—陡降型；3—驼峰型

图 2-8 离心泵三种不同的 H-Q 曲线

三、泵的选型

(一)选型的原则

(1)所选泵的型式和性能符合装置流量、扬程、压力、温度、汽蚀余量、吸程等工艺参数的要求。

(2)必须满足介质特性的要求。输送易燃、易爆、有毒或贵重介质的泵，要求轴封可靠或采用无泄漏泵，如磁力驱动泵、隔膜泵、屏蔽泵；输送腐蚀性介质的泵，要求过流部件采用耐腐蚀性材料，如不锈钢耐腐蚀泵、工程塑料泵；输送含固体颗粒介质的泵，要求对过流部件采用耐磨材料。

(3)机械方面可靠性高、噪声低、振动小。

(4)经济上要综合考虑设备费、运转费、维修费和管理费。

(二)选型的基本依据

泵的选型应根据工艺流程、给排水要求，从五个方面加以考虑，即流量、扬程、介质性质、管路布置及操作运转条件。

(1)流量是选泵重要的性能参数之一，它直接关系到整个装置的生产能力。选泵时，泵的流量要与其他设备的能力协调平衡。一般以最大流量为依据，兼顾正常流量。在没有最大流量时，通常可取正常流量的 1.1 倍作为最大流量。

(2)扬程是选泵又一重要的性能数据。泵的扬程需要留有适当的余量，一般为正常需要扬程的 1.05 ~ 1.1 倍。

(3)介质性质，主要包括介质的物理性质、化学性质。物理性质有温度、密度、黏度、介质中固体颗粒直径和气体的含量等，这些参数涉及系统的扬程、有效汽蚀余量计算和适合泵的类型。化学性质主要指液体介质的化学腐蚀性和毒性，是选用泵材料和轴封型式的重要依据。

(4)装置系统的管路布置条件是指送液高度、送液距离、送液走向、吸入侧最低液面、排出侧最高液面等一些数据和管道规格及其长度、材料、管件规格、数量等，以便进行扬程计算和汽蚀余量的校核。

(5)操作运转条件的内容很多，如液体的操作温度、饱和蒸汽压、吸入侧压力(绝对)、排出侧容器压力、海拔、环境温度、操作是间歇的还是连续的、泵的位置是固定的还是可移动的。

(三)选泵的具体操作

根据泵选型原则和选型基本依据，具体操作如下：

(1)根据装置的布置、地形条件、水位条件、运转条件，确定选择卧式、立式和其他型式(管道式、潜水式、液下式、无堵塞式、自吸式、齿轮式等)的泵。

(2)根据液体介质性质，确定所用泵的种类。安装在防爆区的泵，应根据防爆等级采用相应的防爆电动机。

（3）根据流量大小，确定选单吸泵还是双吸泵；根据扬程高低，确定选单级泵还是多级泵，高转速泵还是低转速泵。

（4）确定泵的具体型号。确定选用什么系列的泵后，就可按最大流量、扬程这两个性能的主要参数，在性能表或者特性曲线图谱上确定具体型号。泵的流量一般由生产任务所决定，如果流量在一定范围内波动，选泵时应该按照最大流量考虑，并根据输送系统的管路图，利用伯努利方程式计算在最大流量下管路的阻力，以确定泵所需的扬程。泵所需的扬程为

$$H = H_z + \frac{v_3^2 - v_0^2}{2g} + h_1 + h_2 \qquad (2-8)$$

式中，H_z——上、下两个容器的液面高差，也称为几何扬水高度，m；

v_0，v_3——吸入端断面和排出端断面的液体流速，m/s；

h_1——吸入端的阻力损失，m；

h_2——排出端的阻力损失，m。

当两个容器的横截面积足够大时，可认为 $v_0 = v_3 = 0$，式（2-8）可简化为

$$H = H_z + h_1 + h_2 \qquad (2-9)$$

说明泵的扬程为几何扬水高度和管路系统流动阻力之和。为了安全起见，一般在选型时还需要考虑一个安全系数。选择流量时，以工艺计算所确定的最大流量为基础，考虑到在实际运行中可能出现流量波动及开停车的需要，一般在正常流量基础上乘以 1.1 的安全系数。由于管道系统阻力的计算有一定的误差，而且在运行过程中管道的结垢、腐蚀等会使实际阻力大于计算值，所以在选取扬程时也需要考虑一个安全系数，一般取计算值的1.1～1.2倍。

按上述方法确定的流量 Q 和扬程 H，从泵厂家提供的产品样本或产品目录中查阅特性或性能参数表，选出合适的型号。若无一个型号的流量 Q 和扬程 H 均满足要求，则在相邻的型号中选取流量 Q 和扬程 H 都略大的型号。当有几个型号都能满足流量 Q 和扬程 H 的要求时，应该选取效率较高的型号，即工作点$(Q，H)$坐标位置落在泵的高效率范围所对应的 $H-Q$ 曲线下方为宜。

（5）泵型号确定后，需再到有关产品目录或样本上，根据该型号性能表或性能曲线进行校验，看正常工作点是否落在该泵优先工作区（如图 2-9 所示）。若不在最佳效率点，只要相差不超过5%，仍可以使用。

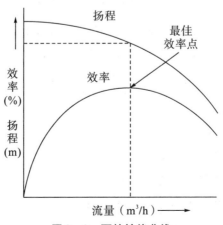

图 2-9　泵的性能曲线

(6)对于输送黏度大于 20 mm²/s 的液体泵(或密度大于 1000 kg/m³),一定要把以水实验的泵特性曲线换算成该黏度(或者该密度)下的性能曲线,特别要对吸入性能和输入功率进行认真计算或校核。由于制造厂家提供的泵的性能曲线或性能表一般是在常温下用清水测得的,若实际输送液体的物理性质特别是黏度与水相差较大时,则应将泵的性能指标的流量 Q 和扬程 H 换算成针对被输送液体的流量和扬程。

(7)泵安装高度的计算与校核。泵的安装高度高出吸液面太多,即泵的几何安装高度 H_g 过大,或泵的使用地点的大气压力较低(如高海拔地区),或被输送液体的温度过高时,都可能产生汽蚀现象。离心泵安装高度提高时,将导致泵内压力降低,泵内压力最低点通常位于叶轮叶片进口稍后的位置附近。当此处压力降至被输送液体此时温度下的饱和蒸汽压时,将发生沸腾,所生成的蒸汽泡在随液体从入口向外周流动时,又因压力迅速增大而急剧冷凝,会使液体以很大的速度从周围冲向气泡中心,产生频率很高、瞬时压力很大的冲击,这种现象称为汽蚀现象。汽蚀时传递到危害叶轮及泵壳的冲击波,加上液体中微量溶解的氧对金属化学腐蚀的共同作用,在一定时间后,可使其表面出现斑痕及裂缝,甚至呈海绵状逐步脱落;发生汽蚀时,还会发出噪声,进而使泵体振动;同时由于蒸汽的生成使得液体的表观密度下降,于是液体的实际流量、出口压力和效率都下降,严重时可导致液体完全不能输出。图 2-10 是离心泵的几何安装高度示意图。

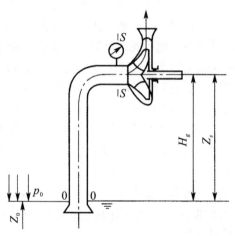

图 2-10 离心泵的几何安装高度

正确控制泵入口的压强是保证泵运行时不发生汽蚀现象的关键。其数值与泵吸液管及液面的压力密切相关。泵的允许几何安装高度可用下式计算:

$$[H_g] = \frac{p_0 - p_v}{\rho g} - \sum h_s - \Delta h \qquad (2-10)$$

式中,$[H_g]$——泵的允许几何安装高度,m;

p_0——液面的压强,Pa;

p_v——泵内液体汽化压力,Pa;

$\sum h_s$——吸入管路的水头损失,m;

Δh——实际汽蚀余量,$\Delta h = \Delta h_{min} + 0.3$,m。

在选定泵后,从泵样本上查出标准条件下的允许吸上真空度 $[H_s]$ 或临界汽蚀余量

$\Delta h_{\min}$，再按照下式验算其几何安装高度：

$$H_g < [H_g] \leq [H_s] - \left(\frac{v_s^2}{2g} - \sum h_s\right) \quad (2-11)$$

（四）污水处理常用泵的选择

污水泵属于离心杂质泵的一种，具有多种形式，如潜水式和干式。最常用的潜水式为 QW 型潜污泵，最常见的干式污水泵为 W 型卧式污水泵和 WL 型立式污水泵。

1. 潜污泵

潜污泵一般指潜水排污泵。潜污泵是潜水式的污水泵，能将污水中的长纤维、袋、带、草、布条等物质撕裂、切断，然后顺利排放，特别适合于输送含有坚硬固体、纤维物的液体以及特别脏、黏、滑的液体。潜污泵的使用场合是在液下，输送的介质是一些含有固体物料的混合液体，泵与电机靠得很近；泵为立式布置，转动部件重量与叶轮承受水压力同向。这些都使得潜污泵在密封、电机承载能力、轴承布置及选用等方面的要求比一般的污水泵要高。

潜污泵适用于市政污水、生活排水、工程及建筑工地排水、低洼地防汛排涝、农田灌溉等水中含有悬浮颗粒的污水，不适用于含酸、碱的污水以及污水中含盐量较大的腐蚀性液体。常见的潜污泵有 AS(AV) 型撕裂式潜污泵、QW(WQ) 型和 WQK/QG 带切割式潜污泵等。生产潜污泵的厂家较多，其型号也不尽相同。图 2-11 是 WQ 型潜污泵的性能曲线。

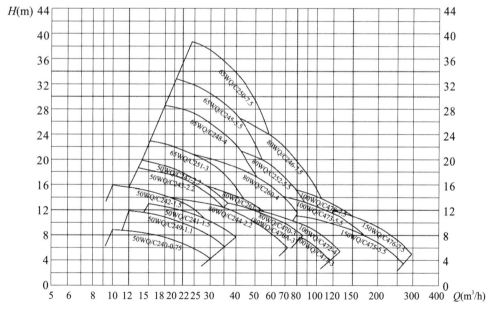

图 2-11 WQ 型潜污泵的性能曲线

2. 干式污水泵

干式污水泵可以分为液下污水泵、管道污水泵、潜水污水泵、立式污水泵、耐腐蚀污水泵、耐酸污水泵、自吸污水泵，主要用于输送城市污水，粪便或液体中含有纤维、纸屑等固体颗粒的介质，通常被输送介质的温度不高于80℃。由于被输送的介质中含有易缠绕或聚束的纤维物，故该种泵流道易于堵塞。泵一旦被堵塞，会使泵不能正常工作，甚至烧毁电机，从而造成排污不畅，给城市生活和环保带来严重的影响。因此，抗堵性和可靠性是决定干式污水泵优劣的重要因素。

当然，干式污水泵只是一个应用命名，事实上，衬胶渣浆泵作为卧式污水泵应用是很不错的。在处理工业污水时，由于污水中含有酸性或者碱性物质，衬胶泵的使用非常广泛。根据泵业的一些应用案例，衬胶泵中使用橡胶护套和金属叶轮，既可以达到金属泵的高压高效，又可以充分发挥橡胶材质的抗腐蚀性。在处理城市污水时，一般都会在污水处理池前加一个过滤网，将纤维缠绕物等拦在泵的吸入口之前，使其不能进入泵腔，从而使泵能够更好地工作，寿命更长。

ZW型自吸污水泵集自吸和无堵塞排污于一身，既可像一般清水自吸泵那样不需按底阀，不需引灌水，又可抽吸含有大颗粒固体块、长纤维的污物，沉淀物中的废矿杂质，粪便处理及一切工程污水物，减轻工人的劳动强度，而且使用、移动、安装方便，极少维修，性能稳定。使用条件如下：

（1）污水泵环境温度不高于45℃，介质温度不高于120℃。

（2）污水泵介质pH值铸铁泵为6~9，不锈钢泵为2~12。

（3）污水泵通过颗粒最大直径为泵口径的65%，纤维长度为泵口径的6倍。

（4）介质中杂质总重量不超过介质总重量的20%，介质比重不超过1450 kg/m³。自吸污水泵过流部件材质为铸铁、不锈钢。

表2-1是典型的ZW型自吸污水泵的性能参数。

表2-1 ZW型自吸污水泵的性能参数

型号	口径（mm）	流量（m³/h）	扬程（m）	电机功率（kW）	转速（r/min）	效率（%）	自吸高度（m）	汽蚀余量（m）
25ZW8-15	25	8	15	2.2	2900	45	5	2
32ZW10-20	32	10	20	2.2	2900	45	5	2.5
32ZW20-12	32	20	12	2.2	2900	45	5	2.5
32ZW9-30	32	9	30	3	2900	48	5	2.5
40ZW20-12	40	20	12	2.2	2900	45	5	2.5
40ZW10-20	40	10	20	2.2	2900	45	5	2.5
40ZW15-30	40	15	30	3	2900	48	5	2.5
50ZW10-20	50	10	20	2.2	2900	45	5	2.5
50ZW20-12	50	20	12	2.2	2900	45	5	2.5
50ZW15-30	50	15	30	3	2900	48	5	2.5
65ZW20-14	65	20	14	2.2	2900	48	4	2.5
65ZW15-30	65	15	30	3	2900	45	4	2.5

型号	口径 （mm）	流量 （m³/h）	扬程 （m）	电机功率 （kW）	转速 （r/min）	效率 （%）	自吸高度 （m）	汽蚀余量 （m）
65ZW30-18	65	30	18	4	1450	50	4	3
65ZW20-30	65	20	30	5.5	2900	50	4.5	3
65ZW40-25	65	40	25	7.5	1450	50	4.5	3
65ZW25-40	65	25	40	7.5	2900	52	5	3
65ZW30-50	65	30	50	11	2900	50	5	3
80ZW40-16	80	40	16	4	1450	50	4	3
80ZW40-25	80	40	25	7.5	2900	50	5	3
80ZW40-50	80	40	50	18.5	2900	52	5	3
80ZW65-250	80	65	25	7.5	1450	45	5	3
80ZW80-35	80	80	35	15	2900	50	5	3
80ZW80-35	80	80	35	15	1450	55	5	3
80ZW50-60	80	50	60	22	2900	50	5	4
100ZW100-15	100	100	15	7.5	1450	53	4.5	4
100ZW80-20	100	80	20	7.5	1450	53	4.5	4
100ZW100-20	100	100	20	11	1450	53	4.5	4
100ZW100-30	100	100	30	22	2900	55	4.5	4
100ZW100-30	100	100	30	22	1450	53	4.5	4
100ZW80-60	100	80	60	37	2900	50	5	4
100ZW80-80	100	80	80	45	2900	55	5	4.5
125ZW120-20	125	120	20	15	1450	60	5	5
125ZW180-14	125	180	14	15	1450	60	5	5
150ZW180-14	150	180	14	15	1450	65	5	5
150ZW180-20	150	180	20	22	1450	45	5	5
150ZW180-30	150	180	30	37	1450	65	5	5
200ZW280-14	200	280	14	22	1450	62	4.5	5
200ZW300-18	200	300	18	37	1450	59	4.5	5
250ZW280-28	200	280	28	55	1450	55	5	4.8
250ZW420-20	250	420	20	55	1450	61	4.5	6
300ZW280-24	300	280	24	45	1450	65	5	6
300ZW800-14	300	800	14	55	1450	65	4.5	6

LW 直立式排污泵适用于工厂商业严重污染废水的排放、住宅区的污水排污站、城市污水处理厂排水系统、人防系统排水站、自来水厂的给水设备、宾馆的污水排放、市政工程建筑工地、矿山配套附机、农村沼气池、农田灌溉等，可以输送带颗粒的污水、污物，也可用于清水及带弱腐蚀性介质。WL/LW 直立式排污泵（如图 2 - 12 所示）采用独特的单（双）通道叶轮，排污能力强，能有效地通过长度为泵口径的 5 倍的纤维物与直径为泵口径的 50% 的固体颗粒，动密封采用两组特殊材料的硬质合金机械密封装置，材质为铸铁和不锈钢。

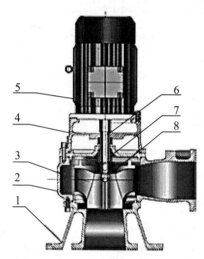

1—底座；2—泵体；3—叶轮；4—油室；5—电机；6—主轴；7—机械密封；8—叶轮螺母

图 2 - 12　WL/LW 直立式排污泵的结构

表 2 - 2 是 WL/LW 直立式排污泵的性能参数。

表 2 - 2　WL/LW 直立式排污泵的性能参数

型号	口径（mm）	流量（m³/h）	扬程（m）	功率（kW）	转速（r/min）	效率（%）
25LW8 - 22 - 1.1	25	8	22	1.1	2825	38.5
32LW12 - 15 - 1.1	32	12	15	1.1	2825	40
40LW15 - 15 - 1.5	40	15	15	1.5	2840	45.1
40LW15 - 30 - 2.2	40	15	30	2.2	2840	48
50LW20 - 7 - 0.75	50	20	7	0.75	1390	54
50LW10 - 10 - 0.75	50	10	10	0.75	1390	56
50LW20 - 15 - 1.5	50	20	15	1.5	2840	55
50LW15 - 25 - 2.2	50	15	25	2.2	2840	56
50LW18 - 30 - 3	50	18	30	3	2880	58
50LW25 - 32 - 5.5	50	25	32	5.5	2900	53

续表2－2

型号	口径 （mm）	流量 （m³/h）	扬程 （m）	功率 （kW）	转速 （r/min）	效率 （%）
50LW20－40－7.5	50	20	40	7.5	2900	55
65LW25－15－2.2	65	25	15	2.2	2840	52
65LW37－13－3	65	37	13	3	2880	55
65LW25－30－4	65	25	30	4	2890	58
65LW30－40－7.5	65	30	40	7.5	2900	56
65LW35－50－11	65	35	50	11	2930	60
65LW35－60－15	65	35	60	15	2930	63
80LW40－7－2.2	80	40	7	2.2	1420	52
80LW43－13－3	80	43	13	3	2880	50
80LW40－15－4	80	40	15	4	2890	57
80LW65－25－7.5	80	65	25	7.5	2900	56
100LW80－10－4	100	80	10	4	1440	62
100LW110－10－5.5	100	110	10	5.5	1440	66
100LW100－15－7.5	100	100	15	7.5	1440	67
100LW85－20－7.5	100	85	20	7.5	1440	68
100LW100－25－11	100	100	25	11	1460	65
100LW100－30－15	100	100	30	15	1460	66
100LW100－35－18.5	100	100	35	18.5	1470	65
125LW130－15－11	125	130	15	11	1460	62
120LW130－20－15	125	130	20	15	1460	63
150LW145－9－7.5	150	145	9	7.5	1440	63
150LW180－15－15	150	180	15	15	1460	65
150LW180－20－18.5	150	180	20	18.5	1470	75
150LW180－25－22	150	180	25	22	1470	76
150LW130－30－22	150	130	30	22	1470	75
150LW180－30－30	150	180	30	30	1470	73
150LW200－30－37	150	200	30	37	1480	70
200LW300－7－11	200	300	7	11	970	73
200LW250－11－15	200	250	11	15	970	74

型号	口径 （mm）	流量 （m³/h）	扬程 （m）	功率 （kW）	转速 （r/min）	效率 （%）
200LW400－10－22	200	400	10	22	1470	76
200LW400－13－30	200	400	13	30	1470	73
200LW250－15－18.5	200	250	15	18.5	1470	72
200LW300－15－22	200	300	15	22	1470	73
200LW250－22－30	200	250	22	30	1470	71
200LW350－25－37	200	350	25	37	1980	75
200LW400－30－55	200	400	30	55	1480	70
250LW600－9－30	250	600	9	30	980	74
250LW600－12－37	250	600	12	37	1480	78
250LW600－15－45	250	600	15	45	1480	75
250LW600－20－55	250	600	20	55	1480	73
250LW600－25－75	250	600	25	75	1480	73
300LW800－12－45	300	800	12	45	980	76
300LW500－15－45	300	500	15	45	980	70
300LW800－15－55	300	800	15	55	980	73
300LW600－20－55	300	600	20	55	980	75
300LW800－20－75	300	800	20	75	980	78
300LW950－20－90	300	950	20	90	980	80
300LW1000－25－110	300	1000	25	110	980	82
350LW1100－10－55	350	1100	10	55	980	84.5
350LW1500－15－90	350	1500	15	90	980	82.5
350LW1200－18－90	350	1200	18	90	980	83.1
350LW1100－28－132	350	1100	28	132	740	83.2
350LW1000－36－160	350	1000	36	160	740	78.5
400LW1500－10－75	400	1500	10	75	980	82.1
400LW2000－15－132	400	2000	15	132	740	85.5
400LW1700－22－160	400	1700	22	160	740	82.1
400LW1500－26－160	400	1500	26	160	740	83.5
400LW1700－30－200	400	1700	30	200	740	83.5

续表2-2

型号	口径 (mm)	流量 (m³/h)	扬程 (m)	功率 (kW)	转速 (r/min)	效率 (%)
400LW1800-32-250	400	1800	32	250	740	82.1
500LW2500-10-110	500	2500	10	110	740	82
500LW2600-15-160	500	2600	15	160	740	83
500LW2400-22-220	500	2400	22	220	740	84
500LW2600-24-250	500	2600	24	250	740	82

3. 管道泵、穿墙泵

在污水处理工艺中，常使用管道泵或穿墙泵将污水或污泥回流至前端工艺，如好氧池硝化液回流至缺氧池，从缺氧池回流到厌氧池等。

GW管道排污水泵采用独特叶轮结构和新型机械密封，能有效地输送含有固体物和长纤维的污水。与传统叶轮相比，该泵叶轮采用单流道或双流道形式，它类似于一截面大小相同的弯管，具有非常好的过流性，配以合理的涡室，使得该泵具有高效率，且叶轮经动静平衡试验，使泵在运行中无振动，具有节能效果显著、防缠绕、无堵塞、自动安装和自动控制等特点。在排送固体颗粒和长纤维垃圾方面，具有独特效果。

GW管道排污水泵的主要用途如下：

(1)医院、宾馆、高层建筑污水排放。

(2)市政工程、建筑工地中稀泥浆的排放。

(3)养殖场污水排放及农村农田灌溉。

(4)自来水厂的给水装置。

(5)矿山勘探及水处理设备配套。

(6)水利工程给水、排水。

(7)企业单位废水排放。

(8)城市污水处理厂排放系统。

(9)住宅区的污水排污站。

(10)地铁、地下室、人防系统排水站。

表2-3是GW管道排污水泵的性能参数。

表2-3 GW管道排污水泵的性能参数

型号	口径 (mm)	流量 (m³/h)	扬程 (m)	功率 (kW)	转速 (r/min)	效率 (%)
GW25-8-22-1.1	25	8	22	1.1	2900	38.5
GW32-12-15-1.1	32	12	15	1.1	2900	40
GW40-15-15-1.5	40	15	15	1.5	2900	45.1
GW40-15-30-2.2	40	15	30	2.2	2900	48

型号	口径 （mm）	流量 （m³/h）	扬程 （m）	功率 （kW）	转速 （r/min）	效率 （%）
GW50-20-7-0.75	50	20	7	0.75	1450	54
GW50-10-10-0.75	50	10	10	0.75	1450	56
GW50-20-15-1.5	50	20	15	1.5	2900	55
GW50-15-25-2.2	50	15	25	2.2	2900	56
GW50-18-30-3	50	18	30	3	2900	58
GW50-25-32-5.5	50	25	32	5.5	2900	53
GW50-20-40-7.5	50	20	40	7.5	2900	55
GW65-25-15-2.2	65	25	15	2.2	2900	52
GW65-37-13-3	65	37	13	3	2900	55
GW65-25-30-4	65	25	30	4	2900	58
GW65-30-40-7.5	65	30	40	7.5	2900	56
GW65-35-50-11	65	35	50	11	2900	60
GW65-35-60-15	65	35	60	15	2900	63
GW80-40-7-2.2	80	40	7	2.2	1450	52
GW80-43-13-3	80	43	13	3	2900	50
GW80-40-15-4	80	40	15	4	2900	57
GW80-65-25-7.5	80	65	25	7.5	2900	56
GW100-80-10-4	100	80	10	4	1450	62
GW100-110-10-5.5	100	110	10	5.5	1450	66
GW100-100-15-7.5	100	100	15	7.5	1450	67
GW100-85-20-7.5	100	85	20	7.5	1450	68
GW100-100-25-11	100	100	25	11	1450	65
GW100-100-30-15	100	100	30	15	1450	66
GW100-100-35-18.5	100	100	35	18.5	1450	65
GW125-130-15-11	125	130	15	11	1450	62
GW120-130-20-15	125	130	20	15	1450	63
GW150-145-9-7.5	150	145	9	7.5	1450	63
GW150-180-15-15	150	180	15	15	1450	65
GW150-180-20-18.5	150	180	20	18.5	1450	75

续表2－3

型号	口径 （mm）	流量 （m³/h）	扬程 （m）	功率 （kW）	转速 （r/min）	效率 （%）
GW150－180－25－22	150	180	25	22	1450	76
GW150－130－30－22	150	130	30	22	1450	75
GW150－180－30－30	150	180	30	30	1450	73
GW150－200－30－37	150	200	30	37	1450	70
GW200－300－7－11	200	300	7	11	980	73
GW200－250－11－15	200	250	11	15	980	74
GW200－400－10－22	200	400	10	22	1450	76
GW200－400－13－30	200	400	13	30	1450	73
GW200－250－15－18.5	200	250	15	18.5	1450	72
GW200－300－15－22	200	300	15	22	1450	73
GW200－250－22－30	200	250	22	30	1450	71
GW200－350－25－37	200	350	25	37	1450	75
GW200－400－30－55	200	400	30	55	1450	70
GW250－600－9－30	250	600	9	30	1450	74
GW250－600－12－37	250	600	12	37	980	78
GW250－600－15－45	250	600	15	45	1450	75
GW250－600－20－55	250	600	20	55	1450	73
GW250－600－25－75	250	600	25	75	1450	73
GW300－800－12－45	300	800	12	45	980	76
GW300－500－15－45	300	500	15	45	980	70
GW300－800－15－55	300	800	15	55	980	73
GW300－600－20－55	300	600	20	55	980	75
GW300－800－20－75	300	800	20	75	980	78
GW300－950－20－90	300	950	20	90	980	80
GW300－1000－25－110	300	1000	25	110	980	82
GW350－1100－10－55	350	1100	10	55	980	84.5
GW350－1500－15－90	350	1500	15	90	980	82.5
GW350－1200－18－90	350	1200	18	90	980	83.1
GW350－1100－28－132	350	1100	28	132	740	83.2

型号	口径 (mm)	流量 (m³/h)	扬程 (m)	功率 (kW)	转速 (r/min)	效率 (%)
GW350－1000－36－160	350	1000	36	160	740	78.5
GW400－1500－10－75	400	1500	10	75	980	82.1
GW400－2000－15－132	400	2000	15	132	740	85.5
GW400－1700－22－160	400	1700	22	160	740	82.1
GW400－1500－26－160	400	1500	26	160	740	83.5
GW400－1700－30－200	400	1700	30	200	740	83.5
GW400－1800－32－250	400	1800	32	250	740	82.1
GW500－2500－10－110	500	2500	10	110	740	82
GW500－2600－15－160	500	2600	15	160	740	83
GW500－2400－22－220	500	2400	22	220	740	84
GW500－2600－24－250	500	2600	24	250	740	82

　　污泥穿墙回流泵也称污泥回流泵或内回流泵，说法不一。QJB－W型混合液回流泵（硝化液回流泵）是二级污水处理厂混合液回流、反硝化脱氮的专用设备，也可以用于地面排水时抽净化水、灌溉和控制水道系统、废水处理过程中再循环或泥浆抽吸回路中需要微扬程、大流量场所。

　　污泥穿墙回流泵连续运行时，介质温度不得高于40℃，介质pH值为6~9，潜没深度最大为10 m。QJB－W型混合液回流泵能处理污水和回流污泥。水泵可上下升降，方便移动，检查或维修时人员无须进入湿井。滑行杆支架作为水泵整体部件之一，水泵全部的重量受力在一个支架上，并且这个支架可承受水泵形成的推力。水泵、附件和电缆在20 m水深无泄漏损失，可连续潜水运行。

　　图2-13是QJB－W型混合液回流泵的性能曲线。

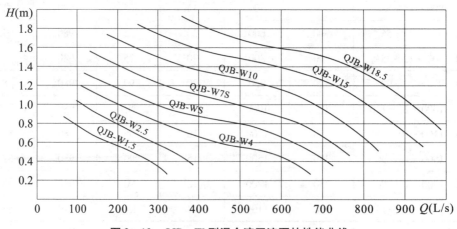

图2-13　QJB－W型混合液回流泵的性能曲线

4. 污泥泵

在污水处理工程中，常常需要将污泥进行输送，如二沉池污泥的回流、剩余污泥的输送、污泥脱水的输送等。污泥泵要适应污泥浓度高并含有细小颗粒的情况。污泥泵可选择的泵型有离心泵、隔膜泵、柱塞泵、螺杆泵和凸轮转子泵等。各种污泥泵的优缺点比较见表2-4。

表2-4 各种污泥泵的优缺点比较

泵类型	优 点	缺 点
离心泵	技术成熟，投资成本较低，流量大，输送速度快	剪切力大，只适合于稳定性极高的无机污泥，运转速度高，耐磨损性较差
隔膜泵	泵送动作较平顺，对介质没有剪切破坏	价格及运行费用高
柱塞泵	流量大，压力高，操作压力高，对介质的挤压剪切很好	价格及运行费用高，维护成本高
螺杆泵	可输送黏度高、流动性差的介质，对介质无剪切、无搅动，没有湍流脉动现象，输送平稳。适应于多种液体，对黏度不敏感。体积小巧，结构简单	耐磨性能稍差，维修成本较高，制造加工要求高
凸轮转子泵	对介质的挤压剪切很小，泵送平稳，几乎没有脉动。颗粒通过性强，耐磨性能好，可反向输送介质，结构紧凑，占地面积小	输送压力低，压力稳定性稍差

从目前的泵型使用情况看，离心泵应用范围较广，但其对输送介质的剪切力较大。隔膜泵多用于腐蚀性介质和加药系统。柱塞泵价格昂贵，多用于对压力要求非常高的情况。螺杆泵和凸轮转子泵能够连续、均匀地输送介质，没有湍流、搅动、脉动和剪切现象，特别适用于泵送浓缩污泥，最大限度地保持污泥性质，保护絮体不被破坏，从而获得最佳的脱水效果。因此，污水处理厂排泥水浓缩污泥宜采用螺杆泵或凸轮转子泵。

螺杆泵在污水处理厂的污泥处理系统中多为偏心单螺杆泵，由定子、转子、万向节、驱动装置和机架等部件组成。由于转子和定子各自螺纹头数的不同，在转子和定子表面之间产生了一个封闭的容积腔，腔内的污泥随着转子的旋转沿轴向被推出排泥口，从而将污泥从吸入端到排出端不断地送出。螺杆泵转子和定子之间存在连续的过盈接触，在吸入端和排出端两侧之间形成一条可靠的密封线，从而使螺杆泵不但可以泵送较高的压力，还具有一定的自吸能力。单螺杆泵可以用于输送含有固体颗粒的液体、酸碱盐液体、不同黏度的液体，如纸浆、软膏、污油、污水、泥浆和果酱等，广泛应用于环保、生物工程、污水处理、采矿、石油化工、食品、制糖、制药、造纸、染料、建筑、农业和其他工业部门等。图2-14是单螺杆泵的结构。

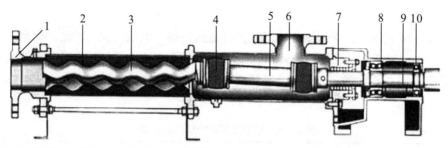

1—排出口；2—定子；3—转子；4—万向节；5—联轴器；6—吸入室；7—机械密封；8—轴承；9—传动轴；10—轴承体

图 2-14　单螺杆泵的结构

图 2-14 是螺杆泵的特性曲线。

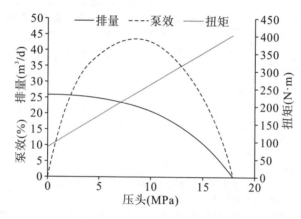

图 2-15　螺杆泵的特性曲线

　　单螺杆泵在发达国家已广泛使用，德国称其为"偏心转子泵"。由于其优良的性能，在国内的应用范围也在迅速扩大。它的最大特点是对介质的适应性强、流量平稳、压力脉动小、自吸能力高，这是其他任何泵种所不能替代的。在单螺杆泵中，德国耐驰集团的产品 NEMO®BY 泵解决了国内在复杂系统中介质输送难的问题，已发展成中国单螺杆泵行业的领导者。图 2-16 是耐驰 NEMO® BY 泵的外形。

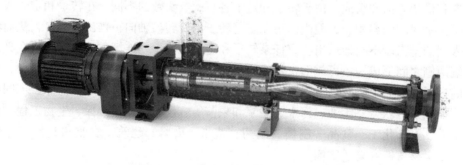

图 2-16　耐驰 NEMO® BY 泵的外形

　　表 2-5 是常见的单螺杆泵的性能参数。

表2-5 常见的单螺杆泵的性能参数

型号	流量（m³/h）	压力（MPa）	允许最高转速（r/min）	电机功率（kW）	必需汽蚀余量（m）	进口法兰通径（mm）	出口法兰通径（mm）	允许颗粒直径（mm）	允许纤维长度（mm）
G20-1	0.8	0.6	960	0.75	4	25	25	1.5	25
G20-2		1.2		1.5					
G25-1	2	0.6	960	1.5		40	32	2	30
G25-2		1.2		2.2					
G30-1	5	0.6	960	2.2		50	40	2.5	35
G30-2		1.2		3					
G35-1	8	0.6	960	3		65	50	3	40
G35-2		1.2		4					
G40-1	12	0.6	960	4		80	65	3.8	45
G40-2		1.2		5.5					
G50-1	14	0.6	720	5.5	4.5	100	80	5	50
G50-2		1.2		7.5					
G60-1	22	0.6	720	11		125	100	6	60
G60-2		1.2		15					
G70-1	38	0.6	720	11		150	125	8	70
G70-2		1.2		18.5					
G85-1	56	0.6	630	15	5	150	150	10	80
G85-2		1.2		30					
G105-1	100	0.6	500	30		200	200	15	110
G105-2		1.2		55					
G135-1	150	0.6	400	45		250	250	20	

螺杆泵的选型要点如下：

（1）进泥泵的流量、出口压力应满足脱水机的使用要求。当需要调节污泥流量时，宜采用变频调速。

（2）用螺杆泵输送污泥时，介质中的杂质会对转子和定子造成磨损，使泵的容积效率降低，也就是在转速不变的情况下，泵的流量会随着磨损的发生而减少。因此在设计确定泵的流量时，不但要按照最大流量选择，还要根据污泥性质考虑一定的余量，使泵始终在良好工况下运行。当流量下降到原设计值的85%时，应更换定子。

（3）螺杆泵的结构特点和密封性能使螺杆泵具有止回功能，停泵时，介质不会倒流，因此输送管路一般不用设置止回阀。但如果两台泵共用一个输送管道且输送压力超过0.3 MPa时，应该安装止回阀。另外，在转子和定子有磨损时，会出现回流现象，因此对于磨损严重的工况，也可以考虑安装止回阀。

(4)螺杆泵是根据正向位移原理进行工作的。如果在开泵时出现出口侧阀门关闭或介质沉淀而造成压力过高等过载情况，会导致转子、传动装置等部件的损坏。因此，每一台螺杆泵都要有可靠的过压保护装置。带有旁路的安全阀或油触式压力计都可以作为过压停泵的保护装置。

(5)由于污泥中的颗粒杂质较多，对设备的磨损比较严重，需注意控制污泥泵的转速，一般不宜超过400 r/min。如果污泥含砂量较高，则转速不宜超过200 r/min。

(6)螺杆泵在没有介质空转时，转子和定子之间的干摩擦会很快在定子表面产生过高的温度，使定子橡胶过热被烧毁，因此螺杆泵必须连续进泥，并安装干运行保护器，保护螺杆泵不会损坏。

(7)螺杆泵的材质选择主要是转子材料和定子材料的选择。各种转子材料和定子材料的用途见表2-6。

表2-6　各种转子材料和定子材料的用途

部位	材　质	适应场合
泵体	灰口铸铁	一般市政污泥及脱水泥饼
转子	工具钢表面硬化处理	一般市政污泥及脱水泥饼
	不锈钢表面硬化处理	具有腐蚀性的污泥及泥饼
	不锈钢S31608	药剂投加
	双相不锈钢	氯离子含量较高的介质
定子	丁腈橡胶(NBR)	一般市政污泥及脱水泥饼
	三元乙丙橡胶(EPDM)	化学性能稳定，耐老化性能好，用于环境恶劣的场合
	氯磺化聚乙烯橡胶(CSM)	药剂投加

凸轮转子泵也是一种容积式泵，工作原理与罗茨鼓风机相似，两个转子叶轮平行设置，在两个转子叶轮之间和转子与泵壳之间形成腔体，当转子配合旋转时，便将污泥吸入、排出，实现输送污泥的目的。转子叶轮有2叶、3叶、4叶和6叶等结构。图2-17是弹性体凸轮转子泵的结构。

1—衬板；2—泵盖；3—转子；4—泵壳；5—泵；6—轴承；7—减速齿轮；8—同步齿轮；9—隔离腔室；10—轴封

图2-17　弹性体凸轮转子泵的结构

凸轮转子泵的使用设计要点与螺杆泵大致相同，另外需注意以下几点：

（1）对于较大的转子叶轮，应采用转子尖部可拆卸的结构或泵壳压紧结构，当磨损严重时，只需更换被磨损的转子尖或调整泵壳压紧装置即可，减少维修费用。当转子叶轮较小时，可选用整体转子的结构形式。

（2）当污泥含砂量较高时，转速不宜超过 150 r/min。

（3）泵壳宜为铸铁材质，内表面进行激光硬化处理以增加耐磨性能。转子叶轮宜采用外表面包覆各种耐腐蚀橡胶的碳钢或铸铁转子和不锈钢转子。

（4）凸轮转子泵用于输送污泥时，转速需在 400 r/min 以上才具有比较好的自吸能力。实际应用时，不宜考虑其自吸性能。

污水处理厂浓缩污泥输送泵宜选用螺杆泵或凸轮转子泵。其中，单泵流量在 70 m³/h 以上时，宜选择凸轮转子泵；单泵流量在 40 m³/h 以下时，宜选择螺杆泵；单泵流量为 40 ~ 70 m³/h 时，宜对两种泵型进行技术经济比较。

5. 氟塑料耐腐蚀泵

污水处理工程中，常常会有腐蚀性介质，特别是化工企业排放的废水，常含有酸、碱、盐等复杂成分，选用普通材质的水泵，会在较短时间内被腐蚀。此时，就需要从防腐角度，选择耐腐蚀材料的水泵，而氟塑料耐腐蚀泵就是较好的选择。

常见的氟塑料耐腐蚀泵有 CQB 氟塑料磁力泵、IMC 氟塑料磁力驱动泵、ZMD 氟塑料磁力自吸泵、IHF 衬氟塑料离心泵、FSB（D）型氟塑料离心泵、FZB 系列氟塑料自吸泵、UHB 型耐腐耐磨砂浆泵、FYH 型氟塑料液下泵等。其材质主要包括聚四氟乙烯（PTFE，简称 F4）、聚全氟代乙丙烯（FEP，简称 F46）、可熔性聚四氟乙烯（PFA）、超高分子量聚乙烯（PE）。内衬氟塑料的材质主要是聚全氟代乙丙烯（FEP，简称 F46）、可熔性聚四氟乙烯（PFA）。

IHF 衬氟塑料离心泵是基于 IH 泵的新一代耐腐蚀离心泵，适用于 −20℃ ~200℃ 温度条件下长期输送任意浓度的各种酸、氧化剂等多种腐蚀性介质。泵体采用金属外壳内衬氟塑料（F46），足以承受管道的重量及抵受机械性冲击，叶轮及泵盖均采用金属嵌件外包氟塑料合金压制成型，轴封采用先进的外装式波纹管机械密封，静环选用 99.9% 氧化铝陶瓷，动环采用四氟填充材料，其耐腐、耐磨、密封性好。采用后拉式结构，一人便可轻松进行内部日常检修和零件更换，无须拆卸泵进出口管道。

FZB 系列氟塑料自吸泵是按国际标准并结合非金属泵的工艺设计制造的。泵体采用金属外壳内衬氟塑料，过流部件全部采用氟塑料合金制造，泵盖、叶轮等均用金属嵌件外包氟塑料整体烧结压制而成，轴封采用外装式先进的波纹管机械密封，静环选用 99.9% 氧化铝陶瓷（或氮化硅），动环采用四氟填充材料，其耐腐、耐磨、密封性极好。泵的进出口均采用铸钢体加固，以增强泵的耐压性。实际使用显示，该泵具有耐腐、耐磨、耐高温、不老化、机械强度高、运转平稳、结构先进合理、密封性能可靠、拆卸检修方便、使用寿命长等优点。适用温度为 −50℃ ~120℃。图 2 - 18 是 FZB 系列氟塑料自吸泵的结构。

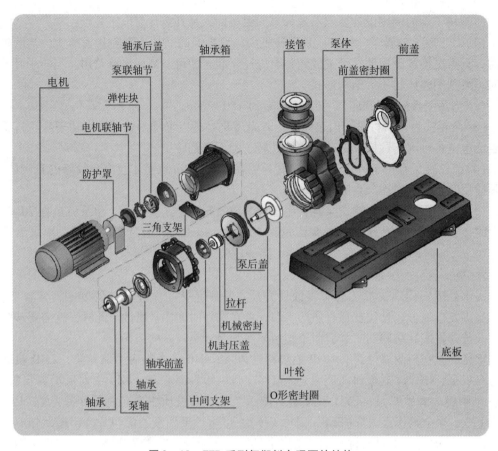

图 2-18　FZB 系列氟塑料自吸泵的结构

表 2-7 是 FZB 系列氟塑料自吸泵的性能参数。

表 2-7　FZB 系列氟塑料自吸泵的性能参数

型号	流量 （m³/h）	扬程 （m）	进口口径 （mm）	出口口径 （mm）	电机功率 （kW）	转速 （r/min）	自吸高度 （m）
25FZB-20	1.6	20	25	25	2.2	2900	1.5
32FZB-20	3.2	20	32	25	2.2	2900	1.5
40FZB-20	6.3	20	40	32	3	2900	3
40FZB-30	6.3	30	40	32	4	2900	3
50FZB-20	12.5	20	50	32	3	2900	3
50FZB-30	12.5	30	50	32	4	2900	3
50FZB-45	12.5	45	50	32	7.5	2900	3
50FZB-70	12	70	50	32	15	2900	4
65FZB-20	25	20	65	50	4	2900	3.5
65FZB-30	25	30	65	50	7.5	2900	3
65FZB-45	25	45	65	40	11	2900	3
65FZB-70	25	70	Φ65	Φ40	30	2900	4

型号	流量 （m³/h）	扬程 （m）	进口口径 （mm）	出口口径 （mm）	电机功率 （kW）	转速 （r/min）	自吸高度 （m）
80FZB-20	50	20	80	65	5.5	2900	3.5
80FZB-30	50	30	80	65	11	2900	3
80FZB-45	50	45	80	65	15	2900	3
80FZB-70	50	70	80	50	30	2900	4
100FZB-32	100	32	100	80	18.5	2900	3
100FZB-45	100	45	100	80	30	2900	3

（五）水泵选型示例

【例2-1】 某城镇污水处理厂需要将污水从调节池提升至水解酸化池，如图2-19所示。调节池的最高液位相对标高为-1.60，最低液位相对标高为-3.00，水解酸化池的最高液位相对标高为5.00。污水处理厂的最大处理能力为2500 m³/d。已知泵的压水管道水头损失为2.0 m，试选择合适的水泵。

【解】 由于该泵用于提升生活污水，根据污水特性和泵的用途，宜选用 WQ 型潜污泵。在选择具体的泵型号时，需要根据工况要求的最大流量及最大扬程，再乘以附加安全系数进行选取，本例附加安全系数取1.1，即

$$Q = 1.1 Q_{max} = 1.1 \times \frac{2500}{24} = 114.6 (\text{m}^3/\text{h})$$

泵所需的扬程为

$$H = 1.1 H_{max} = 1.1 \times (H_z + h_1 + h_2) = 1.1 \times \{ [5.00 - (-3.00)] + 0.00 + 2.00 \}$$
$$= 11.0 (\text{m H}_2\text{O})$$

查 WQ 型潜污泵的性能范围，得到具体的型号为100WQ100-15-7.5。进一步查该泵的性能曲线（图2-20）和性能参数（表2-8），得出该泵的主要性能参数：转速 $n = 2900$ r/min，流量 $Q = 120$ m³/h，扬程 $H = 12$ m，功率 $N = 7.5$ kW。

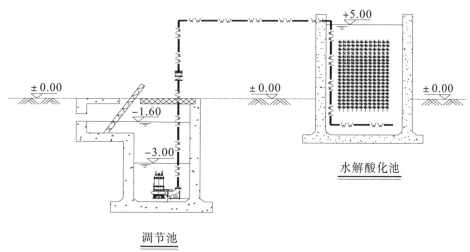

图2-19 污水提升示意图

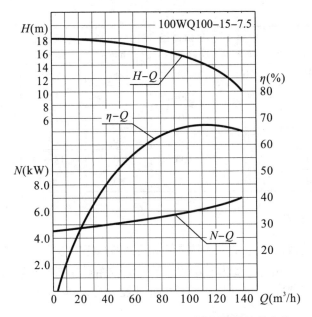

图 2 - 20　100WQ100 - 15 - 7.5 型潜污泵的性能曲线

表 2 - 8　100WQ100 - 15 - 7.5 型潜污泵的性能参数

型号	出口口径（mm）	流量（m³/h）	流量（L/s）	扬程（m）	电压（V）	转速（r/min）	电机功率（kW）	重量（kg）
100WQ100 - 15 - 7.5	100	70	19.44	17	380	2900	7.5	165
		100	27.78	15				
		120	33.33	12				

第二节　风　　机

风机是依靠输入的机械能，提高气体压力并排送气体的机械。它是一种从动的流体机械，从能量观点来分析，它是把原动机的机械能转变为气体能量的一种机械。废水处理工程中，鼓风机主要用于好氧生化处理鼓风曝气、滤池反冲洗、混合搅拌、通风等。

一、风机的分类及工作原理简介

（一）风机的分类

按照工作原理，可将风机分为透平式风机和容积式风机，如图 2-21 所示。

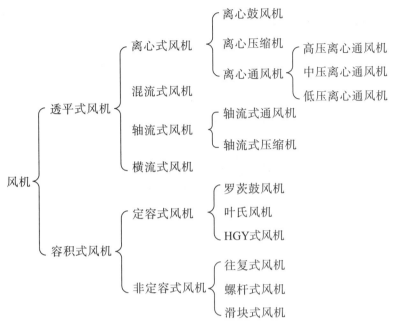

图 2-21　风机的分类

按绝对排气压力对风机进行分类，可以分为：

（1）通风机：绝对排气压力小于 1.127×10^5 Pa。

（2）鼓风机：绝对排气压力为 $(1.127 \sim 3.427) \times 10^5$ Pa。

（3）压缩机：绝对排气压力大于 3.427×10^5 Pa。

按用途进行分类，可将风机分为工业锅炉用风机、地铁隧道用风机、一般通用排风机、消防风机、工业风机和矿井风机。

（二）风机的工作原理

在废水处理工程中，常用的鼓风机有回转鼓风机和离心鼓风机。其中，回转鼓风机包括小型的回转鼓风机和罗茨鼓风机，离心鼓风机包括单级离心鼓风机和多级离心鼓风机。容积式鼓风机依靠在气缸内往复或者旋转运动的活塞的作用，使气体体积缩小而提高压力；叶片式鼓风机依靠高速运转的叶轮的作用，提高气体的压力和速度，在随后固定元件的作用下使一部分速度能转化为气体的压力能。

需要注意的是，风机不能像离心泵那样，通过出口管路上的阀门来进行流量的调节，特别是容积式鼓风机，风机流量随压力变化很小，因此不能通过关小阀门的方法来调整流量，否则会使风机严重超压。常用方法有改变转速调节法和旁路调节法等。离心式风机一般采用入口流量调节方式，可适当降低风机出口压力，降低风机的喘振流量。

1. 回转式鼓风机

回转式鼓风机结构精巧，主要由电机、空气过滤器、鼓风机本体、空气室、底座（兼油箱）、滴油嘴组成。鼓风机靠汽缸内偏置的转子偏心运转，并使转子槽中叶片之间的容积变化，将空气吸入、压缩、吐出。在运转中利用鼓风机的压力差自动将润滑油送到滴油嘴，滴入汽缸内以减少摩擦及噪声，同时可保持汽缸内气体不回流。润滑系统是利用风机工作室产生的压力差而形成的自动供给机油的循环装置，因此，回转式鼓风机不能空负载运转。图 2 - 22 是回转式鼓风机的外形。

图 2 - 22　回转式鼓风机的外形

回转式鼓风机用途广泛，能提供的压力范围为 0.1 ~ 0.5 kgf/cm²。主要应用于：①水处理鼓风曝气；②医院、实验室的污水搅拌曝气；③印刷行业的真空送纸；④电镀槽、工业废水的搅拌曝气；⑤塑焊、吹风的气源供应；⑥燃烧器的喷雾、玻璃工业及其他。

回转式鼓风机相比于其他类型鼓风机，具有如下特点：

(1)回转式鼓风机采用运转压缩空气的原理，虽然体积小，但风量大、节能，静音运转是其他形式的风机无法比拟的。

(2)运转平稳，小型机种运转时只要放置妥当则振动很小，不需要加装防振装置，安装方便。

(3)抗负荷变化，风量稳定。例如，在污水处理曝气池中压力发生变化，则负荷变化，但回转式鼓风机的风量随压力变化而变化甚微。

(4)附有空气室，可防止空气脉动，散气平稳。

(5)全部采用优质的材料，结构精巧，坚固耐用，性能卓越。

(6)保养简单，故障少，低转速，磨损小，寿命长。

回转式鼓风机的工作原理如图 2 - 23 所示，HC 型回转式鼓风机的性能参数见表 2 - 9。

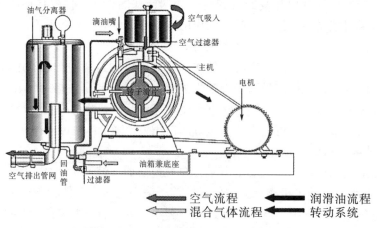

图 2 - 23　回转式鼓风机的工作原理

表2-9 HC型回转式鼓风机的性能参数

型号	排风口径(mm)	电机功率(kW)	频率(Hz)	风机转速(rpm)	风量(m³/min)					V形皮带轮		V形皮带	油箱储油量(有效油量)	重量(kg)	
					0.1kgf/cm²	0.2kgf/cm²	0.3kgf/cm²	0.4kgf/cm²	0.5kgf/cm²	鼓风机	电机			净量	毛量
HC-251S	3/4"-20	0.55	50	450	0.31	0.3	0.29	0.28	0.28	8"	21/2"	A-40	1.5L (1.1L)	44	51
HC-30S	1"-25	0.55	50	430	0.35	0.34	0.33	0.32	0.31	10"	3"	A-44	1.5L (1.1L)	50	57
HC-301S	1"-25	0.75	50	520	0.42	0.41	0.4	0.39	0.38	10"	31/2"	A-44	1.5L (1.1L)	50	57
HC-40S	11/4"-32	0.75	50	500	0.66	0.65	0.63	0.61	0.59	12"	4"	A-52	2.5L (1.7L)	80	88
HC-401S	11/4"-32	1.5	50	580	0.8	0.77	0.74	0.71	0.67	12"	41/2"	A-52	2.5L (1.7L)	85	93
HC-50S	11/2"-40	1.5	50	430	1.14	1.12	1.09	1.06	1.02	14"	4"	A-64	3.5L (2.3L)	120	130
HC-501S	11/2"-40	2.2	50	500	1.44	1.42	1.39	1.36	1.32	14"	41/2"	A-64	3.5L (2.3L)	125	135
HC-60S	2"-50	2.2	50	450	1.9	1.87	1.82	1.77	1.71	16"	5"	B-74	5.5L (3.8L)	190	223
HC-601S	2"-50	4	50	540	2.41	2.34	2.29	2.24	2.18	16"	6"	B-74	5.5L (3.8L)	200	233
HC-80S	21/2"-65	4	50	430	2.82	2.74	2.66	2.59	2.5	18"	51/2"	B-84	8L (6L)	250	268
HC-801S	21/2"-65	5.5	50	500	3.53	3.45	3.38	3.33	3.25	18"	6"	B-84	8L (6L)	275	293
HC-100S	3"-80	5.5	50	390	4.32	4.28	4.25	4.18	4.11	20"	51/2"	B-93	20L (16L)	375	395
HC-1001S	3"-80	7.5	50	420	5.41	5.32	5.25	5.18	5.11	20"	6"	B-93	20L (16L)	390	410

2. 罗茨鼓风机

罗茨鼓风机也称作罗茨风机，英文名 Roots blower，属容积式回转鼓风机，利用两个或者三个叶形转子在气缸内做相对运动来压缩和输送气体。这种鼓风机结构简单，制造方便，适用于低压力场合的气体输送和加压，也可用作真空泵。罗茨鼓风机输送的风量与转速成比例，三叶型叶轮每转动一次由两个叶轮进行三次吸、排气。三叶罗茨鼓风机的工作原理如图 2-24 所示。

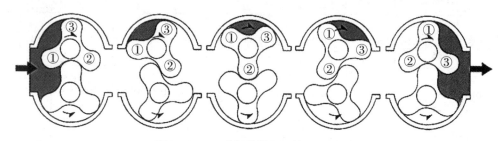

图 2-24 三叶罗茨鼓风机的工作原理

罗茨鼓风机靠转子轴端的同步齿轮使两转子保持啮合。当电机通过联轴器或皮带轮带动主动轴转动时，安装在主动轮上的齿轮带动从动轮上的齿轮，按相反方向同步旋转，使啮合的转子相随转动，转子上每一凹入的曲面部分与气缸内壁组成工作容积，在转子回转过程中从吸气口带走气体，气体从进气口进入空间。这时气体会受到压缩并被转子挤出出气口，而另一个转子则转到与第一个转子在压缩开始的相对位置，与机壳的另一边形成一个新空间，新的气体又进入这一空间，当移到排气口附近与排气口相连通的瞬时，因有较高压力的气体回流，这时工作容积中的压力突然升高，然后将气体输送到排气通道，从而连续运动达到鼓风的目的。鼓风机两根轴上的叶轮与椭圆形壳体内孔面、叶轮端面和鼓风机前后端盖之间及鼓风机叶轮之间始终保持微小的间隙，在同步齿轮的带动下风从鼓风机进风口沿壳体内壁输送到排出的一侧。两转子互不接触，它们之间靠严密控制的间隙实现密封，故排出的气体不受润滑油污染。三叶型与二叶型相比，气体脉动性小、振动小、噪声低。

叶轮与叶轮、叶轮与墙板、叶轮与机壳之间会存在一定的间隙，该间隙如果太大，会导致故障。在叶轮经过排气口时，在管道前方压力的作用下，会将部分气体通过该间隙泄漏回去，这种泄漏称为内泄漏。

罗茨鼓风机最大的特点是使用过程中当压力在允许范围内加以调节时流量的变动甚微，压力选择范围很宽，具有强制输气的特点。输送时介质不含油，结构简单，维修方便，使用寿命长，整机振动小。由于周期性的吸、排气和瞬时等容压缩造成气流速度和压力的脉动，因而会产生较大的气体动力噪声。此外，转子之间和转子与气缸之间的间隙会造成气体泄漏，从而使效率降低。罗茨鼓风机的排气量为 0.15 ~ 150 m^3/min，转速为 150 ~ 3000 r/min。单级压比通常小于 1.7，最高可达 2.1，可以多级串联使用。

表 2-10 是 SSR 带联型罗茨鼓风机的性能参数。

表2-10 SSR带联型罗茨鼓风机的性能参数

型式	口径	转速(r/min)	0.10 9.8kPa Qs	La	0.15 14.7kPa Qs	La	0.20 19.6kPa Qs	La	0.25 24.5kPa Qs	La	0.30 29.4kPa Qs	La	0.35 34.3kPa Qs	La	0.40 39.2kPa Qs	La	0.45 44.1kPa Qs	La	0.50 49kPa Qs	La	0.55 53.9kPa Qs	La	0.60 58.8kPa Qs	La
SSR50	50A	1100	1.22	0.30	1.16	0.44	1.12	0.52	1.05	0.66	0.99	0.78	0.93	0.92	0.90	1.04	0.85	1.18	0.78	1.32				
		1230	1.38	0.38	1.31	0.52	1.27	0.64	1.20	0.78	1.14	0.92	1.08	1.06	1.05	1.20	1.00	1.35	0.94	1.49	0.90	1.64		
		1350	1.53	0.44	1.46	0.60	1.41	0.74	1.34	0.88	1.28	1.04	1.23	1.19	1.19	1.34	1.14	1.50	1.09	1.65	1.05	1.82		
		1450	1.66	0.50	1.58	0.67	1.54	0.82	1.46	0.98	1.40	1.14	1.34	1.30	1.30	1.47	1.25	1.62	1.20	1.79	1.16	1.96	1.14	2.15
		1530	1.75	0.56	1.69	0.74	1.63	0.90	1.55	1.06	1.49	1.24	1.43	1.40	1.39	1.58	1.35	1.75	1.30	1.92	1.26	2.10	1.24	2.29
		1640	1.89	0.64	1.81	0.84	1.76	1.01	1.68	1.18	1.62	1.37	1.56	1.55	1.52	1.74	1.47	1.91	1.43	2.10	1.40	2.29	1.38	2.49
		1730	2.00	0.71	1.92	0.92	1.87	1.10	1.79	1.28	1.73	1.48	1.66	1.67	1.62	1.86	1.57	2.05	1.53	2.25	1.50	2.45	1.48	2.66
		1840	2.13	0.80	2.05	1.01	2.00	1.20	1.92	1.40	1.86	1.62	1.79	1.81	1.75	2.02	1.70	2.22	1.67	2.43	1.64	2.64	1.62	2.86
		1950	2.27	0.89	2.19	1.11	2.13	1.32	2.05	1.52	1.99	1.75	1.92	1.95	1.88	2.18	1.83	2.39	1.81	2.61	1.77	2.83	1.75	3.06
		2120	2.47	1.02	2.39	1.23	2.33	1.49	2.25	1.71	2.19	1.96	2.12	2.18	2.08	2.42	2.03	2.65	2.01	2.89	1.98	3.13	1.96	3.37
SSR65	65A	1110	1.67	0.38	1.57	0.60	1.48	0.80	1.40	0.99	1.32	1.16	1.25	1.35	1.18	1.52	1.12	1.72	1.07	1.82				
		1240	1.92	0.48	1.82	0.70	1.73	0.92	1.65	1.12	1.58	1.33	1.51	1.53	1.44	1.74	1.38	1.96	1.32	2.10	1.27	2.30		
		1360	2.16	0.56	2.06	0.81	1.97	1.04	1.89	1.24	1.82	1.48	1.75	1.71	1.68	1.94	1.62	2.18	1.56	2.35	1.51	2.58		
		1450	2.31	0.63	2.22	0.88	2.14	1.12	2.07	1.34	2.00	1.60	1.93	1.85	1.86	2.10	1.80	2.32	1.74	2.54	1.69	2.78	1.63	3.00
		1530	2.45	0.70	2.36	0.96	2.28	1.20	2.21	1.45	2.14	1.72	2.08	1.98	2.02	2.25	1.96	2.50	1.90	2.72	1.84	2.96	1.78	3.20
		1640	2.66	0.80	2.57	1.08	2.49	1.33	2.42	1.60	2.36	1.89	2.30	2.17	2.24	2.46	2.18	2.73	2.12	2.95	2.06	3.22	2.01	3.46
		1740	2.86	0.89	2.77	1.18	2.69	1.46	2.62	1.74	2.56	2.04	2.50	2.34	2.44	2.64	2.38	2.94	2.32	3.16	2.26	3.45	2.21	3.70
		1820	3.02	0.96	2.93	1.27	2.85	1.56	2.78	1.86	2.72	2.16	2.66	2.46	2.60	2.79	2.54	3.10	2.48	3.33	2.42	3.63	2.37	3.90
		1940	3.26	1.07	3.17	1.40	3.09	1.71	3.02	2.03	2.96	2.35	2.90	2.69	2.83	3.02	2.77	3.35	2.71	3.59	2.66	3.90	2.61	4.20
		2130	3.64	1.24	3.55	1.60	3.47	1.95	3.40	2.30	3.33	2.65	3.27	3.00	3.21	3.35	3.15	3.72	3.09	4.00	3.04	4.34	2.99	4.66
SSR80	80A	1140	3.09	1.04	3.00	1.32	2.90	1.60	2.84	1.98	2.78	2.14	2.71	2.43	2.63	2.69	2.54	3.00	2.48	3.22	2.40	3.47	2.36	3.76
		1230	3.37	1.14	3.28	1.46	3.18	1.76	3.10	2.06	3.06	2.35	2.99	2.65	2.91	2.94	2.82	3.27	2.76	3.53	2.68	3.81	2.63	4.11
		1300	3.59	1.22	3.50	1.57	3.41	1.89	3.33	2.21	3.27	2.51	3.20	2.83	3.12	3.14	3.03	3.49	2.97	3.77	2.90	4.09	2.84	4.41
		1360	3.77	1.29	3.68	1.66	3.59	1.99	3.52	2.33	3.46	2.64	3.38	2.98	3.30	3.31	3.22	3.67	3.16	3.98	3.09	4.30	3.02	4.65
		1460	4.08	1.40	3.99	1.81	3.90	2.17	3.82	2.54	3.76	2.87	3.69	3.23	3.62	3.60	3.53	3.98	3.46	4.32	3.40	4.69	3.34	5.06
		1560	4.38	1.52	4.30	1.97	4.21	2.32	4.14	2.74	4.07	3.10	4.00	3.49	3.93	3.88	3.84	4.29	3.77	4.66	3.71	5.07	3.65	5.48
		1650	4.66	1.62	4.57	2.11	4.48	2.50	4.41	2.92	4.36	3.31	4.28	3.71	4.14	4.14	4.12	4.56	4.05	4.98	3.98	5.40	5.40	5.85
		1730	4.90	1.71	4.82	2.23	4.73	2.64	4.67	3.08	4.60	3.50	4.53	3.92	4.36	4.36	4.38	4.80	4.30	5.26	4.24	5.74	5.74	6.18
		1820	5.18	1.81	5.10	2.37	5.00	2.80	4.94	3.27	4.88	3.70	4.81	4.15	4.62	4.62	4.65	5.08	4.58	5.57	4.52	6.06	6.06	6.56
		1900	5.43	1.91	5.35	2.50	5.27	2.95	5.19	3.44	5.12	3.88	5.06	4.35	4.86	4.86	4.89	5.33	4.82	5.84	4.77	6.36	6.36	6.88

续表2－10

型式	口径	转速(r/min)	排出压力(kgf/cm²)																			
			0.10 9.8kPa		0.15 14.7kPa		0.20 19.6kPa		0.25 24.5kPa		0.30 29.4kPa		0.35 34.3kPa		0.40 39.2kPa		0.45 44.1kPa		0.50 49kPa		0.55 53.9kPa		0.60 58.8kPa	
			Q_s	L_a	Q_s	L_a	Q_s	L_a	Q_s	L_a	Q_s	L_a	Q_s	L_a	Q_s	L_a	Q_s	L_a	Q_s	L_a	Q_s	L_a	Q_s	L_a
SSR100	100A	1060	4.57	1.35	4.40	1.80	4.24	2.23	4.09	2.70	3.95	3.10	3.82	3.57	3.70	4.00	3.59	4.48	3.48	4.95	3.38	5.40	3.28	5.86
		1140	4.97	1.52	4.81	2.00	4.65	2.46	4.50	2.95	4.36	3.41	4.23	3.90	4.12	4.38	4.01	4.88	3.90	5.38	3.80	5.88	3.71	6.38
		1220	5.34	1.68	5.18	2.20	5.03	2.70	4.89	3.20	4.76	3.71	4.64	4.24	4.53	4.76	4.42	5.29	4.32	5.76	4.22	6.37	4.13	6.90
		1310	5.73	1.87	5.58	2.41	5.44	2.96	5.31	3.50	5.18	4.05	5.06	4.61	4.95	5.18	4.84	5.75	4.74	6.30	4.64	6.92	4.55	7.48
		1460	6.53	2.18	6.38	2.78	6.25	3.40	6.12	3.98	6.00	4.65	5.89	5.24	5.78	5.87	5.68	6.52	5.58	7.10	5.48	7.74	5.39	8.45
		1540	6.91	2.40	6.77	3.05	6.64	3.67	6.52	4.30	6.40	4.98	6.29	5.63	6.19	6.30	6.09	6.98	5.99	7.61	5.90	8.37	5.81	9.00
		1680	7.63	2.78	7.49	3.48	7.36	4.18	7.24	4.90	7.13	5.65	7.05	6.35	6.92	7.08	6.82	7.83	6.73	8.50	6.64	9.30	6.55	10.03
		1780	8.09	3.05	7.96	3.81	7.84	4.56	7.73	5.32	7.62	6.10	7.52	6.86	7.42	7.63	7.32	8.43	7.23	9.15	7.14	9.97	7.06	10.71
		1880	8.57	3.33	8.45	4.13	8.36	4.93	8.25	5.75	8.15	6.55	8.05	7.38	7.95	8.18	7.86	9.05	7.77	9.80	7.68	10.62	7.60	11.42
		1980	9.09	3.60	8.96	4.46	8.85	5.31	8.75	6.17	8.65	7.01	8.55	7.90	8.46	8.75	8.37	9.63	8.28	10.45	8.20	11.30	8.12	12.13
SSR125	125A	980	6.50	1.65	6.30	2.23	6.15	2.80	6.05	3.45	5.95	4.10	5.82	4.70	5.75	5.40	5.64	6.10	5.55	6.70	5.47	7.20	5.37	8.05
		1050	6.95	1.90	6.78	2.54	6.63	3.15	6.51	3.85	6.42	4.53	6.30	5.20	6.22	5.95	6.11	6.65	6.03	7.30	5.95	7.90	5.85	8.75
		1200	8.00	2.50	7.80	3.20	7.65	3.92	7.55	4.70	7.45	5.50	7.34	6.28	7.25	7.10	7.15	7.90	7.00	8.65	6.98	9.40	5.90	10.25
		1310	8.75	2.90	8.55	3.65	8.40	4.50	8.29	5.35	8.19	6.20	8.09	7.05	8.00	7.90	7.90	8.80	7.82	9.65	7.74	10.05	7.64	11.40
		1390	9.30	3.20	9.10	4.00	8.95	4.90	8.84	5.80	8.74	6.70	8.63	7.60	8.54	8.50	8.45	9.45	8.37	10.35	8.28	11.25	8.20	12.20
		1450	9.72	3.45	9.50	4.25	9.35	5.20	9.25	6.15	9.15	7.10	9.05	8.05	8.95	9.00	8.85	9.90	8.77	10.90	8.70	11.80	8.60	12.80
		1530	10.27	3.80	10.07	4.70	9.90	5.65	9.80	6.65	9.70	7.65	9.60	8.60	9.50	9.60	9.40	10.60	9.33	11.60	9.25	12.60	9.15	13.60
		1630	10.96	4.30	10.75	5.20	10.57	6.25	10.47	7.25	10.37	8.35	10.27	9.35	10.17	10.35	10.08	11.35	10.01	12.40	9.93	13.50	9.85	14.60
		1750	11.78	4.90	11.55	5.80	11.38	6.95	11.29	7 95	11.18	9.18	11.18	10.20	10.99	11.26	10.91	12.33	10.83	13.38	10.75	14.70	10.66	15.80
		1850	12.48	5.40	12.25	6.36	12.05	7.55	11.97	8.57	11.85	9.88	11.70	10.94	11.66	12.02	11.58	13.12	11.50	14.02	11.42	15.60	11.34	16.85
SSR150	150A	810	12.01	3.85	11.76	5.00	11.54	6.20	11.35	7.30	11.15	8.50	11.00	9.60	10.86	10.80	10.76	11.95	10.65	13.20	10.52	14.40	10.39	15.80
		860	12.80	4.40	12.62	5.60	12.40	6.86	12.20	8.05	12.03	9.30	11.86	10.45	11.75	11.70	11.65	13.00	11.54	14.25	11.40	15.50	11.27	16.80
		970	14.70	5.58	14.50	7.00	14.30	8.30	14.10	9.65	13.95	11.05	13.80	12.40	13.70	13.80	13.60	15.20	13.50	16.60	13.35	18.00	13.23	19.40
		1110	17.08	7.00	16.90	8.60	16.70	10.15	16.52	11.70	16.37	13.10	16.25	14.80	16.15	16.50	16.05	18.00	15.95	19.60	53.85	21.20	15.70	22.80
		1180	18.25	7.80	18.10	9.45	17.92	11.10	17.73	12.70	17.59	14.40	17.47	16.00	17.37	17.37	17.27	19.40	17.17	21.10	17.07	22.80	16.97	24.40
		1240	19.27	8.45	19.10	10.20	18.95	11.90	18.77	13.60	18.63	15.40	18.53	17.07	18.43	18.43	18.33	20.70	18.23	22.40	18.13	24.20	18.03	25.80
		1400	22.00	10.20	21.83	12.10	21.70	14.00	21.55	15.95	21.40	17.90	21.30	19.90	21.20	21.20	21.15	23.85	21.05	25.80	20.97	27.90	20.87	29.70
		1520	23.93	11.65	23.80	13.80	23.68	15.90	23.52	18.00	23.40	20.15	23.30	22.30	23.21	23.20	23.13	26.70	23.04	28.90	22.95	31.20	22.82	33.30
		1620	25.42	13.40	25.30	15.60	25.15	18.00	25.00	20.40	24.86	22.60	24.75	25.00	24.68	27.40	24.58	29.65	24.48	32.05	24.40	34.40	24.27	36.90
		1730	27.05	15.30	26.92	17.60	26.77	20.20	26.61	22.90	26.48	25.30	26.35	27.90	26.27	26.27	26.17	33.00	26.08	35.55	26.00	38.00	25.87	40.80

续表2－10

型式	口径	转速(r/min)	排出压力（kgf/cm²）																			
			0.10		0.15		0.20		0.25		0.30		0.35		0.40		0.45		0.50		0.55		0.60	
			9.8kPa		14.7kPa		19.6kPa		24.5kPa		29.4kPa		34.3kPa		39.2kPa		44.1kPa		49kPa		53.9kPa		58.8kPa	
			Q_s	L_a	Q_s	L_a	Q_s	L_a	Q_s	L_a	Q_s	L_a	Q_s	L_a	Q_s	L_a	Q_s	L_a	Q_s	L_a	Q_s	L_a	Q_s	L_a
SSR200	200A	810	31.77	8.05	31.19	11.28	30.52	14.65	29.98	17.60	29.55	20.68	29.21	23.83	28.89	26.94	28.57	29.99	28.22	33.16	27.91	36.05	27.63	39.05
		900	35.68	9.95	35.05	13.48	34.49	17.10	34.04	20.44	33.66	24.00	33.36	27.53	33.05	30.93	32.73	34.40	32.34	37.83	32.03	41.02	31.71	44.38
		980	39.15	11.58	38.53	15.50	38.08	19.38	37.66	22.93	37.34	27.18	37.05	30.78	36.77	34.55	36.41	38.23	36.03	42.02	35.68	45.52	35.34	49.38
		1070	43.03	13.46	42.50	17.81	42.04	21.24	41.68	25.82	41.44	30.13	41.17	34.43	40.97	38.68	40.56	42.65	40.15	46.82	39.77	50.71	39.42	54.95
		1150	46.50	15.18	46.04	19.95	45.55	23.71	45.31	28.54	45.07	32.71	44.85	37.26	44.60	42.02	44.21	46.62	43.78	50.98	43.42	55.09	43.06	59.74
		1230	49.60	17.09	49.16	21.94	48.74	26.43	48.45	31.28	48.22	36.26	48.00	41.25	47.78	46.08	47.49	50.78	47.40	55.53	46.76	59.83	46.44	64.80
		1310	52.67	19.65	52.22	24.34	51.86	29.20	51.57	34.47	51.38	39.66	51.18	44.88	50.99	50.18	50.69	55.09	50.40	59.96	50.10	64.53	49.83	69.72
		1390	55.77	21.31	54.31	26.64	54.96	31.88	54.72	37.46	54.49	42.92	54.35	48.52	54.16	54.22	53.91	59.36	53.68	64.48	53.49	69.16	53.24	74.60
		1480	59.20	23.80	58.83	28.96	58.46	34.37	58.24	40.42	58.02	46.58	57.89	52.36	57.76	58.19	57.57	63.62	57.37	68.98	57.22	74.22	57.08	80.1

3. 离心鼓风机

离心鼓风机主要由工作叶轮和螺旋形机壳组成，主要部件是机壳、叶轮、轮毂、机轴、吸气口和排气口，此外还有轴承座、机座和皮带轮（或联轴器）等。它的轴通过联轴器或皮带轮、皮带与电动机轴相连。当电动机带动叶轮转动时，空气也随叶轮旋转。空气在惯性的作用下，被甩向四周，汇集到螺旋形机壳中。空气从螺旋形机壳流向排气口的过程中，由于截面不断扩大，速度逐渐变慢，大部分动压转化为静压，最后以一定的压力从排气口压出。当叶轮中的空气被排出后，叶轮中心形成一定的真空度，吸气口外面的空气在大气压力的作用下被吸入叶轮。叶轮不断旋转，空气就不断地吸入和压出。显然，通风机是通过叶轮的旋转把能量传递给空气，从而达到输送空气的目的。

图2－25是离心鼓风机的结构。

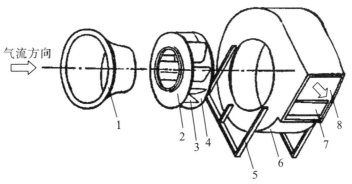

1—吸气口；2—叶轮前盘；3—叶片；4—叶轮后盘；5—机壳；6—排气口；7—截流板；8—支架

图2－25　离心鼓风机的结构

4. 磁悬浮鼓风机

磁悬浮鼓风机采用高速电机＋变频器＋磁悬浮轴承一体化结构。电机出力轴与叶轮直联，省去齿轮、联轴器中间的机械增速装置。变频自动调节和控制风量、风压等输出参数。标准配置包括高速电机、变频器、无油磁性轴承、放空阀、本地控制、安全监控系统和隔声罩，所有部件集成整体安装在普通底座上，无须特殊固定基础。磁悬浮鼓风机是单级高速离心鼓风机的一种，其核心是磁悬浮轴承和永磁电动机技术。关键部件为磁力轴承，利用常导磁吸原理，通过电磁吸力来实现转轴悬浮高速稳定无摩擦运转，利用位置传感器、功率放大器和 PI 运算器，实现对电动机转轴的实时状态检测、调整和故障诊断，其主动控制能力能够有效抑制转轴的不平衡振动，有完备和严格的断电保护措施。

图 2 - 26 是磁悬浮鼓风机的结构。

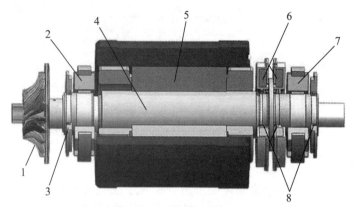

1—叶轮；2—径向磁悬浮轴承；3—位置传感器；4—转子；5—电机定子；
6—推力磁悬浮轴承；7—径向磁悬浮轴承；8—位置传感器

图 2 - 26　磁悬浮鼓风机的结构

与普通离心式鼓风机相比，磁悬浮鼓风机具有以下特点：

(1)节能高效。由于采用磁悬浮轴承，无接触损失和机械损失，实现了高转速无级变转速调节，使得风机运行效率可高达85%左右。

(2)噪声低、体积小、安装方便。高速电动机、变频器、磁悬浮轴承等所有部件集成安装在普通底座上，无须特殊固定基础，设备体积小、重量轻、安装操作方便，运行时低噪声和无振动。

(3)系统集成性高。采用高效过滤器、冷却系统、全自动防喘振系统、停电和故障保护系统等，实时触摸屏为操作工人带来方便及减少操作事故的发生。

(4)维护简便，维修费用低。磁悬浮单级离心鼓风机电机与叶轮直联，无齿轮增速装置，无任何机械接触，无须润滑油系统，没有磨损及能量损耗，维护费用低。采用变频器调速调节风量，比节流阀节能，且风量调节范围广泛，一般为45% ~ 100%。

(5)冷却效率高。冷却系统采用风冷和水冷结合的方式，能够有效保护电机，可实现风机的随时启停。

(6)远程控制。采用了 PLC + GPRS，不但可由中心控制室控制，若风机出现故障，还可以实施远程维修调试。

目前，国外从事磁悬浮轴承研发制造的公司有瑞士的 MECOS 公司、加拿大的 REVOLVE 公司、法国的 S2M 公司、德国的 LEVITEC 公司、芬兰的 High Speed 公司、俄罗斯的 OKBM 公司、美国的 NASA 和 Waukesha 公司以及日本的精工等，领先公司主要有法国的 S2M 公司和瑞士的 MECOS 公司。国内对磁悬浮轴承的研究工作起步较晚，落后国外约 20 年，相关研究一直在清华大学、西安交通大学、南京航空航天大学和上海大学等高校开展，并在理论分析方面取得了许多研究成果，但工业应用目前较少。磁谷公司依托南京航空航天大学的研究成果进行磁悬浮离心鼓风机的研制开发工作，并于 2009 年试制成功；浙江飞旋科技有限公司在国内率先研发成功了一种适用于集成电路装备应用的自由度控制分子泵磁轴承。国内报道的污水处理应用方面，青岛高新区污水处理厂及合肥十五里河污水处理厂、济宁中山水务公司采用了磁悬浮单级离心鼓风机。磁悬浮单级离心鼓风机目前在国内使用时间最长的纪录是在河南南阳污水厂，已经有 11 年的运行时间。

5. 空气悬浮鼓风机

空气悬浮鼓风机在本质上也是离心鼓风机。当电机转动带动风机叶轮旋转时，叶轮中叶片之间的气体也跟着旋转，并在离心力的作用下甩出这些气体。气体流速增大，使气体在流动中把动能转换为静压能，然后随着流体的增压，使静压能又转换为速度能，通过排气口排出气体，而在叶轮中间形成一定的负压。由于入口呈负压，外界气体在大气压的作用下立即补入，在叶轮连续旋转作用下不断排出和补入气体，从而达到连续鼓风的目的。与普通离心鼓风机相比，它的特别之处在于其电机是超高速永磁电机，每分钟高达十几万转，转子和叶轮直接连接，动力传输没有损耗。叶轮由钛合金制成，耐高温高压，轴机械加工制造非常精密高效。轴承是空气悬浮轴承，主要包括径向轴承和止推轴承等部件，启动前回转轴和轴承之间有物理性的接触，启动时回转轴和轴承相对运动，以形成流体动力场，在径向轴承内此流体动力形成浮扬力，导致轴与轴承不同心。轴回转时在径向轴承里形成流体压力场，该流体压力场使轴处于悬浮状态而达到回转自如的目的。这种轴承与传统的滚珠轴承不同，没有物理接触点，构造简单，无须润滑油供给等附加装置，非接触式无震动，噪声很低，寿命长，起动次数在 40000 次以上。采用自身循环冷却方式，通过散热器将吸入的空气或水用来冷却发动机和变频器。

图 2－27 是空气悬浮鼓风机的结构。

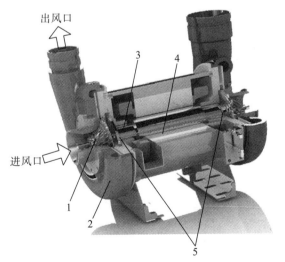

1—叶轮；2—蜗壳；3—空气悬浮轴承；4—高速马达；5—止推轴承

图 2－27　空气悬浮鼓风机的结构

空气悬浮鼓风机具有以下优点：

（1）节能高效。空气悬浮鼓风机使用了空气轴承、直联技术、高效叶轮、永磁无刷直流电机，无额外的摩擦。鼓风机根据输出的风量（可调范围为 40%～100%）自动调整电机功率的消耗，保持设备运行的高效率。

（2）无振动，低噪声。采用空气轴承及直联技术，无振动产生，鼓风机不需要设置隔音装置；设备重量轻，安装布置简单灵活。

（3）无润滑油。鼓风机采用了空气轴承技术，系统不需要润滑油，可为电子、医药、食品等特殊行业提供干净的空气。空气轴承使用温度达到 600℃，油性轴承系统的所有弊端已成功解决。

（4）无保养。没有传统鼓风机所必需的齿轮箱及油性轴承，采用的一系列高新技术叶轮与电机不使用联轴器，直接连接智能控制系统，关键部件采用 AL7075（航空铝材），这些技术保证了设备是无保养的，降低了用户的维护成本，提高了供气系统运行的稳定性。

（5）运转控制便利。可在个人电脑上对鼓风机的转数、压力、温度、流量等进行自检并定压运转，负荷/无负荷运转，超负荷控制，通过防喘振控制等实现无人操作。鼓风机通过调整叶轮的转速调节流量。根据吸入空气的温度和压力的变化，调整转速可以轻易地调节流量。可以自动和手动调节流量。

（6）设备安装空间小。空气悬浮鼓风机设备重量轻，设备尺寸小，安装简便，可以大量地节省用户的建筑及辅助电气控制系统投资。

空气悬浮知名品牌有：①韩国的 NEUROS 有限公司，成立于 2000 年 5 月 9 日，位于韩国大田市儒城区田民洞大德研究园内，是一家以涡轮机械研发与制造、涡轮发动机研发与制造，软件开发，集产、研、销为一体的综合性高新技术企业。②拓博麦克斯是世界上最主要的悬浮式高速离心产品制造商之一，拥有世界上先进的航空机械技术及开发能力，利用航空涡轮技术研发出悬浮式高速离心风机。③德国 AERZEN 公司。韩国的 K-Turbo 公司成立于 1997 年，是最早成功开发和生产空气悬浮鼓风机的厂家。德国 AERZEN 公司于 2011 年 1 月 1 日正式收购了 K-Turbo 的空气悬浮离心鼓风机的技术及业务。根据双方合约规定，德国 AERZEN 公司全面拥有其空气悬浮鼓风机的技术及业务。除了韩国和日本市场外（在韩国和日本市场仍然沿用 K-Turbo 品牌，但是产品及销售完全属于德国 AERZEN 公司），全球其他市场将全部以 Aerzen Turbo 品牌销售空气悬浮鼓风机。不仅如此，德国 AERZEN 公司对原有的 K-Turbo 产品进行了重新设计和改造，在 2011 年正式推出了节能型高速涡轮离心风机，并在独立投资的工厂按照德国的生产工艺标准完成生产，进一步提升了产品的稳定性和适应性。

6. 螺杆鼓风机

2010 年 3 月 8 日，比利时的阿特拉斯·科普柯公司公布了一项适用于鼓风应用并业已成熟的新式节能技术——ZS 螺杆鼓风机。

与罗茨鼓风机技术相比，螺杆鼓风机技术的能效平均高 30%。阿特拉斯·科普柯公司确信，目前广为使用的罗茨鼓风机技术已不能够满足当今低碳经济的要求。通过运用领先的螺杆鼓风机技术淘汰常规的罗茨鼓风机技术，许多行业和应用都可以从由此产生的节能中极大受益，例如污水处理、气力输送、发电、食品和饮料、制药、化工、造纸、纺织、水泥和普通制造业。ZS 螺杆鼓风机将取代阿特拉斯·科普柯公司的整个罗茨鼓风机系列。

德国技术监督协会根据 ISO 1217(第 4 版)完成了对全新 ZS 系列螺杆鼓风机与三叶罗茨鼓风机的性能比照测试。测试结果表明，在 0.5 bar(e)/7 psig 时，ZS + VSD 比三叶罗茨鼓风机的能效要高 23.8%，在 0.9 bar(e)/13 psig 时，ZS + VSD 的能效要高 39.7%。ZS 水准的高能效主要归功于卓越的螺杆技术。

图 2-28 是螺杆鼓风机的结构。ZS 鼓风机完全采用内置式，机组小巧紧凑，可确保最佳的成本效益和可靠性，具有以下技术特点：

(1)无油螺杆转子。采用螺杆技术、精准同步的齿轮，可靠性高，正常运行时间长。

(2)一体化的齿轮箱。与罗茨鼓风机相比，螺杆鼓风机不需要更换皮带和皮带轮，具有更低的维护成本和更长的正常运行时间。

(3)TEFC IP55 电动机。TEFC IP55 电动机可以在多尘和潮湿的环境中连续运转。

(4)润滑油系统。润滑油系统设计(包括油泵、油冷却器和过滤器)能实现更低的油温，可带来更长的轴承和齿轮使用寿命。

(5)进气过滤器。通过过滤 99.9% 的粒径 3 μm 以上的颗粒，鼓风机的使用寿命得以延长。

(6)智能设计。专门设计的 VSD 电动机可以在灵活多变的空气需求过程中颇为理想地运转。特别地，电动机设计可防范过电流并优化较低转速下的电动机冷却。

(7)节能技术。采用变速驱动技术(VSD)，节能效果好。

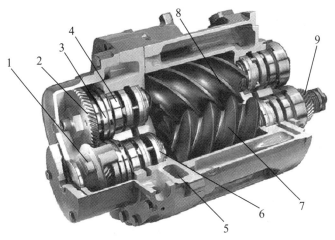

1—平衡活塞；2—同步齿轮；3—推力轴承；4—径向轴承；5—透气孔；
6—密封；7—阳螺杆；8—阴螺杆；9—增速齿轮

图 2-28　螺杆鼓风机的结构

在上海迪士尼开园前一年多，园区东面就已建成了一座综合水处理厂。这座现代化的水处理厂全部都配备了阿特拉斯·科普柯的鼓风设备和压缩空气动力设备。共有 6 台 ZS15 正压容积式无油螺杆鼓风机负责曝气处理，2 台 ZS37 负责滤池供气，2 台 SF8FF 无油涡旋空气压缩机为整个水处理厂的仪表运作提供动力。

2015 年底，加力加染色砂洗有限公司污水处理系统用阿特拉斯·科普柯的 ZS110VSD 鼓风机替代原有的罗茨鼓风机，运行稳定，噪声低，在节能方面卓见成效。

二、风机的选型

(一)风机的性能指标

(1)流量。

通常,我们所说的风机的流量是指标准流量,即风机进口处空气的压力为一个标准大气压(760 mmHg 或 101325 Pa),温度为 20℃,相对湿度为 50% 时的气体流量。

风机的流量是指单位时间内流过风机的气体容积,与空气密度无关。流量的常用单位为 m^3/h。在计算风机性能时,均采用 m^3/s 为流量单位。

$$Q = A \times v \qquad (2-12)$$

式中,Q——气体流量,m^3/s;

A——流道面积,m^2;

v——气体流速,m/s。

(2)风机的全压。

风机的全压是指气流在某一点或某一截面上的总压,等于该点所在截面上的静压和动压之和,常用的单位为 Pa,在污水处理领域,也常用 m 水柱(mH_2O 或 mAq)来表示。

$$P_{tf} = P_{sf} + P_{df} \qquad (2-13)$$

式中,P_{tf}——风机的全压,Pa;

P_{sf}——某一截面上的静压,Pa;

P_{df}——某一截面上的动压,Pa。

风机的动压是指风机出口截面上气体动能所表征的压力,即

$$P_{df} = \rho_2 \times \frac{v_2^2}{2} \qquad (2-14)$$

式中,ρ_2——风机出口处的气体密度,kg/m^3;

v_2——风机出口处的气体流速,m/s。

风机的静压为风机的全压减去风机的动压,即

$$P_{sf} = P_{tf} - P_{df}$$

(3)风机的转速。

风机的转速是指风机每分钟旋转的转数,单位为 r/min。

(4)风机的全压效率。

风机的全压效率等于风机的全压有效功率和轴功率的比值,即

$$\eta_{tf} = \frac{N_{etf}}{N_{sh}} = \frac{P_{tf} \times Q}{1000 N_{sh}}$$

式中,η_{tf}——风机的全压效率;

N_{etf}——风机的全压有效功率:通风机所输送的气体,在单位时间内从通风机所获得的有效能量,kW;

N_{sh}——风机的轴功率:单位时间内原动机传递给通风机轴上的能量,也称通风机的输入功率,kW。

通风机的机械效率表征风机的机械摩擦损失和传动损失的大小，是风机机械传动系统设计的主要指标。当风机转速不变而运行于低负荷工况时，因机械损失不变，故风机的机械效率还将相应降低。

表 2-11 是风机不同传动方式的机械效率。

表 2-11 风机不同传动方式的机械效率

传动方式	机械效率	传动方式	机械效率
电机直连	100%	减速器传动	95%
联轴器直连传动	98%	V 带传动	95%

（5）风机配套电动机功率的选用。

风机配套电动机功率的选用按下式：

$$N \geqslant K \times N_{sh} = \frac{K \times P_{tf} \times Q}{1000 \, \eta_{tf}} \tag{2-15}$$

（二）风机的选型原则

（1）根据鼓风机输送气体的性质不同，选择不同用途的鼓风机。例如，输送易燃易爆气体时，应选择防爆型鼓风机；输送煤粉时，应选择煤粉鼓风机；输送有腐蚀性气体时，应选择防腐鼓风机；在输送高温气体的场合工作，应选择高温鼓风机；输送浓度较大的含尘气体时，应选用排尘鼓风机；等等。

（2）在鼓风机样本给出的标定条件下，根据鼓风机样本性能参数选择鼓风机型号。

（3）当鼓风机配用的电机功率不大于 75 kW 时，可不设预启动装置。当为排送高温烟气或空气而选择离心鼓风机时，应设预启动装置及调节装置，以防冷态运转时造成过载。

（4）对有消声要求的通风系统，应首先考虑低噪声鼓风机，且使其在最高效率点工作。还要采取相应的消声措施，如装设专用消声设备或增加隔音措施。

（5）当鼓风机联合工作时，应尽量选择同型号、同规格的鼓风机；当采用串联时，第一级鼓风机到第二级鼓风机应有一定长度的管路连接。

（6）鼓风机的进气温度应小于 40℃。对于气体中的固体微粒含量，罗茨鼓风机不应大于 100 mg/m³，离心式鼓风机不应大于 10 mg/m³，微粒最大尺寸不应大于鼓风机气缸内各相对运动部件最小工作间隙的 1/2。当超过上述规定时，应对进入鼓风机的空气进行除尘。

（7）选用罗茨鼓风机时应设置风量调节装置。

另外应注意，在污水处理厂进行鼓风机选型时，风机厂家产品样本上给出的均是在标准进气状态下的性能参数，这在风机的铭牌上均有标示。我国规定的风机标准进气状态为：压力 101.3 kPa，温度 20℃，相对湿度 50%，空气密度 1.2 kg/m³。然而风机在实际使用中并非标准状态，在风机进口温度、大气压力发生变化的情况下，风机的流量、出口压力等性能也将发生很大变化，设计选型时不能直接使用产品样本上的性能参数，而需要根据实际使用状态将风机的性能要求换算成标准进气状态下的风机参数。即当风机所输送的气体温度或密度以及当地大气压强与标准状态不符时，需要进行参数换算，将实际风量 Q 和风机进口风压换算成标准状态下的风量 Q_0 和风压 P_0，若实际风量大于标准条件下的风量，则常用实际风量 Q 代替 Q_0，多余的部分作为富余量。风机风量等性能参数的换算分以下两种情况：

第一，当被输送流体的密度发生改变时性能参数的换算：被输送的流体温度和压强与标准条件不同，即流体密度改变时，风机的性能也会发生相应的变化，由于机器是同一台，若转速不变，可根据相似定律得出如下换算关系：

$$Q = Q_0，且 \eta = \eta_0$$

$$\frac{P}{P_0} = \frac{\rho}{\rho_0} = \frac{B}{101.325} \times \frac{273 + t_0}{273 + t} \qquad (2-16)$$

$$\frac{N}{N_0} = \frac{\rho}{\rho_0} = \frac{B}{101.325} \times \frac{273 + t_0}{273 + t} \qquad (2-17)$$

式中，Q——流量，m^3/s；

$\quad\quad \eta$——效率；

$\quad\quad B$——当地大气压强，kPa；

$\quad\quad t$——气体温度，℃；

$\quad\quad N$——功率，kW；

$\quad\quad P$——排气压力，kPa；

$\quad\quad \rho$——气体密度，kg/m^3。

第二，当转速发生改变时性能参数的换算：风机的性能参数是针对额定的转速 n_0 来测定的，当实际转速 n 和 n_0 不同时，可以利用相似定律求出其性能参数，对应的换算公式为

$$\frac{Q}{Q_0} = \sqrt{\frac{P}{P_0}} = \sqrt{\frac{N}{N_0}} = \frac{n}{n_0} \qquad (2-18)$$

（三）风量计算

风机的流量也称风量，以单位时间内流经风机的气体体积表示。在废水处理中，风机主要用于曝气池的曝气，以满足微生物的生长过程中对氧气的需求。

鼓风机总供风量按照下式计算：

$$Q = \frac{Q_c}{0.28\varepsilon} \qquad (2-19)$$

式中，Q——鼓风机总供风量，m^3/d；

$\quad\quad Q_c$——标准状态下曝气池废水需氧量，kgO_2/d。

如果鼓风机的使用状态不是标准状态，例如在高原地区使用，使用时空气密度、含湿量发生了变化，设计时必须考虑使用条件下各种因素的影响，对鼓风机技术性能进行校核，确保在使用状态时所供氧气的质量流量与标准状态时相同。

根据污水处理工艺计算确定需氧量后，无论是在标准状态还是在使用状态，我们需要鼓风机输送的干空气的质量流量是相等的，即

$$Q_s = Q_0 \frac{T_s P_0 (1 + d_s)}{T_0 P_s (1 + d_0)} \qquad (2-20)$$

经计算，标准状态下的空气含湿量为 0.0073，若忽略不计，可以将式（2-20）简化为

$$Q_s = Q_0 \frac{T_s P_0 (1 + d_s)}{T_0 P_s} \qquad (2-21)$$

式中，Q_s——使用状态下所需空气的容积流量，m^3/min；

$\qquad Q_0$——标准状态下所需空气的容积流量，m^3/min；

$\qquad T_s$——使用状态下进气的绝对温度，K；

$\qquad T_0$——标准状态下进气的绝对温度，20℃，$T_0 = 293$ K；

$\qquad P_s$——使用状态下的进气压力，kPa；

$\qquad P_0$——标准状态下的进气压力，$P_0 = 101.3$ kPa；

$\qquad d_s$——使用状态下的空气含湿量，kg[水蒸气]/kg[干空气]，$d_s = 0.622 \times \frac{\varphi p'}{P_s - \varphi p'}$，

$\qquad\qquad$ 其中，φ 为相对湿度，其数值介于 0 和 1 之间，p' 为饱和湿空气中水蒸气分

$\qquad\qquad$ 压，kPa；

$\qquad d_0$——标准状态下的空气含湿量，kg[水蒸气]/kg[干空气]。

（四）风压计算

选择风机型号时除了考虑风量外，风压也是一个关键因素。风压是指气体在鼓风机内的压力升高值。

风机的风压可按照下式计算：

$$\Delta P = h_1 + h_2 + h_3 + h_4 + \Delta h \qquad (2-22)$$

式中，ΔP——鼓风机所需风压，MPa；

$\qquad h_1$——供风管道沿程阻力，MPa；

$\qquad h_2$——供风管道局部阻力损失，MPa；

$\qquad h_3$——曝气器空气释放点以上水静压，MPa；

$\qquad h_4$——曝气器阻力，MPa，微孔曝气器取 $h_4 \leqslant 0.004 \sim 0.005$ MPa，可张中、微孔曝

$\qquad\qquad$ 气器取 $h_4 \leqslant 0.003 \sim 0.0035$ MPa，盆型中、大气泡曝气器取 $h_4 \leqslant 0.005 \sim$

$\qquad\qquad$ 0.01 MPa，其他中、大气泡曝气器阻力可忽略不计，不同曝气器的具体阻

$\qquad\qquad$ 力可参照厂家的样本；

$\qquad \Delta h$——富余水头，取 $0.003 \sim 0.005$ MPa。

与标准状态相比，鼓风机在使用状态下进气条件（温度、环境大气压力）发生了变化，风机的出口压力也会发生变化，如果将其放置在高原地区使用，鼓风机出口压力比标准状态时要降低很多，风机就有可能因压力不足导致不能正常地向曝气池供气。因此必须通过计算，准确地选择标准状态下鼓风机的出口压力，以保证在使用状态下，风机处于最不利工况下的出口压力仍然能够略大于曝气池水深加管路及曝气器的压力损失之和。

这里所说的出口压力为鼓风机出口的实际压力，它等于鼓风机进口压力（环境大气压力）与鼓风机的升压之和，即

$$P' = P + \Delta P \qquad (2-23)$$

出口压力与进口压力之比为压力比 ε，$\varepsilon = (P + \Delta P)/P$。

在污水处理厂对鼓风机进行选型时，我们可以认为应使鼓风机在使用状态下与鼓风机

在标准状态下的压力比完全相等，则需要选择风机在标准状态下的升压，即

$$\Delta P_0 = P_0 \left(\frac{P_s + \Delta P_s}{P_s} \right) - P_0 \tag{2-24}$$

式中，ΔP_0——风机在标准状态下的升压，kPa；

$\quad\quad P_0$——标准状态下的大气压力，kPa；

$\quad\quad P_s$——使用状态下的大气压力，kPa；

$\quad\quad \Delta P_s$——风机所需的升压，kPa。

（五）风机选型示例

【例2-2】某污水处理厂所在地海拔高度1900 m，大气压力79.7 kPa，最高气温35℃，相对湿度 $\varphi = 60\%$。经计算，标准状态下需要的曝气量为50 m³/min，污水处理厂曝气池水深和曝气管路及曝气盘的阻力损失之和为50 kPa，试选择合适的离心鼓风机。

【解】（1）体积流量 Q_s 的计算。

首先计算出使用状态下空气的含湿量为

$$d_s = 0.622 \times \frac{\varphi p'}{P_s - \varphi p'} = \frac{0.622 \times 0.6 \times 5.623}{79.7 - 0.6 \times 5.623} = 0.0274939$$

则所选用的离心式鼓风机在标准状态下的体积流量为

$$Q_s = Q_0 \frac{T_s P_0 (1 + d_s)}{T_0 P_s} = 50 \times \frac{273 + 35}{273 + 20} \times \frac{101.3}{79.7} \times (1 + 0.0274939) = 68.641 (\text{m}^3/\text{min})$$

（2）风机升压 ΔP_0 的确定。

$$\Delta P_0 = P_0 \left(\frac{P_s + \Delta P_s}{P_s} \right) - P_0 = 101.3 \times \frac{79.7 + 50}{79.7} - 101.3 = 63.5508 (\text{kPa})$$

（3）风机型号的确定。

根据所需的风量和升压，所需的风机功率较高，为提高能源利用效率，降低运行成本，拟选用 TURBO BLOWER 空气悬浮离心鼓风机，表2-12是其性能参数。

表2-12　空气悬浮离心鼓风机的性能参数

规格型号	WL30	WL50	WL75	WL100	WL125	WL150	WL200	WL250	WL20004T	WL300T	WL400T
排出压力（mmAq）	空气流量(m³/min)：1 atm，20℃，65%RH，密度 = 1.2 kg/m³，偏差 = ±5%（mmAq）										
4000	—	—	—	100	—	—	—	200	—	—	—
6000	20	34	51	69	85	105	140	164	—	210	280
7000	18	30	45	60	73	90	120	150	—	180	240
8000	17	28	42	55	70	84	109	135	—	164	218
9000	—	—	37	50	—	71	92	—	—	140	—
10000	—	—	34	45	—	67	87	—	—	133	—
轴功率（HP）	30	50	75	100	120	150	210	250	220	300	420

规格型号		WL30	WL50	WL75	WL100	WL125	WL150	WL200	WL250	WL20004T	WL300T	WL400T
排气管		150A	150A	200A	200A	200A	300A	300A	300A	400A	400A	500A
尺寸 （mm）	W	700	700	850	850	850	900	900	900	1200	1200	1200
	L	130	1300	1500	1500	1500	1800	1800	1800	2200	2200	2200
	H	1100	1100	1400	1400	1400	1650	1650	1650	2000	2000	2000
重量（kg）		600	600	720	750	800	950	1000	1050	1200	1300	1500

根据表2－12，可选择 WL125 型空气悬浮离心鼓风机，该风机在标准工况点的流量 $Q =$ 73 m^3/min，升压 $\Delta P = 7000$ mmAq，功率 $N = 120$ HP（90 kW）。图2－29 是 WL125 型空气悬浮离心鼓风机的性能曲线。

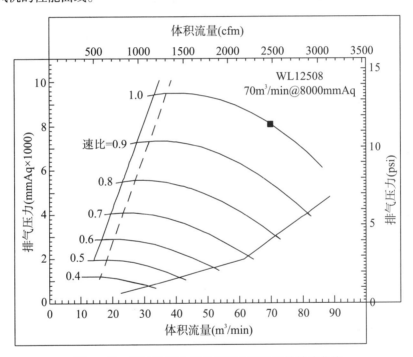

图2－29　WL125 型空气悬浮离心鼓风机的性能曲线

第三节　潜水搅拌机

一、潜水搅拌机的工作原理简介

潜水搅拌机是一种安装在水下，通过叶轮旋转运动，使液体获得一定流速，从而达到充分混合、防止沉淀及推流作用的设备。在污水处理工程中，潜水搅拌机通常应用于调节池、缺氧池和厌氧池等处。

（一）潜水搅拌机的组成

潜水搅拌机由潜水电机、搅拌叶轮、密封结构、减速机构、安装系统、电控设备等部分构成，如图2-30所示。

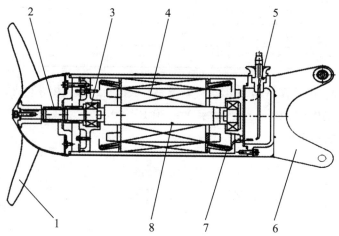

1—叶轮；2—机械密封；3—轴承；4—电机；5—电缆；6—尾翼；7—泄漏传感器及超温报警装置；8—传动轴

图2-30　潜水搅拌机的结构

（二）潜水搅拌机的性能参数

1. 轴向有效推进距离

在水体推流搅拌的工作有效区域内（保持流速大于等于0.3 m/s的条件下），潜水搅拌机沿轴向对水体推动的有效距离，以L_y表示。

2. 水体截面有效扰动半径

在水体推流搅拌的工作有效区域内（保持流速大于等于0.3 m/s的条件下），潜水搅拌机对水体截面产生扰动的有效半径，以R_y表示。

二、潜水搅拌机的选型

（一）潜水搅拌机的分类及型号

潜水搅拌机一般按使用性能进行分类，可分为小叶轮高速搅拌型和大叶轮低速推流型。

小叶轮高速搅拌型：叶轮直径一般为200～900 mm，转速一般为200～1450 r/min。

大叶轮低速推流型：叶轮直径一般为1000～3000 mm，转速一般为20～200 r/min。

按照《潜水搅拌机》（CJ/T 109—2007）的规定，潜水搅拌机的型号用汉语拼音字母和阿拉伯数字表示。

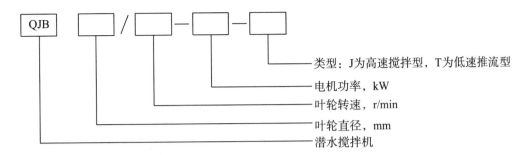

示例：QJB600/250－2.2－J，指搅拌机叶轮直径为 600 mm，叶轮转速为 250 r/min，功率为 2.2 kW 的高速搅拌型潜水搅拌机。

更多的潜水搅拌机生产厂商采用另外一种表示方式：

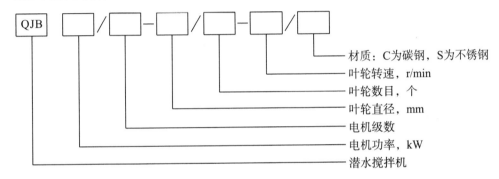

示例：QJB0.85/8－260/3－740/S，指电机功率为 0.85 kW，电机级数为 8 级，叶轮直径为 260 mm，叶轮数目为 3 个，叶轮转速为 740 r/min，材质为不锈钢。

(二)潜水搅拌机的选型

潜水搅拌机的选型是一项比较复杂的工作，选型的正确与否直接影响设备的正常使用，其选型的原则就是要让搅拌机在适合的容积里充分发挥搅拌功能，一般可用流速来确定。根据污水处理厂不同的工艺要求，搅拌机最佳流速应保证在 0.15 ~ 0.3 m/s 之间，如果流速低于 0.15 m/s，则达不到推流搅拌效果；如果流速超过 0.3 m/s，则会影响工艺效果且造成浪费。因此，在选型前应首先确定潜水搅拌机运用的场所，如污水池、污泥池、生化池；其次是介质的参数，如悬浮物含量、黏度、温度、pH 值；最后是水池的形状、水深等。潜水搅拌机所需配套的功率是按容积大小、搅拌液体的密度和搅拌深度来确定的，根据具体情况采用一台或多台搅拌机。

1. 潜水搅拌机功率的计算

潜水搅拌机的功率是选型的重要参数，其选型计算按照搅拌型和推流型进行。

对于搅拌型潜水搅拌机，其功率计算按以下步骤进行：

(1)根据表 2－13 确定待搅拌介质的污泥校正系数 K_1。

表 2-13　待搅拌介质的污泥校正系数 K_1

固形物含量(%)	一次污泥	二次污泥	水解污泥	密度(g/cm³)
1.00	1.00	1.00	1.00	1.01
2.00	1.15	1.00	1.00	1.02
3.00	1.50	1.15	1.00	1.03
4.00	2.00	1.50	1.20	1.04
5.00	2.60	1.90	1.50	1.05
6.00	3.60	2.40	1.90	1.06
7.00	5.50	3.40	2.40	1.07
8.00	9.00	4.80	3.30	1.08
9.00		6.80	4.70	1.09
10.00		10.00	6.40	1.10
11.00			8.40	1.11

(2)根据表 2-14 确定反应池的池形校正系数 K_2。

表 2-14　反应池的池形校正系数 K_2

深度/直径	池形校正系数	深度/直径	池形校正系数
0.10	1.40	0.85	1.05
0.15	1.31	0.90	1.08
0.20	1.25	0.95	1.11
0.25	1.19	1.00	1.15
0.30	1.14	1.05	1.19
0.35	1.10	1.10	1.25
0.40	1.08	1.15	1.32
0.45	1.05	1.20	1.40
0.50	1.04	1.25	1.48
0.55	1.02	1.30	1.58
0.60	1.01	1.35	1.68
0.65	1.00	1.40	1.78
0.70	1.00	1.45	1.89
0.75	1.01	1.50	2.00
0.80	1.03		

注：对于矩形池，表中直径取池宽。

（3）按每立方米清水需耗功 4.8 W，则待混合搅拌介质所需耗功的实际值为

$$P_1 = 4.8 \times K_1 \times K_2 \ (\text{W/m}^3)$$

则整池待混合搅拌介质所需的功率为

$$P = P_1 \times V (\text{W})$$

式中，V——待搅拌池中介质的体积。

对于推流型潜水搅拌机，其功率计算按以下步骤进行：

（1）根据表 2－13 确定待搅拌介质的污泥校正系数 K_1。

（2）根据表 2－14 确定反应池的池形校正系数 K_2。

（3）根据搅拌介质初始流速 v，通过图 2－31 确定单位流量的耗功 P_1。

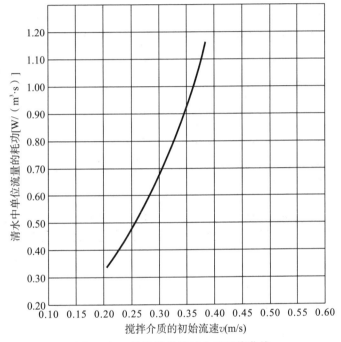

图 2－31　推流单位流量介质耗能曲线

（4）用搅拌介质初始流速 v 乘以叶轮旋转时所形成的截面积计算出搅拌机的流量 Q。

（5）用下式计算整池介质所需的功率：

$$P = Q \times P_1 \times K_1 \times K_2$$

2. 潜水搅拌机的布置

确定搅拌机的功率后，潜水搅拌机的布置是影响混合均匀度的重要指标。在考虑潜水搅拌机的布置时，可参考潜水搅拌机流速图。图 2－32 是在清水中，边界水流速度 $v =$ 0.1 m/s 工况下潜水搅拌机的流速场。

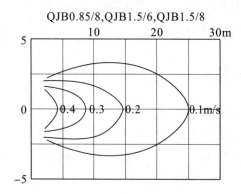

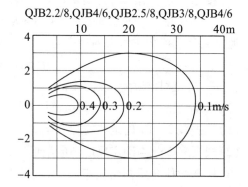

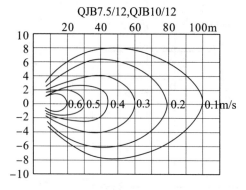

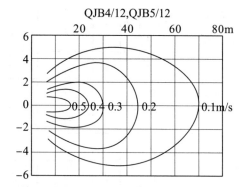

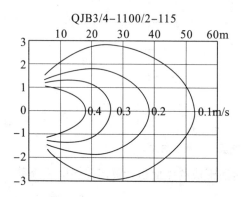

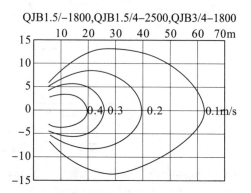

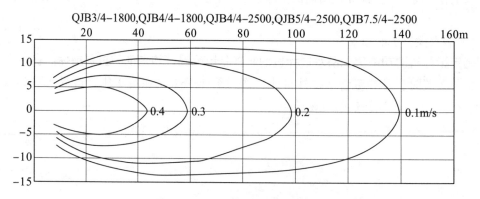

图 2-32　潜水搅拌机流速场分布

　　潜水搅拌机的布置方式很多，包括：对角错开，避免短管循环，如图 2-33(a) 所示；利用池壁反射，如图 2-33(b) 所示；采用射流交叉形式，如图 2-33(c) 所示；利用进出水水流，如图 2-33(d) 所示；池宽小于 5 倍叶轮直径，如图 2-33(e) 所示；使用多个搅拌机，如图 2-33(f) 所示。使用者可根据实际情况综合考虑进行设置。

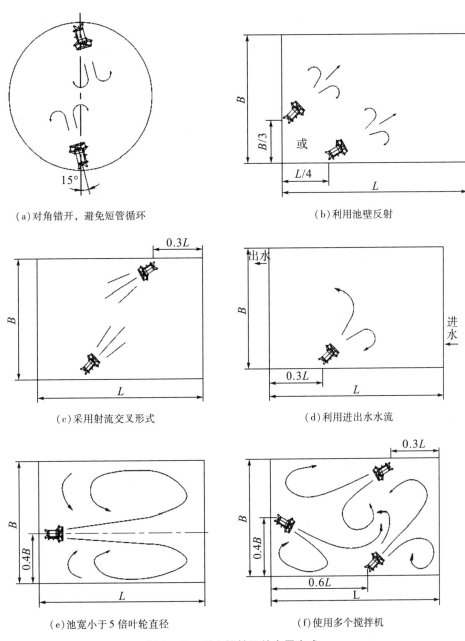

(a) 对角错开，避免短管循环　　　　　　　　(b) 利用池壁反射

(c) 采用射流交叉形式　　　　　　　　　　(d) 利用进出水水流

(e) 池宽小于 5 倍叶轮直径　　　　　　　　(f) 使用多个搅拌机

图 2-33　潜水搅拌机的布置方式

　　为了便于选型，表 2-15 列出了常用潜水搅拌机的性能参数。

表 2 - 15　常用潜水搅拌机的性能参数

规格型号		电机功率（kW）	额定电流（A）	叶轮直径（mm）	叶轮转速（r/min）	水推力（N）	重量（kg）
铸件式搅拌机	QJB0.37/6 - 220/3 - 960	0.37	1.3	220	960	138	45
	QJB0.55/4 - 220/3 - 1422	0.55	1.6	220	1400	145	45
	QJB0.85/8 - 260/3 - 740C	0.85	3.2	260	740	165	65
	QJB1.5/6 - 260/3 - 980C	1.5	4	260	980	220	65
	QJB2.2/8 - 320/3 - 740C	2.2	5.9	320	740	580	70
	QJB4/6 - 320/3 - 960C	4	10.3	320	960	610	70
冲压式搅拌机	QJB1.5/8 - 400/3 - 740S	1.5	5.4	400	740	600	74
	QJB2.5/8 - 400/3 - 740S	2.5	9	400	740	800	76
	QJB3/8 - 400/3 - 740S	3	10	400	740	900	78
	QJB4/6 - 400/3 - 980S	4	12	400	980	1000	82
	QJB4/12 - 620/3 - 480/S	4	14	620	480	1400	184
	QJB5/12 - 620/3 - 480/S	5	18.2	620	480	1800	184
	QJB7.5/12 - 620/3 - 480/S	7.5	27	620	480	2600	229
	QJB10/12 - 620/3 - 480/S	10	32	620	480	3300	229
	QJB10/12 - 620/3 - 480/S	15	40	620	480	4000	389
低速推流系列	QJB1.5/4 - 1100/2 - 85P	1.5	4	1100	85	1800	160
	QJB1.5/4 - 1400/2 - 36P	1.5	4	1400	36	800	170
	QJB1.5/4 - 1800/2 - 42P	1.5	4	1800	42	1480	180
	QJB2.2/4 - 1400/2 - 42P	2.2	5.5	1400	42	900	175
	QJB2.2/4 - 1800/2 - 42P	2.2	5.3	1800	42	1100	185
	QJB3/4 - 1100/2 - 115P	3	7.2	1100	115	2200	170
	QJB3/4 - 1400/2 - 56P	3	7.2	1400	56	2000	180
	QJB3/4 - 1800/2 - 56P	3	7.2	1800	56	1800	190
	QJB4/4 - 1400/2 - 56P	4	9.2	1400	56	1700	180
	QJB4/4 - 1800/2 - 63P	4	9.2	1800	63	1800	190
	QJB4/4 - 2500/2 - 42P	4	9.2	2500	42	2900	210
	QJB5/4 - 1800/2 - 63P	5	11.9	1800	56	3100	240
	QJB5/4 - 250000/2 - 56P	5	11.9	2500	52	3100	260
	QJB7.5/4 - 1800/2 - 63P	7.5	15.2	1800	63	4250	280
	QJB7.5/4 - 2500/2 - 52P	7.5	15.2	2500	52	4250	300

思考题

1. 污水处理工艺中，常用的泵和风机是什么型式？

2. 简述离心泵的性能曲线中的 $Q-\eta$ 曲线的最高效率点的意义。

3. 为什么要考虑泵的安装高度？

4. 罗茨鼓风机或回转式鼓风机能否通过调节出口阀门来调节流量？为什么？

5. 某污水处理站需要将硝化液从好氧池回流到缺氧池。好氧池的液位相对标高为 2.00，缺氧池的液位相对标高为 3.10。污水处理站的最大处理能力为 5000 m^3/d。已知泵的管道水头损失为 0.4 m，试选择合适的水泵。

6. 某污水处理厂所在地海拔为 500 m，大气压力为 760 mm 汞柱，最高气温为 40℃，相对湿度 $\varphi=65\%$。经计算，标准状态下需要的曝气量为 30 m^3/min，污水处理厂曝气池水深和曝气管路及曝气盘的阻力损失之和为 45 kPa，试选择合适的曝气风机。

第三章 物理法废水处理工艺及设备

第一节 格　　栅

格栅是由一组平行的金属栅条制成的框架，通常倾斜架设在进水渠道上或泵站集水池的进口处的渠道中，用以拦截污水中大块的呈悬浮或飘浮状态的污物，如纤维、纸张、树枝树叶、果皮、蔬菜和塑料制品等，以防阻塞后续构筑物中的孔道、闸门、管道或损坏水泵等机械设备。拦截下来的悬浮物或漂浮物称为栅渣。

在水处理流程中，格栅是一种对后续处理设施具有保护作用的设备。尽管格栅并非废水处理的主体设备，但因其设置在废水处理流程之首或泵站进口处，位属咽喉，相当重要。格栅在污水处理工艺设备中起着净化水质和保护设备的双重作用。

一、格栅的类型及应用

格栅的分类方法很多，根据栅条间距的不同，可将格栅分为粗格栅、中格栅和细格栅。通常来讲，粗格栅的栅条间距为 50~100 mm，中格栅的栅条间距为 10~50 mm，细格栅的栅条间距小于 10 mm。

根据格栅面的形状，可将格栅分为平面格栅和曲面格栅，工程实际中通常使用平面格栅。

根据格栅上所截留污物的清除方法，可将格栅分为人工清除的格栅和机械清除的格栅。根据安装清渣耙位置的不同，可将格栅分为前清渣式的格栅和后清渣式的格栅。前清渣式的格栅要顺着水流清渣，后清渣式的格栅要逆着水流清渣。

（一）人工清除的格栅

在中小型城市生活污水处理厂或所需要截留污物量较少时，一般均设置人工清除的格栅。这类格栅用直钢条制成，为了使工人易于清除栅渣，避免清渣过程中栅渣掉回水中，格栅的安装角度以 30°~50° 为宜，这样可增加 40%~80% 的有效格栅面积，而且便于清洗和防止堵塞而造成过高的水头损失。由于清渣周期的限制，格栅阻力会随着栅渣的堆积而逐步增大，因此，在格栅渠应设置渐变段，以防止栅前涌水过高。图 3-1 为人工清除的格栅。

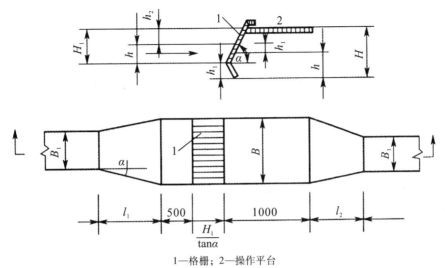

1—格栅；2—操作平台

图 3 - 1　人工清除的格栅

（二）机械清除的格栅

当栅渣量大于 0.2 m^3/d 时，为改善劳动与卫生条件，应采用机械清除的格栅。因此，在大型污水处理厂、污水和雨水提升泵站前均设置机械清除的格栅。由于采用机械清渣，机械连续工作，格栅余渣较少，故格栅一般与水平面成 60°～70°，有时成 90°安装。格栅除污机传动系统有电力传动、液压传动及水力传动三种，我国多采用电力传动系统。目前常见的几种机械格栅除污机的适用范围及优缺点见表 3 - 1。

表 3 - 1　几种机械格栅除污机的适用范围及优缺点

类型	适用范围	优　点	缺　点
链条式格栅除污机	深度不大的中小型格栅，主要清除生活污水中纤维带状物等杂物	①构造简单；②占地面积小	①杂物进入链条或链轮之间，容易卡住；②套筒滚子链造价高，耐腐蚀性差
移动式伸缩臂格栅除污机	中等深度的宽大格栅，现有类型耙斗，适用于污水除污	①不清污时设备全部在水面上，维护检修时方便；②可不停水检修；③钢丝绳在水面运行寿命长	①需 3 套电动机、减速器，构造较复杂；②移动时齿耙与格栅之间间隙的对位较困难
圆周回转格栅除污机	深度较浅的中小型格栅	①构造简单，制造方便；②动作可靠，容易检修	①配制圆弧形格栅，制造较困难；②占地面积较大
钢丝绳牵引式格栅除污机	固定式适用于中小型格栅，深度范围广；移动式适用于宽大格栅	①适用范围广；②无水下固定部件设备，维修方便	①钢丝绳干湿交替，易腐蚀，需采用不锈钢丝绳，但货源困难；②有水下固定设备，维护、检修需停水

（三）常用的机械格栅

1. HUBER - ROTAMAT 机械格栅

HUBER - ROTAMAT 机械格栅是 20 世纪 80 年代初期，德国琥珀公司（Huber SE）开发研制的，因其结构牢固，操作简单，集合过滤、运输、栅渣冲洗和压榨等多种功能为一体，在欧洲获得广泛应用。目前在全世界投入使用的转鼓格栅数量已超过 6000 多套，其中有 500 多套在中国运转，成为目前中国机械性预处理设备中的标准选型设备。图 3 - 2 为用于预处理的 HUBER - ROTAMAT 机械格栅，它安装在宽为 450 ~ 1400 mm 的渠道内，栅缝宽为 2 ~ 15 mm，废水从固定的栅鼓内流出时，超过缝宽的悬浮物被截留，刮刀将悬浮物刮到渣槽，由螺旋推进器卸出，形成干渣运走。

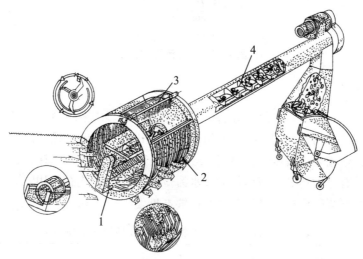

1—刮刀；2—栅条；3—梳齿；4—传送装置

图 3 - 2　HUBER - ROTAMAT 机械格栅

2. 钢丝绳牵引式格栅

钢丝绳牵引式格栅又称三索式格栅，主要由除污耙斗、提升部件、除污推杆、控制箱、机架和地面支架等部分组成，如图 3 - 3 所示。格栅除污机装置安装在格栅渠中，以截流和耙除污水中的固体污物及清除格栅底部的砂石。格栅除污采用三根钢丝绳牵引耙斗的形式，连杆的一端与耙斗作可动连接并作为耙斗的支撑点，连杆的另一端带有滚轮，沿两侧的导轨作耙斗升降的导向，耙斗须与小车铰接，两根钢丝绳固定于耙斗的两端的内侧，一根钢丝绳固定于耙斗底面的中间，并将此钢丝绳通过开合用齿轮减速电机的输出轴上双臂式端部滑轮的十字扭转而改变钢索的行程长度，使中间钢索与两侧升降钢丝绳在牵引上产生差动，实行耙斗的张合。当耙斗上升时，齿耙与栅条保持啮合状态，齿耙插入栅条间的啮合力大于 100 kg/m（耙长）；当耙斗下降时，耙斗呈拉开状态，三索须同步收放。除渣耙斗处于张开位置并沿轨道下降至底部，在控制部件的作用下，完成合耙，将拦截的栅渣、杂物等捞入耙中，然后提升部件动作，使耙斗上行至出渣口处，借助除污推杆将栅渣卸出，耙斗停止上行并张开，完成一个动作循环。格栅卸料口至平台的高度需保证能与接料的螺旋输送机流水线连接。

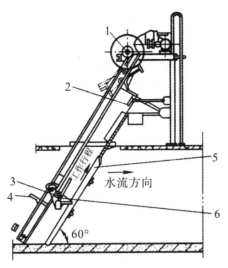

1—传动装置；2—刮板；3—除污耙斗；4—除污耙自锁栓；5—格栅本体；6—钢丝绳

图 3-3　钢丝绳牵引式格栅

钢丝绳牵引式机械格栅由 PLC 程序自动控制，格栅根据设定的时间间隔运行，也可根据格栅前后的水位差自动运行，具有操作简单、维护保养方便、捞渣量大等特点。可拦截漂浮的粗大杂物和砂石、小石块等较重的沉积物，适用于中小型污水处理厂（站）。

3．循环齿耙式格栅

循环齿耙式格栅又叫循环齿耙清污机，是由一种独特的耙齿装配成一组回转格栅链。在电机减速器的驱动下，耙齿链进行逆水流方向回转运动，将漂浮在水面上的浮渣打捞。耙齿链运转到设备的上部时，由于槽轮和弯轨的导向，每组耙齿之间产生相对自清运动，绝大部分固体物质靠重力落下，另一部分则依靠清扫器的反向运动把黏在耙齿上的杂物清扫干净。

按水流方向耙齿链类同于格栅，在耙齿链轴上装配的耙齿间隙可以根据使用条件进行选择。当耙齿把流体中的固态悬浮物分离后，可以保证水流畅通。整个工作过程是连续的，也可以是间歇的。

二、格栅的设计

（一）设计参数的确定

（1）水泵前格栅栅条间距应根据水泵要求确定，见表 3-2。

（2）污水处理系统前格栅栅条间距应符合下列要求：人工清除的格栅栅条间距以 20～40 mm 为宜；机械清除的以 10～25 mm 为宜，最大间距为 40 mm。大型污水处理厂应设置粗、细两道格栅。

（3）当泵前的格栅栅条间距不大于 25 mm 时，污水处理系统前可不再设置格栅。

（4）栅渣量与当地的特点、格栅的大小、污水的流量和性质以及下水道系统的类型等因素有关，在无当地运行资料时，可采用如下标准：

①当格栅栅条间距为 16~25 mm 时，0.10~0.05 $m^3/10^3 m^3$ 污水。

②当格栅栅条间距为 30~50 mm 时，0.03~0.01 $m^3/10^3 m^3$ 污水。

栅渣的含水率一般约为 80%，容重约为 960 kg/m^3。

(5)当采用机械格栅时，不宜少于两台；若为一台时，应设人工清除格栅备用。

(6)过栅流速一般采用 0.6~1.0 m/s。

(7)格栅前渠道内的水流速度一般采用 0.4~0.9 m/s。

(8)格栅倾角宜采用 45°~75°，若采用机械清除，倾角可达 80°。

(9)通过格栅的水头损失一般采用 0.08~0.15 m。

(10)格栅间必须设置工作台，台面应高出栅前最高设计水位 0.5 m，工作台上应安装安全和冲洗设施。工作台两侧过道宽度不应小于 0.7 m，正面过道宽度按清栅方式确定：人工清栅时不应小于 1.2 m，机械清栅时不应小于 1.5 m。

(11)机械格栅的动力装置(除水力传动外)一般宜设在室内，或采用其他保护设施。

(12)机械清理齿耙的移动速度为 1~17 m/min。

(13)格栅的栅条断面形状可按表 3-3 选用。

表 3-2 污水泵型号、栅条间距与截留污物量

污水泵型号	栅条间距(mm)	截留污物量[L/(人·d)]
$2\frac{1}{2}$ PW，$2\frac{1}{2}$ PWL	≤20	4~6
4 PW，4 PWL	≤40	2.7
6 PWL	≤70	0.8
8 PWL	≤90	0.5
10 PWL	≤110	<0.5
12 PWL	≤150	0.3

表 3-3 栅条断面形状尺寸

栅条断面形式	正方形	圆形	矩形	带半圆的矩形	两头半圆的矩形
尺寸(mm)	20 20 20	10 10 10	10 10 10 / 50	10 10 10 / 50	10 10 10 / 50

(二)设计计算

(1)栅条的建筑宽度 B 可由下式决定：

$$B = S(n-1) + bn \qquad (3-1)$$

式中，S——栅条宽度，m；

b——栅条间距，m；

n——栅条间隙数目。按下式计算：

$$n = \frac{Q_{max} \sqrt{\sin\alpha}}{bhv} \qquad (3-2)$$

式中，Q_{max}——最大设计流量，m^3/s；

　　　　α——格栅倾角，度；

　　　　h——栅前水深，m；

　　　　v——过栅流速，m/s。

当栅条间隙数目为 n 时，栅条数目应为 $(n-1)$。

（2）通过格栅的水头损失，可以按下式计算：

$$h_1 = Kh_0 \qquad (3-3)$$

$$h_0 = \zeta \frac{v^2}{2g} \sin \alpha \qquad (3-4)$$

式中，h_0——计算水头损失，m；

　　　　g——重力加速度，m/s^2；

　　　　K——考虑由于污物的堵塞，格栅阻力增大的系数，一般取 2~3；

　　　　ζ——阻力系数，其值与栅条断面形状有关，可按表 3-4 选取。

表 3-4　阻力系数 ζ 的计算公式

栅条断面形状	公式	说明
锐边矩形	$\zeta = \beta\left(\dfrac{S}{b}\right)^{\frac{4}{3}}$	$\beta = 2.42$
半圆形迎水面矩形		$\beta = 1.83$
圆形		$\beta = 1.79$
迎背水面均为半圆形		$\beta = 1.67$
正方形	$\zeta = \left(\dfrac{b+S}{\varepsilon b} - 1\right)^2$	ε 为收缩系数，一般取 0.64

栅后渠底高程应较栅前渠底下落，按（3-3）式计算出 h_1 的值。为了简化计算，在工程上 h_1 的值可按经验定为 0.10~0.15 m。

（3）栅后槽的总高度 H 由下式决定：

$$H = h + h_1 + h_2 \qquad (3-5)$$

式中，h——栅前水深，m；

　　　　h_2——栅前渠道超高，一般为 0.3 m。

（4）格栅的总建筑长度 L 由下式决定：

$$L = L_1 + L_2 + 1.0 + 0.5 + \frac{H_1}{\tan\alpha} \qquad (3-6)$$

式中，L_1——进水渠道渐宽部位的长度，$L_1 = \dfrac{B - B_1}{2\tan\alpha_1}$，m；

　　　　B_1——进水渠道宽度，m；

α_1——进水渠道渐宽部位的展开角度，一般 $\alpha_1 = 20°$；

L_2——格栅槽与出水渠道连接处的渐窄部位的长度，一般 $L_2 = 0.5L_1$；

H_1——格栅前的渠道深度，m。

（5）每日栅渣量由下式决定：

$$W = \frac{86400 \times Q_{max} \times W_1}{1000 \times K_z} \qquad (3-7)$$

式中，W_1——栅渣量，$m^3/10^3 m^3$ 污水；

K_z——生活污水流量总变化系数。

【例3-1】 已知某城市污水处理厂的最大设计流量 $Q_{max} = 0.2\ m^3/s$，总变化系数 $K_z = 1.5$，试设计一格栅设备。

【解】 格栅设计草图如图3-1所示。

（1）栅条间隙数目：设栅前水深 $h = 0.4\ m$，过栅流速 $v = 0.9\ m/s$，栅条间距 $b = 0.021\ m$，格栅倾角 $\alpha = 60°$。

$$n = \frac{Q_{max}\sqrt{\sin\alpha}}{bhv} = \frac{0.2 \times \sqrt{\sin 60°}}{0.021 \times 0.4 \times 0.9} \approx 25 （个）$$

（2）格栅的宽度：取栅条宽度 $S = 0.01\ m$。

$$B = S(n-1) + bn = 0.01 \times (25-1) + 0.021 \times 25 = 0.765 （m）$$

（3）进水渠道渐宽部位的长度：取进水渠道宽 $B_1 = 0.65\ m$，其渐宽部位展开角 $\alpha_1 = 20°$。

$$L_1 = \frac{B - B_1}{2\tan\alpha_1} = \frac{0.765 - 0.65}{2\tan 20°} = 0.22 （m）$$

（4）栅槽与出水渠道连接处的渐窄部位的长度：

$$L_2 = 0.5L_1 = 0.5 \times 0.22 = 0.11 （m）$$

（5）通过格栅的水头损失：取栅条断面为锐边矩形断面，格栅阻力增大的系数 $K = 3$。

$$h_1 = \beta \times \left(\frac{S}{b}\right)^{\frac{4}{3}} \times \frac{v^2}{2g} \times \sin\alpha \times K$$

$$= 2.42 \times \left(\frac{0.01}{0.021}\right)^{\frac{4}{3}} \times \frac{0.9^2}{2 \times 9.8} \times \sin 60° \times 3$$

$$= 0.097 （m）$$

（6）栅后槽的总高度：取栅前渠道超高 $h_2 = 0.3\ m$。

$$H = h_1 + h_2 + h = 0.097 + 0.3 + 0.4 = 0.797 \approx 0.8 （m）$$

（7）格栅的总建筑长度：

$$L = L_1 + L_2 + 1.0 + 0.5 + \frac{H_1}{\tan\alpha}$$

$$= 0.22 + 0.11 + 1.0 + 0.5 + \frac{0.4 + 0.3}{\tan 60°}$$

$$= 2.24 （m）$$

（8）每日栅渣量：取 $W_1 = 0.05\ m^3/10^3 m^3$ 污水。

$$W = \frac{86400 \times Q_{max} \times W_1}{K_z \times 1000}$$

$$= \frac{0.2 \times 0.05 \times 86400}{1.5 \times 1000} = 0.576 \ (m^3/d)$$

$0.576 \ m^3/d > 0.2 \ m^3/d$，宜采用机械清栅。

三、格栅的运行和维护

在所有的水处理设备中，格栅的运行和维护是最为简单的。对于人工清除的格栅，运行管理人员的主要任务是及时清除截留在格栅上的污物，防止栅条间隙堵塞；对于机械清除的格栅，则是保证机械除污机的正常运转。

机械格栅通常采用间隙式的清除装置，其运行方式可用定时装置控制操作，也可根据格栅前后渠道水位差的随动装置控制操作，有时采用上述两种方法相结合的运行方式。为了消除负荷变化造成的影响，机械除污装置应设超负荷自动保护装置。

各种类型的机械格栅的运行条件见表3-5。为了保证机械除污机的正常运转，应定期对设备的各部位进行检查维修，如轴承、减速器、链条的润滑情况，传动皮带或链条的松紧程度，控制操作的定时装置或水位差的随动装置是否正常等；及时更换损坏的零部件；当机械除污机出现故障或停机检修时，应采用人工清栅。

表3-5　各种类型的机械格栅的运行条件

格栅类型	工作条件				
	污水负荷情况	污水量(m³/h)	渠道深度(m)	渠道宽度(m)	栅条间距(mm)
	在迎水面清理的格栅				
曲面型格栅	中等负荷	10~5000	0.40~1.70	0.32~2.00	12~80 精制 4~10
机架型格栅	重负荷	100~10000	1.50~5.00	0.60~2.00	12~80
带耙的格栅	轻负荷	100~15000	2.50~10.00	0.60~4.50	12~80
带抓头的格栅	重负荷	1000~40000	2.50~10.00	1.50~5.50	12~100
连续清理的格栅	轻负荷	100~15000	1.50~8.00	0.80~3.00	12~25 精制 4~10
多耙型格栅	在背水面清理的格栅				
	重负荷	500~15000	1.50~4.00	0.80~4.00	10~60

第二节　筛　网

某些工业废水(如化纤废水、造纸废水)中含有大量呈悬浮状的细小纤维杂物，若不清除，则可能堵塞排水管道，甚至还会缠绕在水泵的叶轮上，逐渐破坏水泵的正常工作。

这类杂物很难用格栅去除，而筛网可以有效截留去除。目前，应用于废水处理或短小纤维回收的筛网主要是振动筛网和水力筛网。

一、振动筛网

振动筛网由固定筛和振动筛组成，振动筛呈倾斜面，如图3-4所示。污水通过振动筛时，纤维等杂质被截留在振动筛网上，并通过机械振动被卸到固定筛网上，以进一步脱水。

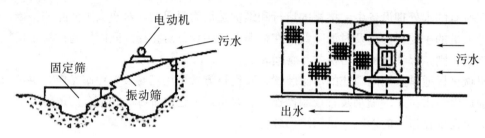

图3-4　振动筛网

二、水力筛网

水力筛网的构造如图3-5所示，它由转动筛网和固定筛网组成。转动筛网呈截顶圆锥形，水平放置，利用水的冲击力和重力作用产生旋转运动。废水从圆锥体的小端到大端的流动过程中，污水从筛网的细小孔中流出，而纤维等污物被筛网截留，并沿倾斜面卸到固定筛网上，以进一步脱水。

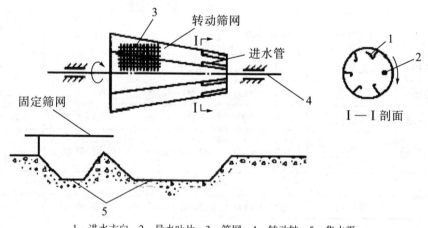

1—进水方向；2—导水叶片；3—筛网；4—转动轴；5—集水渠

图3-5　水力筛网的构造

第三节　沉淀池

一、沉淀的基础理论

沉淀法是水处理中最基本的方法之一，它是借助重力作用，使废水中的悬浮颗粒（密度大于水）下沉，从而实现固液分离的一种物理处理方法。沉淀法一般适用于去除粒径在 20～100 μm 以上的颗粒。

（一）沉淀的类型及特征

根据废水中悬浮颗粒的浓度和性质，悬浮颗粒的沉淀可分为以下四种类型。

1. 自由沉淀

自由沉淀一般发生在悬浮物浓度较低的场合，悬浮颗粒之间互不干扰，各自独立呈直线向下沉降。在沉降过程中，颗粒的形状、大小、密度等物理性质不变。

2. 絮凝沉淀

絮凝沉淀的悬浮颗粒浓度虽不高，但在沉淀过程中颗粒间有接触碰撞，并互相聚结，形成较大的颗粒而加快沉淀过程，沉淀的轨迹呈曲线。在沉淀过程中，颗粒的质量、形状、大小及沉速是不断变化的，实际沉速需通过试验测定。

3. 区域沉淀（成层沉淀）

区域沉淀的悬浮物浓度较高（5 g/L 以上），颗粒在沉淀过程中会受周围颗粒的影响，颗粒间的相对位置保持不变，形成一个整体共同下沉，在沉降过程中会出现一个泥水交界面，因此又称为成层沉淀。

4. 压缩沉淀

压缩沉淀发生在高浓度的悬浮颗粒沉淀过程中，它的浓度比区域沉淀更高，颗粒间已经聚集成团块状结构，互相接触、支承，上层颗粒借助重力作用将下层颗粒间的水挤出，颗粒相对位置不断靠近，污泥得到浓缩。

（二）自由沉淀及其基础理论

在自由沉淀中，单个颗粒在静水中的沉降速度可由斯托克斯公式计算：

$$u = \frac{g(\rho_S - \rho_L)d^2}{18\mu} \qquad (3-8)$$

式中，u——颗粒沉降速度，m/s；

　　　g——重力加速度，m/s^2；

　　　ρ_S——颗粒密度，kg/m^3；

　　　ρ_L——液体密度，kg/m^3；

　　　μ——液体黏度，Pa·s；

　　　d——颗粒直径，m。

应当指出，式(3-8)是以一些假设为前提推导出来的，实际沉降过程与假设差别较大，故用该式计算所得的结果只能作为一种参考，实际沉降速度一般需通过试验来确定，但该公式有助于理解沉降的规律。

式(3-8)表明：①当 $\rho_S - \rho_L > 0$ 时，颗粒以速度 u 下沉；当 $\rho_S - \rho_L < 0$ 时，颗粒以速度 u 上浮，可以用浮上法去除；当 $\rho_S - \rho_L = 0$ 时，颗粒在水中呈随机的悬浮状态，不能用沉淀法去除。②$u \propto d^2$，故增加颗粒直径有利于提高沉降速度，提高去除效果。③$u \propto \mu^{-1}$，而 μ 随水温的升高而减小，因此水温升高，颗粒沉降速度提高。

二、沉淀池的类型及适用条件

按惯例，根据水流方向，沉淀池可分为平流式、辐流式和竖流式。

(一)平流式沉淀池

平流式沉淀池如图3-6所示，污水从池的一端流入，在池内呈水平方向流动，从另一端溢出，池呈长方形，在进口处的底部设有贮泥斗。

(二)辐流式沉淀池

辐流式沉淀池如图3-7所示，池表面呈圆形或方形，池水从池中心进入，澄清的污水从池周溢出，在池内污水也呈水平方向流动，但流速是变动的。

(三)竖流式沉淀池

竖流式沉淀池如图3-8所示，池表面多为圆形，但也有呈方形或多角形的，污水从池中央下部进入，由下向上流动，澄清污水由池面或池边溢出。

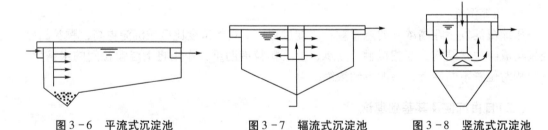

图3-6　平流式沉淀池　　　　图3-7　辐流式沉淀池　　　　图3-8　竖流式沉淀池

沉淀池的结构按功能可分为流入区、流出区、沉淀区、污泥区和缓冲层五部分。流入区和流出区的任务是使水均匀地流过沉淀区；沉淀区即工作区，是可沉颗粒与水分离的区域；污泥区是污泥贮放、浓缩和排出的区域；缓冲层是分隔沉淀区和污泥区的水层，保证已沉下的颗粒不因水流搅动而浮起。

各种沉淀池的特点及适用条件见表3-6。

表3-6 各种沉淀池的特点及适用条件

池型	优 点	缺 点	适用条件
平流式	①沉淀效果好； ②对冲击负荷和温度变化的适应能力较强； ③施工简易，造价较低	①占地面积大； ②配水不易均匀； ③采用多斗排泥时，每个泥斗需单独设排泥管，操作工作量大，管理复杂； ④采用链带式刮泥机刮泥时，机件浸入水中，易锈蚀	①适用于地下水位高及地质条件差的地区； ②适用于大、中、小型水处理厂
辐流式	①多为机械排泥，运行较好，管理较简单； ②排泥设备已定型，运行效果好	①水流不易均匀，沉淀效果较差； ②机械排泥设备复杂，对施工质量要求较高	①适用于地下水位较高的地区； ②适用于大、中型水处理厂
竖流式	①排泥方便，管理简单； ②占地面积较小	①池子深度大，施工困难； ②造价较高； ③对冲击负荷和温度变化的适应能力较差； ④池径不宜过大，否则布水不匀	适用于中、小型污水处理厂，给水厂多不用

三、沉淀池的设计

(一)沉淀池的一般设计原则及参数

1. 设计流量

对于给水处理厂，因原水取自江河，并用泵输送到处理厂，流量比较稳定；而污水处理厂的原水来自城市下水道或工厂，水量变化较大。当污水是自流进入沉淀池时，应按每星期最大流量作为设计流量；当污水是通过泵提升而进入沉淀池时，应按水泵工作期间最大组合流量作为设计流量。

2. 沉淀池的数目

沉淀池的数目应不少于两座，并应考虑其中一座发生故障时，全部流量能够通过另一座沉淀池的可能性。

3. 沉淀池的经验设计参数

沉淀池设计的主要依据是经过沉淀池处理后所应达到的水质要求，据此应确定的设计参数有污水应达到的沉淀效率，悬浮颗粒的最小沉速，表面负荷、沉淀时间以及水在池内的平均流速等。这些参数一般通过沉淀试验取得。如无实测资料，可参照表3-7的经验参数选取。

表 3 - 7 沉淀池的设计参数

设计参数	平流式	辐流式	竖流式	备注
表面负荷 $[m^3/(m^2 \cdot d)]$	30 ~ 45	≤45	21 ~ 30	城市污水
	14 ~ 22	14 ~ 22	20 ~ 25	混凝沉淀
	22 ~ 45	22 ~ 45	—	石灰软化
	20 ~ 24	20 ~ 24	20 ~ 24	活性污泥
停留时间(h)	1.1 ~ 2.0	1.1 ~ 2.0	1.1 ~ 2.0	城市污水处理
	2 ~ 4	2 ~ 4	—	给水处理
堰顶溢流率 $[m^3/(m \cdot d)]$	300 ~ 450	<300	100 ~ 130	污水初沉池
	100 ~ 150	100	—	絮凝物
悬浮物去除率(%)	40 ~ 65	50 ~ 65	60 ~ 65	城市污水

4. 沉淀池的几何尺寸

沉淀池超高不小于0.3 m，缓冲层高采用0.3 ~ 0.5 m，贮泥斗与斜壁倾角，方斗不宜小于60°，圆斗不宜小于55°，排泥管直径不小于200 mm。

5. 贮泥斗的容积

一般按不大于2日的污泥量计算。对于二次沉淀池，按贮泥时间不超过2小时计算。

6. 排泥部分

沉淀池的污泥一般采用静水压力排泥法。静水压力数值如下：初次沉淀池应不小于1.5 m；活性污泥曝气池后的二次沉淀池应不小于0.9 m；生物膜法后的二次沉淀池应不小于1.2 m。

(二)平流式沉淀池的设计

沉淀池的设计包括构造设计与功能设计两部分。构造设计的主要内容包括流入区、流出区和污泥区构造上的设计；功能设计的主要内容包括沉淀池的数目、沉淀区尺寸和污泥区尺寸的确定。图3-9是使用比较广泛的一种平流式沉淀池。

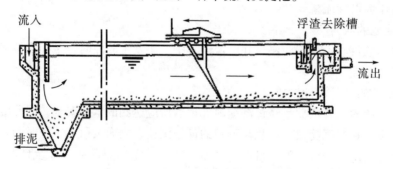

图3-9 一种平流式沉淀池的示意图

1. 平流式沉淀池的构造设计

(1)流入装置：其作用是使水流均匀地分布在沉淀池的整个过水断面上，尽可能减少扰动。在给水处理厂中，一般做法是使水流从反应池直接流入沉淀池。沉淀池流入装置可设计成如图3-10(a)、(b)、(c)所示的形式，其中图3-10(c)为穿孔墙布水的形式，采用较多,穿孔墙上的开孔面积为池断面面积的 6% ~20% ,孔口应均匀分布在整个穿孔墙宽度上,为防止絮体破坏,孔口流速不宜大于 0.11 ~1.2 m/s,孔口的断面形状沿水流方向逐渐扩散,以减少进口的射流。

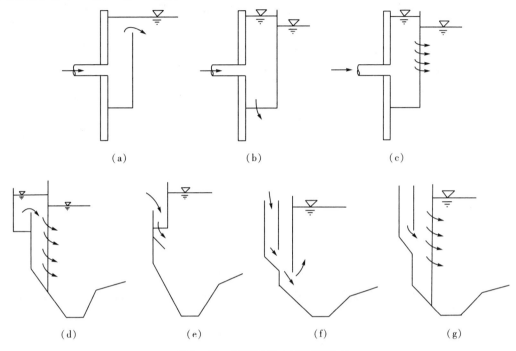

图 3 - 10　沉淀池进水口布置形式

在污水处理中也可采用如图 3 - 10(d)、(e)、(f)、(g)所示的形式,这些形式与给水处理中沉淀池进水装置的差别是增设了消能整流设备,以保证均匀布水。图 3 - 10(f)设置的挡板,要求高出水面 0.11 ~0.2 m,伸入水面下不小于 0.2 m,距进水口 0.11 ~1.0 m。

(2)流出区装置:一般采用自由堰形式,如图 3 - 11 所示。给水处理常采用图 3 - 11(a)、(b)两种形式。图 3 - 11(b)、(c)为淹没式孔口出水,孔口流速宜取 0.6 ~0.7 m/s,孔径取 20 ~30 mm。孔口应设在水面下 0.12 ~0.15 m,水流应自由跌落到出水渠中。目前普遍采用如图 3 - 8(d)所示的锯齿形溢流堰。这种溢流堰易于加工,并能保证均匀出水,水面应位于齿高度的 1/2 处。为阻拦浮渣,堰前应设置挡板,挡板下沿应插入水面下 0.3 ~0.4 m,挡板距出水口 0.21 ~0.5 m。

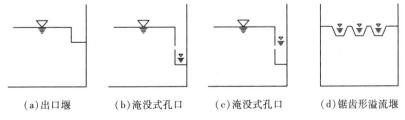

(a)出口堰　　(b)淹没式孔口　　(c)淹没式孔口　　(d)锯齿形溢流堰

图 3 - 11　沉淀池出水口布置形式

出水堰是沉淀池的重要组成部分，它不仅控制池内水面的高程，而且对池内水流的均匀分布有直接影响。单位长度堰口流量必须相等，并要求堰口下游应有一定的自由落差。

为避免流出区附近的流线过于集中，应尽量增加出水堰的长度，以降低堰口流量的负荷。通常设计成如图 3 - 12 所示的形式，目前采用图 3 - 12(b)、(c) 形式的较多。

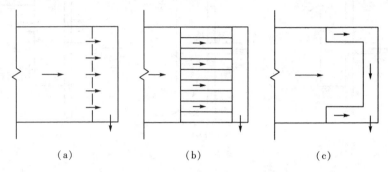

(a)   (b)   (c)

图 3 - 12 沉淀池集水渠布置形式

出流槽断面设计成矩形，槽起端水深 h_k 按下式计算：

$$h_k = 1.73 \sqrt[3]{\frac{Q^2}{gb^2}} \tag{3-9}$$

式中，Q——沉淀池流量，为确保安全，常对沉淀池流量乘以 1.5 的安全系数，m^3/s；

      g——重力加速度，9.81 m/s^2；

      b——出流槽宽度，$b = 0.9Q^{0.4}$，m。

(3) 排泥装置：及时排除沉于池底的污泥是使沉淀池正常工作、保证出水水质的一项重要措施。由于可沉悬浮颗粒多沉于沉淀池的前部，因此，在池的前部设置斗形贮泥装置，贮泥斗底部装排泥管，利用静水压头将污泥排出池外。池底一般设 1% ~2% 的坡度，坡向贮泥斗，配制机械刮泥设备，将沉入池底的污泥刮入贮泥斗内。

如果采用多斗排泥，可不设置机械刮泥设备，每个贮泥斗平面呈方形，在池的宽度布置上一般不多于两排。多斗式平流沉淀池如图 3 - 13 所示。

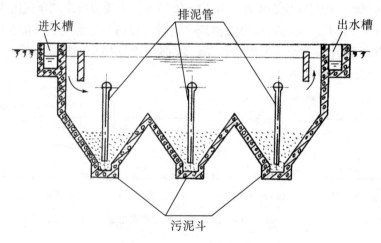

进水槽   排泥管   出水槽

污泥斗

图 3 - 13 多斗式平流沉淀池

2．平流式沉淀池的功能设计

（1）沉淀池设计：沉淀池尺寸的计算方法有多种，可以根据收集的资料等具体情况加以选用。

①当没有进行沉淀试验，缺乏具体数据时，可以根据沉淀时间和水平流速或选定的表面负荷进行计算。其计算公式如下：

a．沉淀池的面积（m^2）：

$$A = \frac{3600 \times Q_{max}}{q} \qquad (3-10)$$

式中，Q_{max}——最大设计流量，m^3/s；

　　　q——表面负荷，$m^3/(m^2 \cdot h)$，可参照表3-7选取。

b．沉淀池的长度（m）：

$$L = 3.6 \times v \times t \qquad (3-11)$$

式中，v——最大设计流量时的水平流速，mm/s。在污水处理中，v一般不超过5 mm/s；

　　　　对于给水处理，一般为10~25 mm/s，现在已高达30~50 mm/s。

　　　t——水在沉淀池的设计停留时间，见表3-7。

c．沉淀池的有效水深（m）：

$$h_2 = qt \qquad (3-12)$$

沉淀池的有效水深h_2通常取2~3 m。

d．沉淀池的有效容积（m^3）：

$$V_1 = A \times h_2 = 3600 \times Q_{max} \times t \qquad (3-13)$$

e．沉淀池的总宽度（m）：

$$B = A/L \qquad (3-14)$$

f．沉淀池的座数或分格数：

$$n = B/b \qquad (3-15)$$

式中，b——每座沉淀池（或分格）的宽度，m。

平流式沉淀池的长度一般为30~50 m，为了保证水在池内均匀分布，要求长宽比不小于4，以4~5为宜。每座沉淀池的宽度一般为1~10 m。若采用机械排泥，则池的宽度应结合机械桁架的跨度确定。

②如已做过沉淀实验，得到了与水处理效率相对应的最小沉速u_0，则沉淀池的设计表面负荷为

$$q = \frac{Q_{max}}{A}$$

又因

$$A = \frac{Q_{max}}{q}$$

沉淀池的有效水深为

$$h_2 = \frac{Q_{max} \times t}{A} = u_0 t \qquad (3-16)$$

沉淀池的尺寸决定后，可以用 Fr（弗劳德数）来复核沉淀池中水流的稳定性。一般 Fr

控制为 $1 \times 10^{-5} \sim 1 \times 10^{-4}$。

（2）污泥区设计。

①污泥区的容积（m³）：污泥区的容积可根据每日沉淀下来的污泥量和污泥贮存周期决定。每日沉淀下来的污泥量与水中悬浮固体浓度、沉淀时间以及污泥含水率等参数有关。如为生活污水，可按每个设计人口每日所产生的污泥量计算，其具体数值列于表3-8中，此时污泥区的容积为

$$V = \frac{S \times N \times t}{1000} \qquad (3-17)$$

式中，S——每个设计人口每日产生的污泥量，L/(d·人)；

　　　　N——设计人口数，人；

　　　　t——两次排泥的间隔时间，d，一般按2日考虑。

表3-8　生活污水沉淀产生的污泥量

沉淀时间(h)	污泥量		污泥含水率(%)
	g/(d·人)	L/(d·人)	
1.5	17.25	0.4~0.66	95
		0.5~0.83	97
1.0	15~22	0.36~0.6	95
		0.44~0.73	97

如果已知原污水和出水悬浮固体浓度，污泥区的容积可按下式计算：

$$V = \frac{Q_{max} \times 24 \times (C_1 - C_2) \times 100}{\gamma \times (100 - p_0)} \times t \qquad (3-18)$$

式中，C_1——原污水中悬浮固体的浓度，kg/m³；

　　　　C_2——出水中悬浮固体的浓度，kg/m³；

　　　　p_0——污泥的含水率，%；

　　　　γ——污泥的容重，kg/m³。当污泥中的主要成分为有机物，含水率在95%以上时，其容重可按1000 kg/m³考虑。

②污泥斗的容积（m³）：当采用方形污泥斗时按下式计算：

$$V_1 = \frac{1}{3}h_4(f_1 + f_2 + \sqrt{f_1 f_2}) \qquad (3-19)$$

式中，h_4——污泥斗高度，m；

　　　　f_1——污泥斗上口面积，m²；

　　　　f_2——污泥斗下口面积，m²。

③沉淀池的总高度（m）：

$$H = h_1 + h_2 + h_3 + h_4 \qquad (3-20)$$

式中，h_1——沉淀池超高，m；

　　　　h_3——缓冲层高度，m。

【例3-2】某城市污水处理厂最大设计流量 $Q_{max} = 0.2$ m³/s，悬浮物浓度为200 mg/L。根据静置沉淀结果，若要求悬浮物去除率为65%，其相应的沉淀时间 $t_0 = 1$ h，

最小沉速 $u_0 = 1.8$ m/h，试设计一平流式沉淀池。

【解】（1）各设计参数的确定。

为了使设计参数留有余地，对表面负荷及沉淀时间分别考虑 1.5 及 1.75 的系数。

设计表面负荷：

$$q_设 = \frac{q_0}{1.5} = \frac{1.8}{1.5} = 1.2 \left[m^3/(m^2 \cdot h) \right]$$

设计沉淀时间：

$$t_设 = 1.75 t_0 = 1.75 \times 1 = 1.75 (h)$$

（2）沉淀区各部分尺寸的确定。

①沉淀池的面积：

$$A = \frac{Q_{max} \times 3600}{q_设} = \frac{0.2 \times 3600}{1.2} = 600 \ (m^2)$$

②沉淀池的有效水深：

$$h_2 = \frac{Q_{max} \times t_设}{A} = \frac{0.2 \times 3600 \times 1.75}{600} = 2.1 \ (m)$$

③沉淀池的长度：

采用 4 座沉淀池，每个池的表面积 $A_1 = 150 \ m^2$，池宽根据刮泥机的规格，取 $b = 6$ m，则沉淀池的长度为

$$L = \frac{A_1}{b} = \frac{150}{6} = 25 \ (m)$$

④沉淀池的长宽比：

$$25 : 6 = 4.16 > 4 (符合要求)$$

（3）污泥区尺寸的确定。

①每日产生的污泥量：

$$W = \frac{Q_{max} \times 24 \times (C_1 - C_2) \times 100}{\gamma \times (100 - p_0)} = \frac{0.2 \times 3600 \times 24 \times (200 - 200 \times 0.35) \times 100}{1000 \times 1000 \times (100 - 97)} = 74.88 \ (m^3)$$

②每座沉淀池中的污泥量：

$$W_1 = 74.88/4 = 18.72 \ (m^3)$$

③污泥斗的容积：

$$V_1 = \frac{1}{3} h_4 (f_1 + f_2 + \sqrt{f_1 f_2})$$

式中的污泥斗高度 h_4 取 2.8 m，则

$$V_1 = \frac{1}{3} \times 2.8 \times (36 + 0.16 + \sqrt{36 \times 0.16}) = 36 \ (m^3)$$

36.00 > 18.72，一个贮泥斗能够容纳近二日内的沉泥量。

（4）每座沉淀池的结构尺寸。

①沉淀池的总高度：

$$H = h_1 + h_2 + h_3 + h_4$$

式中沉淀池超高 h_1 取 0.3 m；缓冲层高度 h_3 由于采用机械刮泥设备，其上缘高出刮

板 0.3 m，整个高度取 0.6 m。

代入各值： $H = 0.3 + 2.1 + 0.6 + 2.8 = 5.8$（m）

②沉淀池的总长度：

进口处挡板距进口 0.5 m，出口处挡板距出口 0.3 m，沉淀池总长度为

$$L = 0.5 + 0.3 + 25 = 25.8\text{（m）}$$

图 3 - 14 为沉淀池的设计草图。

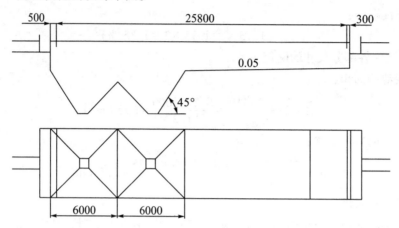

图 3 - 14　例 3 - 2 所设计的沉淀池示意图

（三）辐流式沉淀池的设计

1. 辐流式沉淀池的构造设计

辐流式沉淀池是直径较大的圆形池，直径一般为 20～30 m，最大可达 100 m，池中心深度约为 2.1～5 m，池周约 1.1～3 m，水从池中心以辐射流形式流向池周，故称为辐流式。

在池中心处设中心管，水从池底的进水管进入中心管，在中心管的周围设穿孔整流板围成流入区，为使水在池内得以均匀流动，穿孔整流板上开孔面积的总和应为池断面的 10%～20%。

流出区设于池周，采用三角堰或淹没式溢流孔出流。为了拦截水面上的漂浮物，在出流堰前设挡板和浮渣的收集与排出设备。

辐流式沉淀池多采用机械刮泥，为满足刮泥机的排泥要求，池底设 0.05 左右的坡度坡向泥斗，泥斗的坡度约为 0.1～0.2。污泥斗中的污泥利用静压力或泥浆泵排出池外。

当辐流式沉淀池直径（或边长）小于 20 m 时，可以考虑做成方形，在池底设四个排泥斗，利用重力刮泥。

2. 辐流式沉淀池的功能设计

（1）沉淀池的表面积：

$$A_1 = \frac{Q_{max}}{nq_0} \tag{3-21}$$

式中，Q_{max}——最大设计流量，m^3/h；

q_0——沉淀池的表面负荷，$\text{m}^3/(\text{m}^2 \cdot \text{h})$，应通过沉淀试验确定，对生活污水，其

数值可定为 $2.0 \sim 3.6 \ \mathrm{m^3/(m^2 \cdot h)}$；

n——池数。

(2)沉淀池的直径(m)：

$$D = \sqrt{\frac{4A_1}{\pi}} \qquad (3-22)$$

辐流式沉淀池的直径 D(或正方形的一边)不宜小于 16 m。

(3)沉淀池的有效水深(m)：

$$h_2 = \frac{Q_{\max}t}{nA_1} \qquad (3-23)$$

式中，t——沉淀时间。

沉淀池的有效水深 h_2 一般不大于 4 m，直径与水深之比一般介于 6 ~ 12 之间。

(4)沉泥量与贮泥斗的尺寸。

沉泥量与贮泥斗的计算方法与平流式沉淀池相同。污泥在贮泥斗中的停留时间取4 h。采用机械刮泥时，缓冲层上缘应高出刮泥板 0.3 m。

(5)沉淀池总高度(m)：

$$H = h_1 + h_2 + h_3 + h_4 + h_5 \qquad (3-24)$$

式中，h_1——沉淀池超高，m，一般取 0.3；

h_3——缓冲层高度，m；

h_4——污泥斗以上部分的高度，与刮泥机械有关，m；

h_5——污泥斗高度，m。

(四)竖流式沉淀池的设计

1. 竖流式沉淀池的构造设计

竖流式沉淀池的表面多设计成圆形，也可采用方形或多边形。为了保证水流自下而上垂直流动，要求池直径(D)与沉淀区深度(h_2)的比例不超过 3 : 1，因为 D/h_2 值过大，池内水流就有可能变成辐射流，絮凝作用减少，发挥不了竖流式沉淀池的优点，所以 D 常控制在 4~8 m 之间，一般不超过 9~10 m。图 3-15 为圆形竖流式沉淀池。

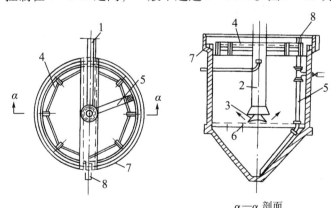

α—α 剖面

1—进水槽；2—中心管；3—反射板；4—挡板；
5—排泥管；6—缓冲层；7—集水槽；8—出水管

图 3-15　圆形竖流式沉淀池

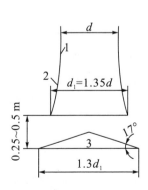

1—中心管；2—喇叭口；3—反射板

图 3-16　中心管及反射板的构造与尺寸

污水从中心管流入，由下部流出，通过反射板的阻拦向四周分布，然后沿沉淀区的整个断面上升。由中心管和中心管下部反射板组成的流入装置的构造及尺寸要求如图 3 – 16 所示。污水在中心管内的流速对悬浮物质的去除有一定影响，当在中心管下部设反射板时，其流速应大于 100 mm/s，污水从中心管喇叭口与反射板中溢出的流速不应大于 40 mm/s，反射板底距污泥表面的高度(即缓冲层)为 0.3 m。池的保护高度为 0.3 ~ 0.5 m。

当中心管下部不设反射板时，污水在中心管内的流速不应大于 30 mm/s。

出流区设于池周。澄清后的出水采用自由堰或三角堰从池四周溢出。为了防止漂浮物外溢，在水面距池壁 0.4 ~ 0.5 m 处安设挡流板，挡流板伸入水中部分的深度为 0.21 ~ 0.3 m，伸出水面的高度为 0.1 ~ 0.2 m。如果沉淀池直径大于 7 m，应考虑加设辐射式汇水槽。

竖流式沉淀池下部呈截头圆锥状的部分为污泥区，贮泥斗倾角要求 50° ~ 60°，采用静水压力排泥。

2. 竖流式沉淀池的功能设计

竖流式沉淀池功能设计所使用的公式与平流式沉淀池相似，污水上升速度 v 等于颗粒的最小沉速 u_0，沉淀池的过水断面等于水的表面积与中心管的面积之差，沉淀区的工作高度按中心管喇叭口到水面考虑。

首先根据原水中悬浮物浓度 C_1 及排放水中允许含有的悬浮物浓度 C_2，计算应当达到的去除率。然后根据沉淀曲线确定与去除率相对应的最小沉速 u_0，以及所需要的沉淀时间 t。

如果没有进行沉淀实验，缺乏相应的设计参数，则在设计时可以采用设计规范规定的数据。

(1)中心管过水断面面积(m^2)：

$$f_1 = \frac{Q_{max}}{v_0} \qquad (3-25)$$

式中，Q_{max}——最大流量，m^3/s；

v_0——污水在中心管内的流速，m/s。

(2)沉淀池的工作高度，亦即中心管的工作高度(m)：

$$h_2 = 3600 \times v \times t \qquad (3-26)$$

式中，v——污水在沉淀区内的上升流速，mm/s；

t——沉淀时间，h；

h_2 的值一般不得小于 2.75 m。

(3)中心喇叭口与反射板之间的缝隙高度(m)：

$$h_3 = \frac{Q_{max}}{v_1 \pi d_1} \qquad (3-27)$$

式中，v_1——水由中心管与反射板之间的流出速度，m/s；

d_1——喇叭口直径，m。

(4)沉淀池工作部分的有效断面面积(m^2)：

$$f_2 = \frac{Q_{max}}{v} \qquad (3-28)$$

（5）沉淀池的总面积（m^2）：

$$A = f_1 + f_2 \qquad (3-29)$$

（6）沉淀池的直径（m）：

$$D = \sqrt{\frac{4A}{\pi}} \qquad (3-30)$$

（7）污泥区的计算。

污泥贮存所需容积计算与平流式沉淀池相同，而截头圆锥部分的容积按下式计算：

$$V = \frac{\pi h_5}{3}(R^2 + Rr + r^2) \qquad (3-31)$$

式中，V——截头圆锥部分容积，m^3；

h_5——截头圆锥部分高度，m；

R——截头圆锥上部半径，m；

r——截头圆锥下部半径，m。

（8）沉淀池总高度（m）：

$$H = h_1 + h_2 + h_3 + h_4 + h_5 \qquad (3-32)$$

式中，h_1——沉淀池超高，m；

h_4——缓冲层高度，m；

【例3-3】一城市小区，设计人口 $N = 100000$ 人，污水厂最大设计流量 $Q_{max} = 0.2\ m^3/s$，无污水沉淀试验数据，试设计竖流式初次沉淀池。

【解】由于没有污水试验资料，故按规范规定的数据进行设计计算。主要设计参数为：污水上升流速 $v = 0.7\ mm/s$，沉淀时间 $t = 1.5\ h$。

（1）沉淀池各部分尺寸的确定。

①沉淀池的工作高度：

$$h_2 = 3600 \times v \times t = 0.7 \times 10^{-3} \times 1.5 \times 3600 = 3.78 \approx 3.8\ （m）$$

②沉淀池工作部分的有效断面面积：

$$f_2 = \frac{Q_{max}}{v} = \frac{0.2}{0.0007} = 285.7\ （m^2）$$

③中心管有效过水断面面积：

$$f_1 = \frac{Q_{max}}{v_0} = \frac{0.2}{0.1} = 2.0\ （m^2）$$

因设有反射板，污水在中心管中的流速 $v_0 = 0.1\ m/s$。

④沉淀池的总面积：

$$A = f_1 + f_2 = 2.0 + 285.7 = 287.7\ （m^2） \approx 288\ （m^2）$$

决定采用4座沉淀池，每座沉淀池的表面积为

$$A_1 = \frac{A}{4} = \frac{288}{4} = 72\ （m^2）$$

⑤中心管的管径：

$$d = \sqrt{\frac{4f_1}{4\pi}} = \sqrt{\frac{4 \times 2}{4 \times \pi}} = 0.798 \approx 0.8\ （m）$$

⑥沉淀池的直径：

$$D = \sqrt{\frac{4A_1}{\pi}} = \sqrt{\frac{4 \times 72}{\pi}} = 9.57 \approx 10 \ (\text{m})$$

验算：$D/h_2 = 10/3.8 = 2.63 < 3$，符合要求。

（2）喇叭口及反射板尺寸的确定。

中心管直径 $d = 0.8 \ \text{m}$。

喇叭口直径 $d_1 = 1.35 \times 0.8 = 1.08 \ (\text{m})$。

反射板直径 $d_2 = 1.3 \times 1.08 = 1.4 \ (\text{m})$。

中心管喇叭口与反射板之间的缝隙高度为

$$h_3 = \frac{Q_{\max}}{v_1 \pi d_1} = \frac{0.2/4}{0.03 \times 3.142 \times 1.08} = 0.49 \approx 0.5 \ (\text{m})$$

v_1 取 $0.03 \ \text{m/s}$。

（3）污泥量、污泥斗的计算。

污泥量的计算与平流式相同，故略。贮泥斗的倾角按 45°考虑，则贮泥斗的高度 $h_5 = 4.8 \ \text{m}$。保护高度及缓冲层高度均取 $0.3 \ \text{m}$，则沉淀池的总高度为

$$H = h_1 + h_2 + h_3 + h_4 + h_5$$
$$= 0.3 + 3.8 + 0.5 + 0.3 + 4.8 = 9.7 \ (\text{m})$$

图 3 - 17 为竖流式沉淀池设计草图。

（4）沉淀池出流部分的设计计算。

①出流堰：出流堰采用水平薄壁堰，出流槽设于池外，堰沿池内壁设置，故堰长为

$$L = \pi D = 3.14 \times 10 = 31.4 \ (\text{m})$$

每池各由 20 块钢堰板拼接，每块堰板长为

$$L_1 = 31.4/20 = 1.57 \ (\text{m})$$

单位堰长流量 q 为

$$q = Q/L = 0.05/31.4 = 0.00159 \ [\text{m}^3/(\text{m} \cdot \text{s})] = 1.59 \ [\text{L}/(\text{m} \cdot \text{s})]$$

接近于 $1.5 \ \text{L}/(\text{m} \cdot \text{s})$，符合要求。

堰上水头为

$$h_0 = \sqrt[3]{\left(\frac{q}{1.86}\right)^2} = \sqrt[3]{\left(\frac{0.00159}{1.86}\right)^2} = 9 \times 10^{-3} = 0.009 \ (\text{m})$$

即堰上水头为 $9 \ \text{mm}$，取 $1 \ \text{cm}$。

②出流槽：出流槽中设一出水总管，如图 3 - 18 所示。故出流槽分为两半，均匀接纳经堰口流来的澄清水。槽为平底，槽中水流为非均匀流。

设池壁厚为 $0.2 \ \text{m}$，槽宽 b 为 $0.5 \ \text{m}$，则槽起端处（A 点）水深为

$$h_k = 1.73 \sqrt[3]{\frac{(1.5Q)^2}{g \times b^2}} = 1.73 \sqrt[3]{\frac{(1.5 \times 0.05)^2}{9.8 \times 0.5^2}} = 1.73 \times 0.13 = 0.22 \ (\text{m})$$

取槽起端处（A 点）水深为 $0.22 \ \text{m}$，为使澄清水经堰后有自由跌落，取槽深为 $0.4 \ \text{m}$，外墙另加保护高度 $0.4 \ \text{m}$，出流槽尺寸如图 3 - 19 所示。

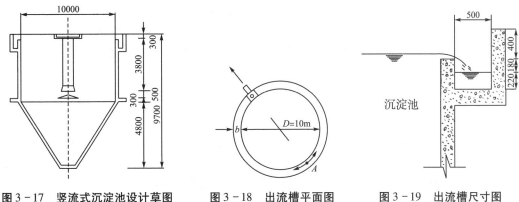

图 3-17 竖流式沉淀池设计草图　　图 3-18 出流槽平面图　　图 3-19 出流槽尺寸图

（五）斜板与斜管沉淀池的设计

1. 斜板、斜管沉淀池的特点及应用

斜板、斜管沉淀池是基于浅层理论发展起来的。根据浅层理论，如果在处理水量不变，沉淀池有效容积一定的条件下，增加沉淀面积，过流率或单位面积上负荷量就会减少，因而有更多的悬浮物可以沉淀下来。在普通的沉淀池中加设斜板或斜管，以增加沉淀池的沉降面积，缩短颗粒沉降深度，改善水流状态。因斜板、斜管沉淀池具有较大的湿周，较小的水力半径，使雷诺数 Re 大为降低，弗劳德数 Fr 明显提高，固体和液体在层流条件下分离，沉淀效率可大大提高。由于颗粒沉降距离缩小，沉淀时间也大大缩短，因而大大缩小沉淀池体积。

目前斜板、斜管沉淀池在给水处理中得到广泛应用，在选矿废水尾矿浆浓缩、炼油厂含油污水隔油等方面的应用均已有成功的经验，但在污水处理中的应用一般持慎重态度。在城市污水处理中，可考虑应用在初次沉淀处理上。

2. 斜板、斜管沉淀池的构造与设计

斜板、斜管沉淀池按水流与污泥流的流动方式，一般可分为同向流、异向流和横向流。同向流即水流与沉泥流均向下；异向流即水流向上，沉泥流向下；横向流为水流大致水平，沉泥流向下。在污水处理实践中，目前主要采用异向斜板沉淀池。图 3-20 为异向流斜板沉淀池的构造。

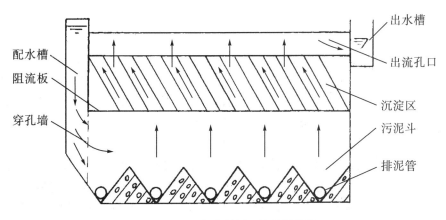

图 3-20 异向流斜板沉淀池的构造

斜板、斜管沉淀池的进水区高度应不小于 1.5 m，以便均匀配水。为了使水流均匀地进入斜管下的配水区，反应池进口一般应考虑整流措施，可以采用缝隙栅条配水，缝隙前狭后宽，也可用穿孔墙。整流配水孔的流速一般要求不大于反应池出口流速，通常在 0.15 m/s 以下。

斜板倾角越小，沉淀面积越大，沉淀效率越高，但对排泥不利。根据生产实践，倾角宜为 50°~60°。

斜板过长会增加造价，而沉淀效率的提高则有限。目前的斜板(管)长度多采用 800~1000 mm。

从沉淀效率考虑，斜板间距越小越好，但从施工安装和排泥角度看，不宜小于 50 mm，也不宜大于 150 mm，生产中斜板间距多采用 100 mm。斜管通常采用 25~30 mm。

斜板(管)的材料要求轻质、坚固，无毒而价廉，使用较多的有薄塑板、玻璃钢等。

斜板、斜管沉淀池的表面负荷率 q 是一个重要的技术参数，可表示为

$$q = \frac{Q}{F} \tag{3-33}$$

式中，Q——流量，m^3/h；

F——沉淀池清水区表面积，m^2。

斜管沉淀池的表面负荷率为 9~11 $m^3/(m^2 \cdot h)$。

同向流和异向流斜板间(管内)流速为

$$v = \frac{Q}{F' \sin\theta} \tag{3-34}$$

式中，Q——沉淀池的流量；

F'——斜板(管)的净出口面积；

θ——斜板的倾角。

四、沉淀池的运行管理

沉淀池运行管理的基本要求是保证各项设备安全完好，及时调控各项运行控制参数，保证出水水质达到规定的标准。为此，应着重做好以下几方面工作。

(一)避免短流

进入沉淀池的水流，在池中停留的时间通常并不相同，一部分水的停留时间小于设计停留时间，很快流出池外；另一部分水的停留时间大于设计停留时间。这种停留时间不相同的现象称为短流。短流使一部分水的停留时间缩短，得不到充分沉淀，降低了沉淀效率；另一部分水的停留时间可能很长，甚至出现水流基本停滞不动的死水区，减少了沉淀池的有效容积。总之，短流是影响沉淀池出水水质的主要原因之一。

形成短流现象的原因很多，如进入沉淀池的流速过高，出水堰的单位堰长流量过大，沉淀池进水区和出水区距离过近，沉淀池水面受大风影响，池水受到阳光照射引起水温的变化，进水和池内水的密度差，以及沉淀池内存在的柱子、导流壁和刮泥设施等，均可形成短流形象。

为避免短流，一是在设计中尽量采取一些措施，如采用适宜的进水分配装置，以消除进口射流，使水流均匀分布在沉淀池的过水断面上；降低紊流并防止污泥区附近的流速过大；采用指形出水槽以延长出流堰的长度；沉淀池加盖或设置隔墙，以降低池水受风力和光照升温的影响；高浓度水经过预沉，以减少进水悬浮固体浓度高产生的异重流等。二是加强运行管理。在沉淀池投产前应严格检查出水堰是否平直，发现问题要及时修理。在运行中，浮渣可能堵塞部分溢流堰口，致使整个出流堰的单位长度激流量不等而产生水流抽吸，操作人员应及时清理堰口上的浮渣；用塑料加工的锯齿形三角堰因时间关系，可能发生变形，管理人员应及时维修或更换，以保证出流均匀，减少短流。通过采取上述措施，可使沉淀池的短流现象降低到最小限度。

（二）正确投加混凝剂

当沉淀池用于混凝工艺的液固分离时，正确投加混凝剂是沉淀池运行管理的关键因素之一。要做到正确投加混凝剂，必须掌握进水水质和水量的变化。以饮用水净化为例，一般要求 2~4 h 测定一次原水的浊度、pH 值、水温、碱度。在水质频繁变动的季节，要求 1~2 h 进行一次测定，以了解进水泵房开停状况，根据水质、水量的变化及时调整投药量。特别要防止断药事故的发生，因为即使短期停止加药也会导致出水水质的恶化。

（三）及时排泥

及时排泥是沉淀池运行管理中极为重要的工作。污水处理中的沉淀池中所含污泥量较多，且绝大部分为有机物，如不及时排泥，就会产生厌氧发酵，致使污泥上浮，不仅破坏了沉淀池的正常工作，而且使出水水质恶化，如出水中 BOD 值上升、pH 值下降等。

初次沉淀池排泥周期一般不宜超过 2 d。二次沉淀池排泥周期一般不宜超过 2 h，当排泥不彻底时应停池（放空）采用人工冲洗的方法清泥。机械排泥的沉淀池要加强排泥设备的维护管理，一旦机械排泥设备发生故障，应及时修理，以避免池底积泥过多，影响出水水质。

（四）防止藻类滋生

对于给水处理中的沉淀池，当原水藻类含量较高时，会导致藻类在池中滋生，尤其是在气温较高的地区，沉淀池中加装斜板或斜管时，这种现象可能更为突出。藻类滋生虽不会严重影响沉淀池的运转，但对出水的水质不利。防止措施是在原水中加氯，以抑制藻类生长。三氯化铁混凝剂对藻类也有抑制作用。对于已经在斜板和斜管上生长的藻类，可用高压水冲洗去除。冲洗时先放去部分池水，使斜管或斜板的顶部露出水面，然后用压力水冲洗，往往一经冲洗即可去除附着的藻类。

活性污泥处理系统的二次沉淀池是该系统的重要组成部分。二次沉淀池的运转是否正常直接关系到处理系统的出水水质和回流污泥的浓度，对整个系统的净化效果会产生重大影响。二次沉淀池运行管理较为复杂，其运行过程中的常见问题及防止措施参见"活性污泥法处理装置的运行管理"。

第四节　沉砂池

污水中的无机颗粒不仅会磨损设备和管道，降低活性污泥的活性，还会板结在反应池底部，减小反应器有效容积，甚至在脱水时扎破滤带，损坏脱水设备。沉砂池的作用是去除污水中的砂子、煤渣等比重较大的颗粒，以免影响后续处理构筑物的正常运行。

沉砂池的工作原理是以重力分离为基础，即控制进入沉砂池的污水流速，使比重大的无机颗粒下沉，而有机悬浮颗粒则随水流带走。

一、沉砂池的类型

常用的沉砂池有平流式沉砂池和曝气沉砂池。

（一）平流式沉砂池

平流式沉砂池是最常用的，其平面为长方形，废水在池内沿水平方向流动。平流式沉砂池的基本形式如图 3 - 21 所示。池的上部实际是一个加宽、加深的明渠，两端设有闸板以控制水流，池的底部设有 1～2 个贮砂斗，下接排砂管。

平流式沉砂池的截留效果好，构造也较简单，但它的流速不易控制，泥砂中有机悬浮颗粒含量较高，排砂常需要洗砂处理。

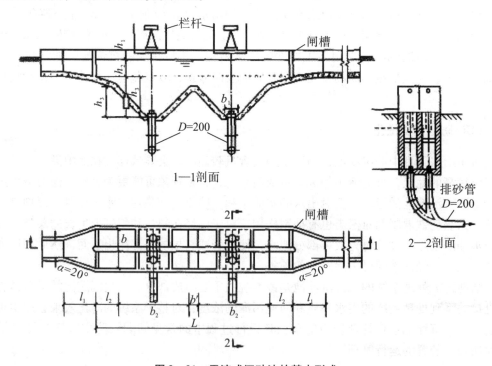

图 3 - 21　平流式沉砂池的基本形式

(二)曝气沉砂池

曝气沉砂池集曝气和除砂于一体,其结构如图3-22所示。曝气沉砂池是一个矩形渠道,沿渠道壁一侧的整个长度上,距池底约60~90 cm处设有曝气装置,在曝气装置下面的池底设置集砂槽,池底有 $i=0.1~0.5$ 的坡度,以保证砂粒滑入集砂槽。为了使曝气能起到池内回流作用,有时在曝气装置的一侧设有挡板。

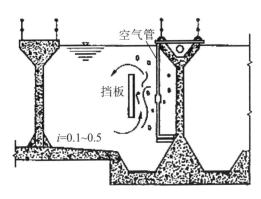

图3-22 曝气沉砂池的结构

污水在池中存在着两种运动:一是沿渠道的水平流动,二是在池一侧的曝气作用下产生横断面上的旋转运动。因此,整个池内水流呈螺旋式向前流动。

废水在池内流动过程中,悬浮颗粒相互碰撞、摩擦,并受气泡和水流的剪切作用,使附着在砂粒上的有机物被冲刷掉,因而沉于池底的砂粒较为纯净,有机物含量一般在5%以下。此外,曝气沉砂池还有预曝气、脱臭、除油、除泡等多种功能,这对后续的沉淀、曝气、污泥消化池的正常运行以及对沉砂的干燥脱水提供了有利条件。

二、沉砂池的设计

(一)沉砂池的一般设计原则及参数

在工程设计中,可参考下列设计原则与主要参数:

(1)城市污水厂一般均应设置沉砂池,座数或分格数应不少于2,并按并联运行原则考虑。

(2)设计流量应按分期建设考虑:①当污水自流进入时,应按每期的最大设计流量计算;②当污水为提升进入时,应按每期工作水泵的最大组合流量计算;③在合流制处理系统中,应按降雨时的设计流量计算。

(3)按照去除比重2.65、粒径0.2 mm以上的砂粒设计。

(4)城市污水的沉砂量可按每 $10^6 m^3$ 污水沉砂30 m^3 计算,其含水率约为60%,容重约为1500 kg/m^3。

(5)贮砂斗的容积按不大于2日的沉砂量计算,贮砂斗壁的倾角应不小于55°,排砂管的直径应不小于200 mm。

(6)沉砂池的超高不宜小于 0.3 m。

(二)平流式沉砂池的设计

1. 平流式沉砂池的设计参数

(1)污水在池内的最大流速为 0.3 m/s，最小流速为 0.15 m/s。

(2)最大流量时，污水在池内的停留时间不少于 30 s，一般取 30~60 s。

(3)有效水深不大于 1.2 m，一般采用 0.25~1.0 m，池宽不小于 0.6 m。

(4)池底坡度一般为 0.01~0.02，当设有除砂设备时，可根据除砂设备的要求，确定池底的形状。

2. 平流式沉砂池的设计

(1)长度(m)：

$$L = vt \tag{3-35}$$

式中，v——最大设计流量时的速度，m/s；

t——最大设计流量时的停留时间，s。

(2)水流断面面积(m^2)：

$$A = \frac{Q_{max}}{v} \tag{3-36}$$

式中，Q_{max}——最大设计流量，m^3/s。

(3)池总宽度(m)：

$$B = \frac{A}{h_2} \tag{3-37}$$

式中，h_2——设计有效水深，m。

(4)贮砂斗所需容积(m^3)：

$$V = \frac{86400 \times Q_{max} \times T \times X}{1000 \times K_z} \tag{3-38}$$

式中，T——排砂时间间隔，d；

X——城镇污水的沉砂量，一般采用 30 $m^3/10^6 m^3$(污水)；

K_z——污水流量总变化系数。

(5)贮砂斗各部分尺寸计算。

设贮砂斗底宽 $b_1 = 0.5$ m，斗壁与水平面的倾角为 60°，则贮砂斗的上口宽为

$$b_2 = \frac{2h_3'}{\tan 60°} + b_1 \tag{3-39}$$

贮砂斗的容积(m^3)：

$$V_1 = \frac{1}{3} h_3' (S_1 + S_2 + \sqrt{S_1 + S_2}) \tag{3-40}$$

式中，h_3'——贮砂斗高度，m；

S_1，S_2——贮砂斗上、下口面积。

(6)贮砂室的高度(m)。

设采用重力排砂，池底坡度 $i = 0.06$，坡向砂斗，则

$$h_3 = h_3' + \frac{i(L - 2b_2 - b')}{2} \tag{3-41}$$

式中，b'——沉砂斗间距，取 0.2 m。

（7）池总高度（m）：

$$H = h_1 + h_2 + h_3 \tag{3-42}$$

式中，h_1——超高，m。

（8）核算最小流速（m/s）：

$$v_{min} = \frac{Q_{min}}{n_1 A_{min}} \tag{3-43}$$

式中，Q_{min}——最小设计流量，m^3/s；

　　　n_1——最小流量时工作的沉砂池数目；

　　　A_{min}——最小流量时沉砂池中的过水断面面积，m^2。

（三）曝气沉砂池的设计

1. 曝气沉砂池的设计参数

（1）水平流速可取 0.08 ~ 0.12 m/s，一般取 0.1 m/s。

（2）最大流量时污水在池内的停留时间为 2 ~ 4 min，雨天最大流量时停留时间为 1 ~ 3 min，若同时作为曝气池使用，停留时间为 10 ~ 30 min。

（3）池的有效水深为 2 ~ 3 m，池宽与池深比为 1 ~ 1.5，池的长宽比可达 5。当池的长宽比大于 5 时，可考虑设置横向挡板。

（4）多采用穿孔管曝气，穿孔孔径为 2.5 ~ 6.0 mm，距池底约 0.6 ~ 0.9 m，每组穿孔曝气管应设调节气量的阀门。

（5）每立方米污水所需曝气量宜为 0.1 ~ 0.2 m^3（空气），或每平方米池表面积曝气量 3 ~ 5 m^3/h。

此外，池子的形状应尽可能不产生偏流和死角，进水方向应与池中旋流方向一致，出水方向应与进水方向垂直，并考虑设置挡板，防止产生短流。

2. 曝气沉砂池的设计

（1）总有效容积（m^3）：

$$V = 60 Q_{max} t \tag{3-44}$$

式中，Q_{max}——最大设计流量，m^3/s；

　　　t——最大设计流量时的停留时间，min。

（2）水流断面面积（m^2）：

$$A = \frac{Q_{max}}{v} \tag{3-45}$$

式中，v——最大设计流量时的水平流速，m/s。

（3）池总宽度（m）：

$$B = \frac{A}{h_2} \tag{3-46}$$

式中，h_2——设计有效水深，m。

(4)池长(m)：

$$L = \frac{V}{A} \tag{3-47}$$

(5)所需曝气量(m³/min)：

$$q = 60\alpha Q_{max} \tag{3-48}$$

式中，α——单位体积污水所需曝气量，m^3(气)/m^3(污水)。一般取 $0.1 \sim 0.2\ m^3$，或每平方米池表面积曝气量 $3 \sim 5\ m^3/h$。

第五节　调节池

一、概述

无论是工业废水还是生活污水，抑或是城镇污水，水质、水量在一天之内都会有波动变化。这种变化对排水设施及废水处理设备，特别是对生物处理设备正常发挥其净化功能是不利的，甚至会损坏设备。同样，对于物化处理设备，水量和水质的波动越大，过程参数就越难控制，处理效果越不稳定；反之，波动越小，效果就越稳定。为此，通常是在废水处理系统之前设置调节池，用以进行水质和水量的调节，以保证后续处理过程的正常进行。此外，酸性或碱性废水可以在调节池内中和，短期排出的高温废水也可通过调节池来平衡水温。

废水处理中设置调节池的目的如下：

(1)提供对有机负荷的缓冲能力，防止生物处理系统负荷的急剧变化。

(2)控制 pH 值，以减少中和作用中化学药剂的用量。

(3)减小对物理化学处理系统的流量波动，使药剂添加速率适应加料设备的定额。

(4)防止高浓度有毒有害物质进入生物处理系统。

(5)当工厂停产时，仍能为生物处理系统提供废水。

(6)控制向市政系统的污水排放，以缓解污水负荷分布的变化。

调节是尽量减小污水处理厂的进水水量和水质波动的过程。调节池设置是否合理，对后续处理设施的处理能力、基建投资、运转费用等都有较大的影响。

二、调节池的类型

根据调节池的功能，调节池主要分为均量池和均质池。

(一)均量池

均量池也称为水量均化池，主要起均化水量的作用。通常污水处理构筑物的容积按日平均流量进行设计，但污水排放时其水量可能每小时都要变动，因而需设水量调节池来储存大于平均流量的污水，以便在污水排放量小于日平均流量时使用。

常用的均量池实际上是一座变水位的贮水池，来水为重力流，出水用泵提升。池中最高水位不高于来水管的设计水位，一般水深 2 m 左右，最低水位为死水位，如图 3-23 所示。

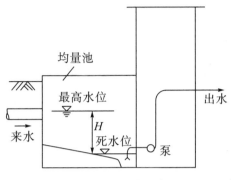

图 3-23　均量池示意图

均量池的设计计算内容，主要是确定其容积(m^3)，可按下式计算：

$$V_1 = \sum_{i=1}^{T} q_i t_i \tag{3-49}$$

式中，q_i——在 t_i 时段内废水的平均流量，m^3/h；

$\quad\quad t_i$——时段，h。

在周期 $T(h)$ 内，废水平均流量(m^3/h)为

$$Q = \frac{V_1}{T} \tag{3-50}$$

(二)均质池

均质池也称为水质均化池，主要起均化水质的作用，以避免处理构筑物受过大的负荷冲击。异程式均质池是最常见的一种均质池，为常水位、重力流。均质池中水流每一质点的流程由短到长，各不相同，再结合进、出水槽的配合布置，使前后时程的水得以相互混合，获得随机均质的效果。

由于均质的机理有很大的随机性，所以均质池的设计关键在于从构造上使周期内先后到达的废水有机会充分混合。均质池常设计成穿孔导流槽式出水，在平面构造上主要采用圆形和矩形，如图 3-24 和图 3-25 所示。

均质池的容积通常按调节历时进行计算，调节时间越长，水质越均匀。从生产上讲，往往以一班(8 h)为一个生产周期。但均质池的容量按 8 h 计算，有时也较大，因此，计算水质调节池时，其调节历时通常按 4~8 h 考虑。

均质池的容积，理论上只需要调节历时总水量的一半即可，因为从水质均匀角度上讲，所谓调节历时，是指将该时段中的排水充分混合，即使起始时间的排水与调节历时终了时的排水混合。

均质池的容积(m^3)可按下式计算：

$$V_2 = \sum_{i=1}^{t_i} \frac{q_i}{2\eta} \tag{3-51}$$

式中，η——容积加大系数，一般取 0.7，它是考虑到废水在池内流动可能短路等因素后引入的系数。

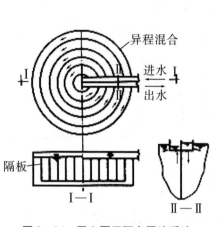

图 3-24　同心圆平面布置均质池

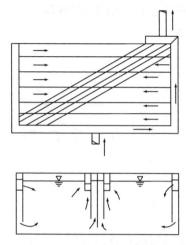

图 3-25　矩形平面布置均质池

第六节　隔油与破乳

一、概述

(一)含油废水的来源与危害

含油废水的来源非常广泛，主要为石油、焦化、机械加工、食品加工等工业废水。在一般的生活污水中，油脂占总有机质的 10% 左右。

含油废水(特别是可浮油)排入水体后将在水面形成油膜，阻碍大气复氧。水中存在乳化油和溶解油时，由于好氧微生物在分解代谢过程中会消耗水中的溶解氧，使水体处于缺氧状态，影响鱼类和水生生物生存。

含油废水流入土壤，由于土层对油污的吸附和过滤作用，会在土壤孔隙间形成油膜，形成堵塞，致使空气、水分及肥料难以渗入土中，阻碍土壤微生物的增殖，破坏土层结构，不利于农作物的生长。

含油废水排入城市管道，对排水设备及城镇污水处理厂都会造成不良影响。通常要求含油量不超过 30~50 mg/L，否则将影响水处理微生物的正常代谢过程。

(二)废水中油的存在形态

含油废水中的油类污染物，除重焦油外，其比重一般都小于 1。废水中的油通常有以下四种形态：

(1)可浮油：油珠粒径较大，一般大于100 μm，易浮于水面，形成油膜或油层，可以采用普通隔油池去除。

（2）细分散油：油珠粒径一般为 10~100 μm，以微小油珠分散悬浮于水中，不稳定，长时间静置后形成可浮油，可采用斜板隔油池去除。

（3）乳化油：油珠粒径小于 10 μm，一般为 0.1~2 μm，往往因水中含有表面活性剂而呈乳化状态，即使静置数小时，甚至更长时间，仍然稳定分散在水中，因而不能用静置法将其去除。

（4）溶解油：油珠粒径比乳化油还小，是溶于水的油微粒，但油在水中的溶解度非常低，通常每升只有几毫克。

二、隔油池的类型

隔油池为自然上浮的油水分离装置，常用的有平流式隔油池和斜板式隔油池。

（一）平流式隔油池

图 3-26 为传统的平流式隔油池，废水从池的一端流入池内，从另一端流出。在流动过程中，由于水平流速（2~5 mm/s）降低，密度小于 1 g/cm³ 的油珠上浮到水面，密度大于 1 g/cm³ 的杂质沉于池底。在出水端设有集油管。集油管一般由直径为 200~300 mm 的钢管制成，沿其长度在管壁的一侧开有弧度为 60°~90° 的切口，集油管可以绕轴线转动，平时切口在水面上，当水面浮油达到一定厚度时，转动集油管，使切口浸入水面油层之下，油进入管内，再流到池外。

大型隔油池还设有刮油刮泥机，刮板移动速度应与池中水流速度相等，以减少对水流的影响。池底设有排泥管和污泥斗。排泥管直径一般为 200 mm，污泥斗倾斜角为 45°。池底坡度 i=0.01~0.02，坡向污泥斗。收集在污泥斗中的泥渣，通过排泥管适时排出。

平流式隔油池的优点是构造简单，便于运行管理，除油效果稳定；缺点是池体大，占地面积多。

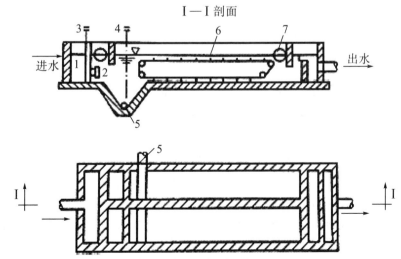

1—配水槽；2—进水孔；3—进水间；4—排渣阀；5—排渣管；6—刮油刮泥机；7—集油管

图 3-26　平流式隔油池

(二)斜板式隔油池

斜板式隔油池的构造如图3－27所示。这种装置采用由聚酯玻璃钢制成的波纹斜板，板间距20～50 mm，倾斜角为45°，废水沿板面向下流动，从出水堰流出。水中油珠沿板的下表面向上流动，然后用集油管收集排出。水中悬浮物沉到斜板上，并沿斜板滑入池底，经排泥管排出。

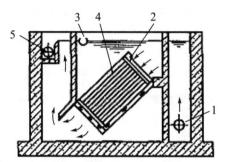

1—进水管；2—布水管；3—集油管；4—波纹斜板；5—出水管

图3－27　斜板式隔油池

斜板式隔油池可分离油珠的最小粒径约为60 μm，最小油珠的浮上速度约为0.2 mm/s。这种隔油池的油水分离效率较高，可以去除80%以上的油珠；停留时间短，一般不大于30 min；占地面积小。

值得注意的是，仅仅依靠油滴与水的密度差产生上浮而进行油、水分离，油的去除率一般为70%～80%。隔油池的出水仍含有一定数量的乳化油和附着在悬浮固体上的油分，一般较难降到排放标准以下。气浮法分离油、水的效果较好，出水中含油量一般可低于20 mg/L。

三、隔油池的设计

(一)平流式隔油池的设计

1. 平流式隔油池的设计参数

(1)速度：刮油刮泥机的刮板移动速度一般取池中水流速度。

(2)池深1.5～2.0 m，超高0.4 m，单格的长宽比不小于4，工作水深与每格宽度之比不小于0.4。

(3)排泥管直径一般为200 mm。

(4)池底采用0.01～0.02的坡度，坡向污泥斗，污泥斗倾角为45°。

(5)隔油池每个格间的宽度一般选用6.0 m、4.5 m、3.0 m、2.5 m和2.0 m。

(6)采用人工清油时，格间宽度不宜超过3.0 m。

(7)池的数量一般不少于2个。

此外，隔油池的表面还需要覆盖盖板，用于防火、防雨、保温，寒冷地区还应增设加温管。

2. 平流式隔油池的设计

平流式隔油池的设计与平流式沉淀池的设计基本相似。按表面负荷设计时，一般采用 1.2 m³/m²；按停留时间设计时，一般采用 2 h。下面简要介绍基于废水停留时间的设计计算。

(1)池的总容积(m³)：

$$V = Qt \tag{3-52}$$

式中，Q——设计流量，m³/h；

　　t——设计停留时间，h，一般采用 1.5~2.0 h。

(2)过水断面面积(m²)：

$$A_c = \frac{Q}{bh} \tag{3-53}$$

式中，b——隔油池每个格间的宽度，m；

　　h——工作水深，m。

(3)隔油池格间数：

$$n = \frac{A_c}{bh} \tag{3-54}$$

按规定，n 不得小于 2。

(4)有效长度(m)：

$$L = 3.6vt \tag{3-55}$$

式中，v——废水在隔油池中的水平流速，m/h。

(5)建筑高度(m)：

$$H = h + h' \tag{3-56}$$

式中，h'——池水面以上的池壁超高，m，一般不小于 0.4 m。

(二)斜板式隔油池的设计

斜板式隔油池的表面水力负荷一般为 0.6~0.8 m³/(m²·h)，水力停留时间不大于30 min，斜板垂直净距离一般采用40 mm，斜板倾角一般采用45°。

(1)池子水面面积(m²)：

$$A = \frac{Q}{0.91nq'} \tag{3-57}$$

式中，Q——平均流量，m³/h；

　　n——池的个数；

　　q'——表面水力负荷，m³/(m²·h)。

0.91 为斜板区面积系数。

(2)池内停留时间(min)：

$$t = \frac{60(h_2 + h_3)}{q'} \tag{3-58}$$

式中，h_2——斜板区上部水深，m，一般采用 0.5~1.0 m；

　　h_3——斜板高度，m，一般为 0.866~1.0 m。

(3)污泥部分所需容积(m^3)：

$$V = \frac{Q(C_0 - C_1) \times 24 \times 100t'}{\gamma(100 - \rho_0)n} \tag{3-59}$$

式中，C_0——进水悬浮物浓度，t/m^3；

C_1——出水悬浮物浓度，t/m^3；

t'——污泥斗贮泥周期，d；

γ——污泥浓度，t/m^3，其值约为1；

ρ_0——污泥含水率，%。

(4)污泥斗容积(m^3)：

圆锥体

$$V_1 = \frac{\pi h_5}{3}(R^2 + Rr_1 + r_1^2) \tag{3-60}$$

式中，h_5——污泥斗高度，m；

R——污泥斗上部半径，m；

r_1——污泥斗下部半径，m。

方锥体

$$V_1 = \frac{\pi h_5}{3}(a^2 + aa_1 + a_1^2) \tag{3-61}$$

式中，a——污泥斗上部边长，m；

a_1——污泥斗下部边长，m。

(5)池总高度(m)：

$$H = h_1 + h_2 + h_3 + h_4 + h_5 \tag{3-62}$$

式中，h_1——超高，m；

h_4——斜板区底部缓冲层高度，m，一般采用0.6~1.2 m。

四、破乳

当含油废水中有乳化剂存在时，乳化剂会在油滴与水滴表面上形成一层稳定的薄膜，阻碍油滴合并，油和水不会分层，而是呈一种不透明的乳状液，这时便不能用静置法来分离出乳化油。倘若能消除乳化剂的作用，乳化油即可转化为可浮油，称为破乳。乳化油经过破乳之后，便可利用油、水密度差来分离。

破乳的方法有多种，但基本原理一样，即破坏液滴界面上的稳定薄膜，使油、水得以分离。破乳方法的选择应以试验为依据。常用的破乳方法有以下几种：

(1)投加换型乳化剂。例如，氯化钙可以使以钠皂为乳化剂的水包油乳状液转换为以钙皂为乳化剂的油包水乳状液。在转型过程中存在着一个由钠皂占优势转化为钙皂占优势的转化点，这时的乳状液非常不稳定，油、水可能形成分层。因此，控制"换型剂"的用量，即可达到破乳的目的，而这一转化点用量应由试验确定。

(2)投加化学破乳剂可使乳化剂失去乳化作用。目前所用的化学破乳剂通常是钙、镁、铁、铝的盐类或无机酸。有些含油废水也可用碱(如 NaOH)进行破乳。

(3)投加某种本身不能成为乳化剂的表面活性剂。如异戊醇，从两相界面上挤掉乳化剂，使其失去乳化作用。

（4）搅拌、震荡、转动。通过剧烈的搅拌、震荡或转动，使乳化的液滴猛烈碰撞而合并。

（5）过滤。如以粉末为乳化剂的乳状液，可以用过滤法拦截被固体粉末包围的油滴。

（6）改变温度。改变乳化液的温度（加热或冷冻）来破坏乳状液的稳定。

此外，水处理中常用的混凝剂也是较好的破乳剂，它不仅有破坏乳化剂的作用，而且能对废水中的其他杂质起到混凝的作用。

第七节　浮上法处理设备

气浮设备是一类向水中加入空气，使空气以高度分散的微小气泡形式作为载体，将水中悬浮颗粒载浮于水面，从而实现固—液和液—液分离的水处理设备。在水处理技术中，气浮设备已广泛用于以下几个方面：

（1）处理低浊、含藻类及一些浮游生物的饮用水。

（2）石油、化工及机械制业中的含油（包括乳化油）污水的油水分离。

（3）有机及无机污水的物化处理。

（4）污水中有用物资的回收，如造纸厂污水中纸浆纤维及填料的回收。

（5）代替有机废水生物处理系统中的二次沉淀池，特别是那些易于产生污泥膨胀的生物处理工艺中，可保证处理系统的正常运行。

（6）污水处理厂剩余污泥的浓缩处理。

一、气浮设备的类型及应用

在水处理工艺中采用的气浮设备，按水中产生气泡的方式，可分为布气气浮设备、电解气浮设备和溶气气浮设备等。

（一）布气气浮设备

布气气浮设备是利用机械剪切力，将混合于水中的空气粉碎成微细气泡，从而进行气浮的设备。按粉碎方法的不同，布气气浮设备可分为水泵吸水管吸气气浮设备、射流气浮设备和叶轮气浮设备等。

1. 水泵吸水管吸气气浮设备

利用水泵吸水管部位的负压作用，在水泵吸水管上开一小孔，并装上进气量调节阀和计量仪表，空气遂进入水泵吸水管，在水泵冲轮的高速搅拌和剪切作用下形成气、水混合物，进入气浮池实现液—固或液—液分离。

这种气浮设备虽然构造简单，但是由于水泵工作特性限制，吸入空气量不能过多，一般不大于吸水量的10%（按体积计），否则将破坏水泵吸水管负压工作。此外，气泡在水泵内破碎不够完全，粒度大，因此气浮效果不好。

2. 射流气浮设备

射流气浮设备主要包括射流器和气浮池，即利用射流器（如图3－28所示）喷嘴将水以高速喷出时在吸入室形成负压，从进气管吸入空气。当气、水混合物进入喉管后，空气被粉碎成微小气泡，然后进入扩散段，将动能转化成势能，进一步压缩气泡，增大空气在水中的溶解度，最后进入气浮池中进行分离。

射流器也可以与加压泵联合供气方式进入溶气罐，构成加压溶气气浮设备。

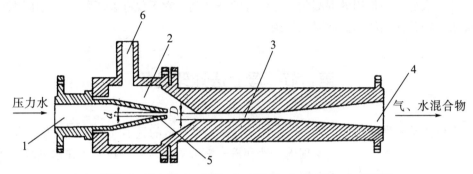

1—喷嘴；2—吸入室；3—喉管；4—扩散段；5—收缩段；6—吸气管

图3-28 射流器的构造及作用原理

3. 叶轮气浮设备

叶轮气浮设备的充气是靠叶轮高速旋转时在固定的盖板下形成负压，从空气管中吸入空气。进入水中的空气与循环水流被叶轮充分搅混，成为细小的气泡甩出导向叶片外面，经过整流板消能后，气泡垂直上升，进行气浮。形成的浮渣不断地被缓慢旋转的刮沫板刮出槽外。叶轮气浮设备如图3-29所示，盖板（如图3-30所示）下设12~18片导向叶片，与直径成60°角，使水流阻力减小。

盖板与叶轮间距为10 mm，盖板上开孔12~18个，孔径为20~30 mm，位置在叶轮叶片中间，作为循环水流的入口。叶轮装6个叶片，叶轮与导向叶片的间隙为1~8 mm，根据实践经验，若超过8 mm，将使进气量大大降低。

这种气浮设备适用于处理水量不大，而污染物浓度高的废水，除油率一般可达80%左右。

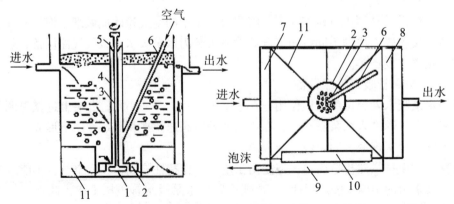

1—叶轮；2—固定盖板；3—转轴；4—轴套；5—轴承；6—进气管；
7—进水槽；8—出水槽；9—泡沫槽；10—刮沫板；11—整流板

图3-29 叶轮气浮设备

（二）电解气浮设备

电解气浮设备是用不溶性的阳极和阴极直接电解废水，靠产生的氢和氧的微小气泡将已絮凝的悬浮物载浮至水面，达到分离的目的。电解法产生的气泡尺寸远小于溶气气浮和布气气浮产生的气泡尺寸，不产生紊流。该设备去除的污染物范围广，对有机废水除降低BOD外，还有氧化、脱色和杀菌的作用，对废水负载变化的适应性强，生成污泥量少，占地少，不产生噪声，近年来发展很快。图3-31是一种双室平流式电解气浮设备。

电解气浮设备目前还存在电能消耗及极板损耗较大、运行费用较高等问题。

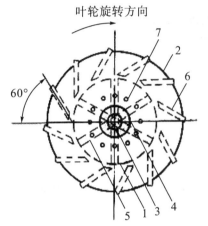

1—叶轮；2—盖板；3—转轴；4—轴套；
5—叶轮叶片；6—导向叶片；7—循环进水孔

图3-30 盖板

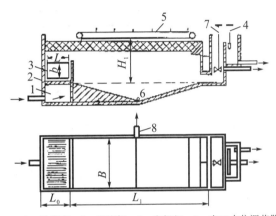

1—整流室；2—整流栅；3—电极组；4—出口水位调节器；
5—刮渣机；6—浮渣室；7—排渣阀；8—污泥排出口

图3-31 双室平流式电解气浮设备

（三）溶气气浮设备

溶气气浮设备有溶气真空气浮设备和加压溶气气浮设备两种类型。溶气真空气浮设备是使空气在常压或加压条件下溶入水中，而在负压条件下析出的气浮设备。该设备可能得到的空气量因受到能够达到的真空度（一般运行真空度40 kPa）的影响，析出的微泡数量很有限，且构造复杂、运行维修不便，现已逐步淘汰。加压溶气气浮设备是目前应用最广泛的一种气浮设备。该设备适用于废水处理（尤其是含油废水的处理）、污泥浓缩以及给水处理。

加压溶气气浮设备是将原水加压至 $(3 \sim 4) \times 10^5$ Pa，同时加入空气，使空气溶解于水，然后骤然减至常压，溶解于水的空气以微小气泡形式（气泡直径约为 $20 \sim 100$ μm），从水中析出，将水中的悬浮颗粒载浮于水面，从而实现气浮分离。

加压溶气气浮设备主要由空气饱和设备、空气释放及与原水相混合的设备、固—液或液—液分离设备三部分组成。根据原水中所含悬浮物的种类、性质、处理水净化程度，可分为全部加压溶气气浮、部分加压溶气气浮和回流加压溶气气浮三种型式。

图3-32为回流加压溶气气浮设备。该设备将澄清液经过泵加压到 $(3 \sim 4) \times 10^5$ Pa，由泵出水管段引入空气后，送往压力溶气罐，使空气充分溶于水中，然后经过释放器后与絮凝后的原水混合进入浮上池进行气浮分离。在压力释放器中，加压溶气水压力降至常

压，溶于水中的空气以微细的小气泡形式释放出来与悬浮物相黏附，并上浮至水面，浮渣用设在表面的刮渣装置刮除，澄清水由浮上分离池底部的集水系统引出。

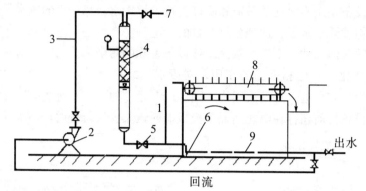

1—原水进入；2—加压泵；3—空气进入；4—压力溶气罐(含填料层)；5—减压阀；

6—浮上分离池；7—放气阀；8—刮渣机；9—集水管及回流清水管

图3-32　回流加压溶气气浮设备

二、加压溶气气浮设备的设计

加压溶气气浮设备的设计主要包括空气饱和系统的设计、溶气水减压释放装置和气浮池三部分。

(一)空气饱和系统的设计

空气饱和系统通常由加压泵、饱和容器(又称溶气罐)、空气供给设备和液位自动控制设备等组成。

1. 加压泵

加压泵在整个空气饱和设备中的作用是提供一定压力的水量，压力与流量由不同水处理所要求的空气量决定。目前的国产离心泵压力常在 0.21 ~ 0.35 MPa 之间，流量在 10 ~ 200 m³/h 范围内，可满足不同的处理要求。选择时除了考虑溶气水的压力外，还应计算管道系统的水力损失。

2. 饱和容器

饱和容器采用密封耐压钢罐，其有效容积按加压水在罐内停留的时间计算，停留时间一般取 2 ~ 3 min。

饱和容器有多种形式。一般推荐采用空压机供气的喷淋式填料罐(如图3-33所示)，这种类型的饱和容器用普通钢板卷焊而成。其溶气效率比不加填料的高约30%，在水温20℃~30℃范围内，释气量约为理论饱和溶气量的90%~99%。填料罐中的填料可采用瓷环、塑料斜交错淋水板、不锈钢圈填料、塑料阶梯环等。因阶梯环溶气效率高，可优先考虑。不同直径的溶气罐需配制不同尺寸的填料，填料层高度通常取 1 ~ 1.5 m。罐的直径根据过水断面负荷率100 ~ 150 m³/(m·h)确定，罐高 2.1 ~ 3 m，进气的位置及形式一般无须多加考虑。

我国同济大学推荐的 TR 型饱和容器的型号及其主要参数列于表3-9，可供设计时参考。

表 3 - 9　TR 型饱和容器的型号及其主要参数

型号	罐径 （m）	流量范围 （m³/h）	进水管径 （mm）	出水管径 （mm）	罐总高（包括支脚） （mm）
TR—2	200	3 ~ 6	40	50	2550
TR—3	300	7 ~ 12	70	80	2580
TR—4	400	13 ~ 19	80	100	2680
TR—5	500	20 ~ 30	100	125	3000
TR—6	600	31 ~ 42	125	150	3000
TR—7	700	43 ~ 58	125	150	3180
TR—8	800	59 ~ 75	150	200	3280
TR—9	900	76 ~ 95	200	250	3330
TR—10	1000	96 ~ 118	200	250	3380
TR—12	1200	119 ~ 150	250	300	3510
TR—14	1400	151 ~ 200	250	300	3610
TR—16	1600	201 ~ 300	300	350	3780

注：压力范围为 196 ~ 490 kPa。

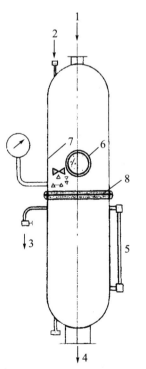

1—进水管；2—进气管；3—放气管；4—出水管；
5—水位计；6—观察孔；7—填料孔；8—加强筋

图 3 - 33　喷淋式填料罐

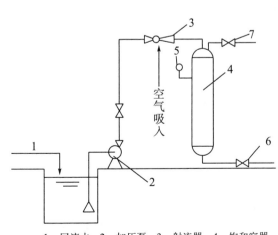

1—回流水；2—加压泵；3—射流器；4—饱和容器；
5—压力表；6—减压释放设备；7—放气阀

图 3 - 34　安置在水泵压水管上的射流溶气方式

3. 空气供给设备

空气供给设备主要有射流器和空压机两种，采用水泵—射流器或水泵—空压机联合供气方式。

（1）水泵—射流器联合供气方式。水泵—射流器联合供气方式有多种型式，图3-34是在水泵压水管上设置射流器，将空气抽吸进加压水中，然后进饱和容器。该方法的设备及操作均较简单，但射流器本身能量损失较大，一般约为30%，当所需的溶气水压为0.3 MPa时，水泵出口处的压力约为0.5 MPa。与水泵—空压机方式相比，其特点是没有空气压缩机带来的噪声与油污染，且操作维修较水泵—空压机方法方便；在耗能上，该方式比水泵—空压机方式约高出15%。该方式目前已逐渐被内循环式射流加压溶气方式所取代。

内循环式射流加压溶气方式如图3-35所示，当所需溶气水压力为0.3 MPa时，工作泵压力约取0.32 MPa。循环射流器加压泵压力约取0.2 MPa，总的能耗可降低至水泵—空压机方式的能耗水平，目前已得到广泛应用。

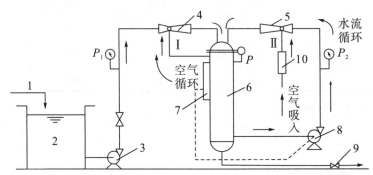

1—回流水；2—清水池；3—加压泵；4—射流器Ⅰ；5—射流器Ⅱ；6—饱和容器；
7—水位自控设备；8—循环泵；9—减压释放设备；10—真空进气阀

图3-35　内循环式射流加压溶气方式

射流器的设计计算步骤如下：

①射流器的体积抽射系数：射流器的体积抽射系数是表征射流器生产效率的特征参数，可表示为

$$u_0 = V_B/V_P \qquad (3-63)$$

式中，V_B——被吸气体的体积流量；

V_P——喷射用水的体积流量。

u_0值可按下式求得：

$$u_0 = 0.85\sqrt{\frac{\Delta p_p}{\Delta p_c}} - 1 \qquad (3-64)$$

式中，$\Delta p_p = p_p - p_H$，喷射水的压力差；

$\Delta p_c = p_c - p_H$，射流器所造成的压力差；

p_p，p_H，p_c——工作介质、在吸引室内被吸引介质、通过喷管后混合介质的压力。

在吸引室内，p_H一般为0.1～0.22 MPa（绝对压力），p_c由排出口所受压力来决定。

根据实验，当$\Delta p_p/\Delta p_c$为4～6时，能量损失最小，抽射效率最高。

②射流器的工作水量：射流器的工作水量可按图 3 - 36 确定，该图是当 $\Delta p_p / \Delta p_c = 4.5$ 时，由实验得出的；若 $\Delta p_p / \Delta p_c \neq 4.5$，则工作水量应根据图 3 - 37 校正。

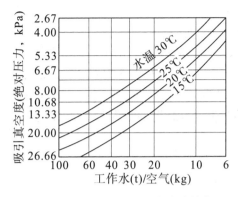

图 3 - 36　工作水量与吸引真空度的关系
$(\Delta p_p / \Delta p_c = 4.5)$

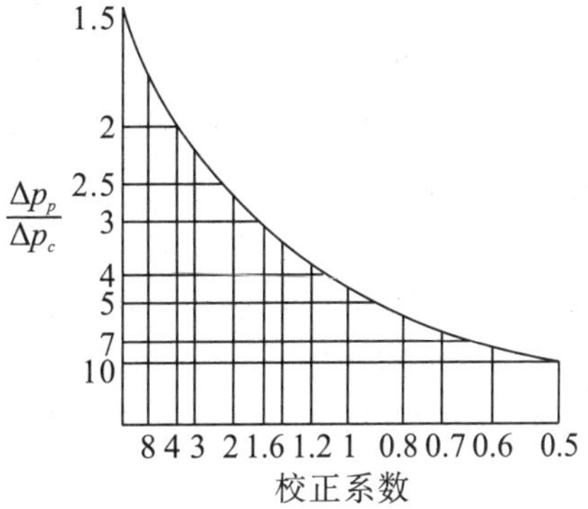

图 3 - 37　喷射水用量校正系数

③喷嘴直径(mm)：

$$d = \sqrt{\dfrac{Q}{0.785 \times v \times 3600}} \qquad (3 - 65)$$

式中，Q——工作介质的重量流量，t/h；

　　　v——工作介质通过喷嘴的速度，m/s；$v = 0.95\sqrt{2g\Delta H}$，其中 ΔH 为工作介质通过喷嘴的压力差，$\Delta H = p_p - p_H (\text{kPa})$。

④喷管直径(mm)：

$$D = d\sqrt{\dfrac{\Delta p_p}{\Delta p_c}} \qquad (3 - 66)$$

⑤射流器吸引室截面积：射流器应有足够的容积，使气体畅通无阻。它的截面积可按弓形面积计算(如图 3 - 38 所示)，图中 r' 为喷嘴的平均外半径。

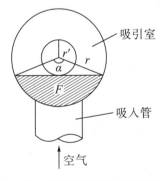

图 3 - 38　射流器吸引室截面积计算

$$F = \dfrac{1}{2}\left(\dfrac{\alpha}{180}\pi - \sin\alpha\right)r^2 \qquad (3 - 67)$$

式中，r——吸引室的半径。

⑥喷嘴距喉管入口处的距离(mm)：

$$L_1 = (1 \sim 1.5)D \qquad (3-68)$$

⑦喉管长度(mm)：

$$L_2 = (4 \sim 6)D \qquad (3-69)$$

⑧扩散管长度(mm)：按扩散管的中心角 8°～10°计算。

(2)水泵—空压机联合供气方式。空压机供气方式是目前常用的一种溶气方式，该方式溶解的空气由空气压缩机提供。压力水与压缩空气可以分别进入饱和容器，也可将空气管接在水泵压水管上一起进入饱和容器。为防止因操作不当压缩空气或压力水倒流进入泵或空压机，目前均采用自上而下的同向流饱和容器。操作时需控制好水泵与空压机的压力，使其达到平衡状态。

①溶入的空气量：空气在水中的溶解度服从亨利定律：

$$V = 10^{-5} K_T P \qquad (3-70)$$

式中，V——空气在水中的溶解度，mg/L；

K_T——随温度而变化的溶解度系数，g/(L·Pa)，见表 3-10；

P——绝对压力，Pa。

表 3-10　不同温度的 K_T 值

温度(℃)	0	10	20	30	40
$K_T[\text{g}/(\text{L}\cdot\text{Pa})]$	3.77×10^{-2}	2.95×10^{-2}	2.43×10^{-2}	2.06×10^{-2}	1.79×10^{-2}

②气固比：这是设计加压溶气系统最基本的参数，其物理意义为压力溶气水中释放的可资利用的空气重量(A_a)与原水中的悬浮物固体量(S)之比，其值可按下式计算：

$$\frac{A_a}{S} = \frac{C_a(fp-1)Q_R}{S_a Q} \qquad (3-71)$$

式中，C_a——10^5 Pa 时空气的饱和量，g/($\text{m}^3 \cdot 10^5$Pa)；

Q_R——回流加压水的流量，m^3/h；

f——加压溶气系统的溶气效率，一般取 0.6～0.8；

Q——原水流量，m^3/h；

S_a——原水中悬浮物浓度，g/m^3；

p——溶气压力(绝对压力)，10^5 Pa。

水处理中气固比的典型范围在 0.002～0.060 之间。原水中悬浮物含量高时，可选用下限，低时则可取上限，最好通过气浮实验确定。

③溶气水量的计算：在计算中，根据所采用的溶气系统选取合适的溶气效率及确定气固比后，可以先设定压力或溶气水量进行试算，经反复试算，直至使确定的压力与流量符合所选加压水泵的最佳工作条件为止。

如果先设定压力进行试算，则将式(3-71)改写成下式：

$$Q_R = \frac{A_a}{S} \times S_a \times \frac{Q}{C_a}(f \times p - 1) \qquad (3-72)$$

即可由式(3-72)计算出加压溶气水量 Q_R。

④空压机所需额定气量：实践证明，在一定的条件下，实际溶气量不会超过理论溶气

量,加大气体流量并不能提高实际溶气量。空压机所需的额定气量按下式计算:

$$Q_g = \frac{736 \times V \times Q_R}{1000 \times f} \tag{3-73}$$

根据以上确定的气量和压力,可从有关手册中选取空压机的型号。表 3-11 列出了目前气浮常用的空压机的性能。

表 3-11　常用的空压机的性能

型号	气量 (m³/min)	最大压力 (MPa)	配用电机功率 (kW)	适用处理水量范围 (m³/d)
Z-0.025/6	0.025	0.6	0.375	<6000
Z-0.05/6	0.05	0.6	0.75	<10000

注:最大压力为 5.88×10^5 Pa。

(二)溶气水减压释放以及与原水相混合的设备设计

1. 溶气水减压释放装置

溶气水减压释放装置是产生微细气泡,以满足浮上要求的重要器件。目前国内最常用的溶气释放器为 TS 型和 TJ 型溶气释放器(如图 3-39 所示),两者均具有释气完善、产生的气泡微细、能在较低的压力下工作、节省电能等特点。

TJ 型溶气释放器是根据 TS 型溶气释放器的原理,为扩大单个释放器的出流量及作用范围,以及克服 TS 型释放器较易被水中的杂质堵塞而开发的。TS 型释放器共有五种型号,TJ 型释放器共有三种型号,分别列于表 3-12 和表 3-13 中。设计中,需根据回流量、溶气压力及释放器的作用范围确定释放器的型号和数量,并加以妥善布置。当采用TS 型释放器时,宜加设滤网等防堵措施。

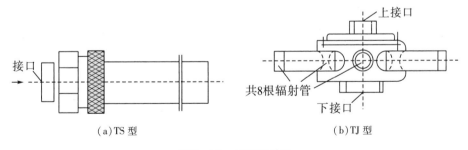

(a)TS 型　　　　　　　　　(b)TJ 型

图 3-39　溶气释放器

表 3-12　TS 型溶气释放器的性能

型号	规格 (in)	接口尺寸 (in)	不同压力下的流量 Q(m³/h)					作用范围 (cm)
			0.1 MPa	0.2 MPa	0.3 MPa	0.4 MPa	0.5 MPa	
TS-78-Ⅰ	$\frac{1}{2}$	$\frac{1}{2}$	0.25	0.32	0.38	0.42	0.45	25
TS-78-Ⅱ	1	$\frac{3}{4}$	0.52	0.70	0.83	0.92	1.00	35

型号	规格（in）	接口尺寸（in）	不同压力下的流量 $Q(\text{m}^3/\text{h})$					作用范围（cm）
			0.1 MPa	0.2 MPa	0.3 MPa	0.4 MPa	0.5 MPa	
TS－78－Ⅲ	$1\frac{1}{4}$	1	1.01	1.30	1.59	1.77	3.91	50
TS－78－Ⅳ	$1\frac{1}{2}$	1	1.68	2.13	2.52	2.75	3.10	60
TS－78－Ⅴ	2	$1\frac{1}{2}$	2.34	3.47	4.00	4.50	4.92	70

表3－13　TJ 型溶气释放器的性能

型号	规格（in）	下接口尺寸(in)	上接口尺寸(in)	不同压力下的流量 $Q(\text{m}^3/\text{h})$					作用范围（cm）
				0.1 MPa	0.2 MPa	0.3 MPa	0.4 MPa	0.5 MPa	
TJ－2	$8\times\frac{1}{2}$	1	1/2	2.0	2.4	2.8	3.1	3.5	60
TJ－5	8×1	2	1/2	3.2	4.6	5.6	6.6	—	100
TJ－10	$8\times1\frac{1}{2}$	3	1/2	7.0	8.7	10.5	10.6	—	120

注："in"为英寸，我国目前生产和使用的 TS 型、TJ 型溶气释放器产品规格多采用 in 表示。

2．溶气水与原水相混合的设备

溶气水经减压释放后，一般不宜直接进入浮上池中。为使溶气水中的微细气泡及时均匀地弥散在悬浮颗粒中，并与每个悬浮颗粒发生碰撞黏附，可采用固定混合设备或简单的一段管道，让减压后溶气水与原水或投加混凝剂后的废水混合后再进入浮上池，以保证气浮效果。

（三）浮上分离设备（气浮池）的设计

浮上分离设备有多种型式，按流态，可分为平流式和竖流式；按平面形状，可分为矩形和圆形；根据污水水质特点及整个处理系统的工艺要求，还出现了气浮池与反应池、气浮池与沉淀池、气浮池与过滤池组合成一体化的新型式。目前仍以平流式气浮池的应用最为普遍。下面仅介绍平流式气浮池的设计。

1．平流式气浮池的构造与设计参数

平流式气浮池的构造如图3－40所示。池深一般为 1.1～2.0 m，不超过2.5 m，长宽比通常采用 1∶1～1∶1.5。设计停留时间 20～30 min，表面负荷率 1～10 m³/(m²·h)。

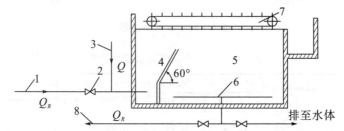

1—溶气水管；2—减压释放及混合设备；3—原水管；4—接触区；5—分离区；
6—集水管系；7—刮渣设备；8—至加压泵的供水管

图3－40　有回流的平流式气浮池

　　为了防止进入气浮池的水流干扰悬浮颗粒的分离,在气浮池的前面均设置隔板。在隔板前面的部分称为接触区,其设计参数为:隔板下端的水流上升速度一般取 20 mm/s,而隔板上端的水流上升速度一般取 1 ~ 10 mm/s;接触室的停留时间不少于 2 min,隔板下端直段一般取 300 ~ 500 mm(见图 3 - 40);隔板上部与气浮池水面之间应留有 300 mm 的高度,以防止干扰分离区的浮渣层。

　　集水管宜采用在分离区的底部设置单枝状或环状穿孔集水管系,尽可能使集水均匀。

　　气浮池排渣一般采用刮渣机定期排除,刮渣机的行车速度为 5 m/min。

　　2. 气浮池接触区面积的计算

$$A_c = \frac{Q + Q_R}{3600 v_c} \tag{3-74}$$

式中,A_c——气浮池接触区面积,m^2;

　　　　Q——废水量,m^3/d;

　　　　Q_R——溶气水量,m^3/d;

　　　　v_c——接触区水流上升平均流速,m/s。

　　3. 气浮池分离区面积的计算

$$A_s = \frac{Q + Q_R}{3600 v_s} \tag{3-75}$$

式中,A_s——气浮池分离区面积,m^2;

　　　　v_s——分离区水流下降平均流速,m/s。

　　4. 气浮池有效水深的计算

$$H = v_s t_s \tag{3-76}$$

式中,H——气浮池有效水深,m;

　　　　t_s——气浮池分离区水力停留时间,s;

　　　　v_s——分离区水流下降平均流速,m/s。

(四)加压溶气气浮设备设计注意事项

　　(1)要根据污水的性质,充分考虑采用气浮设备的合理性和适用量,不能盲目采用。

　　(2)要确定合适的溶气水压和回流比。压力与回流比选择过小,会影响净水效果;压力选择过高,既增加电能消耗,又会引起气泡兼并增大,使无用气泡增加;回流比选择过大,既浪费电能,增加设备投资,又使池中负荷增大,造成水流不稳定而影响出水水质。

　　(3)气浮池的池型及与反应池合建的可能性,以及各项工艺设计参数需对整个系统进行分析比较后确定。

　　(4)压力溶气罐应尽可能靠近溶气释放器,连接释放器的溶气水管管径宜适当放大,以尽量减少管道中的压力损失,避免沿途减压而造成气泡提前析出与变大。

　　【例 3 - 4】 某纺织印染厂采用混凝气浮法处理有机染色废水。废水量 $Q = 1800$ m^3/d,混凝后水中悬浮固体浓度 $S_a = 700$ mg/L,水温 40℃,采用处理后部分回流加压溶气气浮流程。经气浮试验取得如下设计参数:气固比 $A_a/S = 0.02$,溶气压力 $P = 4.2 \times 10^5$ Pa(表压),水温 40℃时大气压下空气在水中的饱和溶解度 $C_a = 18.5$ mg/L;溶气罐内停留时间

$t_1 = 30$ min，气浮池内接触时间 $t_2 = 5$ min，浮选分离时间为 30 min，浮选池上升流速 $v_s = 1.5$ mm/s。试设计加压溶气设备。

【解】（1）确定溶气水量 Q_R。

溶气效率 f 取 0.6，则

$$Q_R = \frac{A_a}{S} \times S_a \times \frac{Q}{C_a}(f \times P - 1)$$

$$= 0.02 \times 700 \times \frac{1800}{18.5} \times (0.6 \times 4.2 - 1) \approx 896 \ (\text{m}^3/\text{d})$$

取 $Q_R = 900$ m³/d，即 $Q_R = 0.5Q$。

（2）气浮池设计。

① 接触区容积：

$$V_c = \frac{(Q + Q_R) \times 5}{24 \times 60} = \frac{(1800 + 900) \times 5}{24 \times 60} = 9.38 \ (\text{m}^3)$$

② 分离区容积：

$$V_s = \frac{(Q + Q_R) \times 30}{24 \times 60} = \frac{(1800 + 900) \times 30}{24 \times 60} = 56.25 \ (\text{m}^3)$$

③ 气浮池有效水深：

$$H = v_s \times t = 0.0015 \times 60 \times 30 = 2.7 \ (\text{m})$$

④ 分离区面积：

$$A_s = V_s / H = 56.25/2.7 = 20.83 \ (\text{m}^2)$$

取池宽 $B = 4$ m，则分离区长度：

$$L_2 = 20.83/4 = 5.2 \ (\text{m})$$

⑤ 接触区面积：

$$A_c = V_c / H = 9.38/2.7 = 3.5 \ (\text{m}^2)$$

接触区长度：

$$L_1 = A_c / B = 3.5/4 = 0.88 \ (\text{m})$$

⑥ 浮选池进水管：$D_g = 200$ mm，$v = 0.9947$ m/s。

⑦ 浮选池出水管：$D_g = 150$ mm 的穿孔管，小孔流速取 $v_1 = 1$ m/s。

⑧ 小孔面积：

$$S = \frac{(Q + Q_R)/24}{3600v_1} = \frac{2700}{3600 \times 24 \times 1} = 0.031 \ (\text{m}^2)$$

取小孔直径 $D_1 = 15$ mm，则孔数为

$$n = \frac{S}{\frac{\pi}{4}D_1^2} = \frac{4 \times 0.031}{3.14 \times (0.015)^2} = 178$$

孔口向下，与水平成 45°角，分两排交错排列。

⑨ 浮渣槽宽度 L_3 取 0.8 m。

浮渣槽深度 h' 取 1 m，槽底坡降 $i = 0.5$，坡向排泥管，排池管采用 $D_g = 200$ mm 两根。

（3）溶气罐设计。

①溶气罐容积：

$$V_1 = Q_R \times t_1 = \frac{900 \times 3}{24 \times 60} = 1.875 \ (\text{m}^3)$$

溶气罐直径 $D = 1.1$ m，溶气部分高度为 2 m（进水管中心线）。采用椭圆形封头，曲面高为 275 mm，直边高为 25 mm，溶气罐耐压强度为 1×10^6 Pa，溶气罐顶部设放气管 $D_g = 15$，排除剩余气体，并设置安全阀、压力表。

②进出水管管径：进出水管均采用 100 mm 管径，管内流速 $v = 1.24$ m/s，$1000i = 16.4$。

支管为枝状，$D_g = 50$，分四排 8 根，长取 400 mm、300 mm 各四根（如图 3-41 所示）。配水孔径采用 8 mm，孔间中心距为 50 mm，孔口向下。

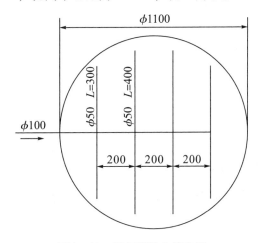

图 3-41　溶气罐进水管布置

（4）加压泵选型。

加压泵：选用 3BA-6 泵两台（一用一备），单台流量 $Q = 30 \sim 70$ m³/s；扬程 $H = 62 \sim 44.5$ m（所需扬程计算从略）。

配用电机：JO_2-61-2，功率 $N = 17$ kW。

（5）空压机选型。

空气量的计算：

$$Q_g = \frac{736 VQ_R}{1000f} = \frac{736 \times 10^{-5} \times 1.79 \times 10^{-2} \times (3.2+1) \times 10^5 \times 900}{1000 \times 0.6 \times 24} = 3.4 \ (\text{m}^3/\text{h}) = 0.057 \ (\text{m}^3/\text{min})$$

选用空压机：Z-0.07/6 两台（一用一备）。

配用电机：Y801-2。

规格：空气量为 0.07 m³/min，额定压力为 0.6 MPa，电机功率为 0.8 kW。

压缩空气加在溶气罐的进水管上。

三、加压溶气气浮设备的调试及运行

（一）加压溶气气浮设备的调试

为确定实际设备的工作条件，必须按下列顺序对加压溶气气浮装置进行调试（这里不包括通常的工作，如按构筑物的设计参数加以校对、泵和机械设备的试行运转、电气设备的满载试验等）：

（1）使被处理水在气浮池内均匀分布。

（2）调节和固定压力溶气罐和管道的压力。

（3）调节泵吸水管的进气量。

（4）检查气浮池表面浮渣的均匀性。

（5）确定排除浮渣的周期。

（6）制定从气浮池表面排除浮渣的操作规程。

（7）确定气浮设备的工作效率。

（8）当处理的实际效率与原设计有偏差时，应修正其主要的工艺参数（如泵的压力、供气量、回流比等），以建立最适宜的工作条件。

（9）提出气浮设备的运行条件及明确规定所有的工作参数，以指导运行管理工作。

（二）加压溶气气浮设备的运行

气浮设备的运行主要是对复杂的物理、化学现象与过程进行经常的观察。管理人员应经过专门培养，具有较熟练的技术，包括：

（1）管理全部装置的各种泵并调整流量。

（2）调节压力溶气罐的压力。

（3）调节空气量。

（4）按时按规定完成投药工作。

（5）开启和关闭刮渣机械，调节其运行速度。

（6）调节气浮池的出水量。

（7）调节排渣量。

（8）操纵输送浮渣的机械设备等各项技术。

第八节　快滤池

快滤池是一种通过具有一定孔隙率的粒状滤料床层的机械筛滤、沉淀以及接触絮凝作用，分离水中污染物的水处理设备，可用于废水的预处理和最终处理。

一、快滤池的构造及工作过程

快滤池的构造如图 3 - 42 所示,由池本体、进出水管、冲洗水管及排水管等组成。池内设有滤料层、承托层、排水系统和冲洗水排水槽。

滤料层是滤池的核心;承托层是用于承托滤料层的;排水系统用以收集滤后水,更重要的是用于均匀分配反冲洗水;冲洗水排水槽即洗水槽,用以均匀地收集反洗废水和分配进水。

快滤池的工作过程是由进水管进水,通过排水槽分布于滤池,过滤后的水自排水系统收集,经排水管排出。当滤层被悬浮物所阻塞,水头损失增大至一个极限值,或是出水水质不符合要求时,反冲水自反冲洗水管通过排水系统进入滤层,使滤料流化,滤料之间相互摩擦、碰撞,滤料表面附着的悬浮物质被冲刷下来,由反洗废水带入排水槽,经废水渠排走。

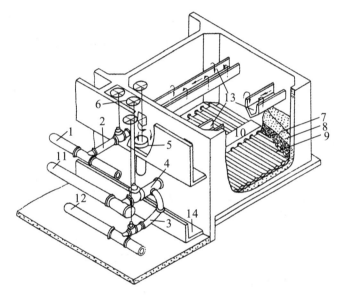

1—进水总管;2—进水支管;3—清水支管;4—冲洗水支管;5—排水阀;6—浑水渠;7—滤料层;8—承托层;
9—配水支管;10—配水干管;11—冲洗水总管;12—清水总管;13—排水槽;14—废水渠

图 3 - 42 普通快滤池构造剖视图(箭头表示冲洗时的水流方向)

二、快滤池的设计

(一)滤池总面积及滤速

设计快滤池的首要任务是选择适当的过滤速度。根据废水处理系统的运转经验,过滤速度一般控制在 1 ~ 10 m/h 范围内,可参照类似的废水水质及处理流程选定,也可通过试验确定。

滤速确定后,根据设计水量可以计算出滤池的总面积(m^2):

$$F = \frac{Q}{v} \tag{3 - 77}$$

式中，Q——设计流量（包括厂内自用水量），m^3/h；

       v——设计滤速，m/h。

（二）滤池个数及尺寸的确定

滤池的个数直接涉及滤池造价、冲洗效果和运行管理，应经过技术比较后确定，但不能少于2个。表3-14所列的数据可供参考。

表3-14 滤池总面积与滤池个数的关系

滤池总面积（m^2）	<30	30~50	100	150	200	300
滤池个数	2	3	3或4	5或6	6或8	10或12

滤池个数确定后，每个滤池的面积为

$$f = F/N \tag{3-78}$$

滤池平面形状为矩形。滤池长宽比主要由管配件布置决定，有时也涉及处理构筑物的总体布置。一般情况下，单池面积小于30 m^2时，长：宽 = 1：1；单池面积大于30 m^2时，长：宽 = 1.25：1 ~ 1.5：1。

滤池高度包括超高（0.21 ~ 0.3 m）、滤层上的水深（1.1 ~ 2 m）、滤料层厚度、承托层厚度、配水系统高度。总高度一般为3.0 ~ 3.5 m。

（三）滤料层与承托层的设计

滤料层的设计包括滤料的种类、粒度和厚度的选择。石英砂是最常选用的滤料。滤料层的总厚度应是纳污层滤料厚度与保护层厚度之和。纳污层厚度与滤料层的粒度、滤速及污水的性质有关，一般采用50 cm；保护层厚度若采用20 cm，则滤料层总厚度为70 cm。

承托层位于滤料层下部，其作用：一是防止过滤时滤料从配水系统中流失；二是在冲洗时起一定的均匀布水作用。承托层均采用天然卵石铺垫而成。

滤料层和承托层的规格见表3-15。

表3-15 滤料层和承托层的规格

层次	粒径（mm）	厚度（mm）
滤料层（石英砂）	$d_{min} = 0.5$ $d_{max} = 1.2$	700
承托层	2~4	100
	4~8	100
	8~16	100
	13~32	150

（四）滤池冲洗系统的设计

冲洗的目的是清除滤料中所截留的污物，使滤池恢复工作能力。通常采用自下而上的水流进行冲洗，也可在冲洗的同时辅以表面助冲，或采用空气助冲。

1．冲洗强度的确定

单位面积滤层上所通过的冲洗流量称为冲洗强度，以 L/(s·m²)计。在20℃水温下，设计冲洗强度一般按表 3-16 确定。但若滤料级配与规范所订相差较大，则应通过计算并参照类似情况下的生产经验确定。

表 3-16　冲洗强度、膨胀率和冲洗时间

序号	滤料层	冲洗强度 [L/(s·m²)]	膨胀率 (%)	冲洗时间 (min)
1	石英砂滤料	12~15	45	7~5
2	双层滤料	13~16	50	8~6
3	三层滤料	16~17	55	7~5

2．配水系统的设计

配水均匀性对冲洗效果影响很大。配水不均匀，部分滤料层膨胀不足，而部分滤料层膨胀过甚，甚至会导致局部承托层发生移动，造成漏砂现象。

配水系统可分为大阻力配水系统和小阻力配水系统两种。大阻力配水系统由一条干管和多条带孔支管构成，外形呈"丰"字状（如图 3-43 所示）。干管设于池底中心，支管埋于承托层中间，距池底有一定高度，支管下开两排小孔，与中心线成45°角交错排列。孔的口径小，出流阻力大，使管内沿程水头损失的差别与孔口水头损失相比非常小，从而使整个孔口的水头损失趋于一致，以达到均匀布水的目的。另外，若使集水室中的水头损失与配水系统本身相比很小，也可达到均匀布水的目的。如果采用多孔滤板、滤砖、格栅、滤头等方式配水，则均属小阻力配水系统。

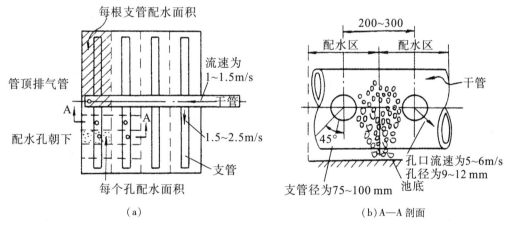

图 3-43　管式大阻力配水系统

大阻力配水系统的干管和支管可由经验确定，其设计参数见表 3-17。

表 3-17 管式大阻力配水系统设计参数

参数	取值范围
干管进口流速(m/s)	1.0~1.5
支管进口流速(m/s)	1.1~2.5
支管间距(m)	0.2~0.3
支管直径(mm)	71~100
配水孔总面积	占总池面积的 0.2%~0.5%
配水孔直径(mm)	9~12
配水孔间距(mm)	71~300

3. 冲洗水供应系统的设计

滤池所需的冲洗水流量,由冲洗强度与滤池面积的乘积确定。冲洗水可由冲洗水泵或冲洗高位水箱供给。前者投资少,但操作较麻烦,在冲洗的短时间内耗电量大;后者造价较高,但操作简单,允许较长时间内向水箱输水,专用水泵小,耗电较均匀。如有适宜地形可利用时,建造冲洗水塔较好。

(1)冲洗水箱:如图 3-44(a)所示,水箱中的水深不宜超过 3 m,以免冲洗初期和冲洗末期的冲洗强度相差过大。水箱应在冲洗间歇时间内充满。水箱容积按单个滤池冲洗水量的 1.5 倍计算。

水箱底部高出滤池排水槽顶的高度(m)为

$$H_0 = h_1 + h_2 + h_3 + h_4 + h_5 \tag{3-79}$$

式中,h_1——冲洗水箱与滤池的沿程水头损失与局部水头损失之和,m;

h_2——配水系统水头损失,m;

h_3——承托层水头损失,m;

h_4——滤料层水头损失,m;

h_5——备用水头,一般为 1.1~2.0 m。

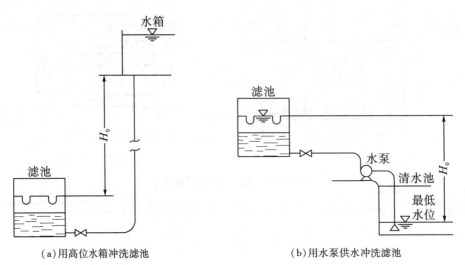

(a)用高位水箱冲洗滤池　　　　　　　(b)用水泵供水冲洗滤池

图 3-44　用高位水箱与用水泵供水冲洗滤池

$$h_2 = \left(\frac{q}{10\mu K}\right)^2 \frac{1}{2g} \qquad (3-80)$$

式中，q——冲洗强度，$L/(s \cdot m^2)$；

　　　μ——孔眼流量系数，一般为 $0.62 \sim 0.7$；

　　　K——孔眼总面积与滤池面积比，采用 $0.2\% \sim 0.25\%$；

　　　g——重力加速度，$9.81\ m/s^2$。

$$h_3 = 0.022 H_1 g \qquad (3-81)$$

式中，H_1——承托层厚度，m。

$$h_4 = \left(\frac{\rho_s}{\rho_F} - 1\right)(1 - \varepsilon_0) L_0 \qquad (3-82)$$

式中，ρ_s——滤料密度，g/cm^3，石英砂为 $2.65\ g/cm^3$；

　　　ρ_F——水的密度，g/cm^3；

　　　ε_0——滤料膨胀前的孔隙率，%；

　　　L_0——滤层厚度，m。

（2）冲洗水泵：利用水泵冲洗滤池，布置形式如图 3-44（b）所示，水泵流量按冲洗强度和单个滤池面积计算，但需考虑备用措施。水泵扬程为

$$H = H_0 + h_1 + h_2 + h_3 + h_4 + h_5 \qquad (3-83)$$

式中，H_0——排水槽顶与清水池最低水位之差，m；

　　　h_1——从清水池至滤池的冲洗管道中总水头损失，m；

　　　其余符号同前。

4. 滤池冲洗排水设备的设计

滤池冲洗排水设备包括冲洗排水槽及集水渠。冲洗时，为了不影响冲洗水流在滤池均匀分布，洗砂排水槽必须及时流畅地排走冲洗水，集水渠的水面也不能干扰排水槽的出流。

（1）冲洗排水槽：冲洗排水槽的断面形状如图 3-45 所示。排水槽的上口要求水平，误差限制在 ±2 mm 以内。为了施工方便，池底可以是水平的，即起端和末端断面相同；也可以使起端深度等于末端深度的一半，即槽底有一定坡度。冲洗排水槽的排水量为

$$Q = qab \qquad (3-84)$$

式中，q——冲洗强度，$L/(s \cdot m^2)$；

　　　a——两槽间的中心距，一般为 $1.1 \sim 2.2$ m；

　　　b——槽长度，一般不大于 6 m。

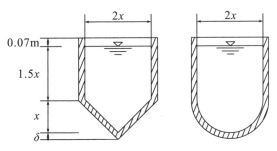

图 3-45　冲洗排水槽断面形状

设槽顶宽度为 $2x$，则槽底为三角形断面时的末端尺寸为

$$x = \frac{1}{2}\sqrt{\frac{qab}{1000v'}} \qquad (3-85)$$

式中，v'——冲洗排水槽出口处的流速，一般取 0.6 m/s。

槽底为半圆形断面时末端尺寸为

$$x = \sqrt{\frac{qab}{4570v'}} \qquad (3-86)$$

槽顶距滤料层表面高度为

$$H_c = \varepsilon_m L_0 + 2.5x + \delta + 0.07 \qquad (3-87)$$

式中，ε_m——滤层最大膨胀率，%；

L_0——滤层厚度，m；

δ——槽底厚度，m。

（2）集水渠：每个冲洗排水槽以同样流量的冲洗水汇于集水渠中，冲洗排水槽底在集水渠始端水面以上的高度不小于 0.01 ~ 0.2 m。矩形断面集水渠内始端水深可按式（3-9）计算。集水渠的布置形式视滤池面积大小而定，一般情况下沿池壁的一侧布置。

（五）管廊布置

集中布置滤池的管渠、配件及阀门的场所称为管廊。管廊中的管道一般使用金属材料，也可使用钢筋混凝土渠道，管廊布置要求紧凑、简捷；要留有设备及管配件安装、维修的必要空间；要有良好的防水、排水及通风照明设备；要便于与滤池操作室联系。设计中，往往根据具体情况提出几种布置方案，经比较后决定。

滤池数少于 5 个者，宜采用单行排列，管廊位于滤池一侧；超过 5 个者，宜采用双行排列，管廊位于两排滤池中间。后者布置紧凑，但管廊通风、采光不如前者，检修也不太方便。

管廊布置有多种方式，下列几种布置方式可供设计时参考：

（1）进水渠、清水渠、冲洗水渠和排水渠全部布置在管廊内，如图 3-46(a) 所示。这样布置的优点是渠道结构简单，施工方便。

（2）冲洗水渠和清水渠布置于管廊内，进水渠和排水渠以渠道形式布置于滤池另一侧，如图 3-46(b) 所示。这样布置可节省金属管件及阀门，管廊内管件简单，施工和检修方便。但因管渠布置在滤池两侧，因此操作欠方便，造价稍高。

（3）进水管、冲洗水管及清水管均采用金属管道，排水渠单独设置，如图 3-46(c) 所示。这种布置通常用于滤池单行排列。

（4）对于较大型滤池，为节省阀门，可以用虹吸管代替排水管或进水支管；冲洗水管和清水管仍用阀门，称为双虹吸快滤池，如图 3-46(d) 所示。虹吸管通水或断水以真空系统控制。

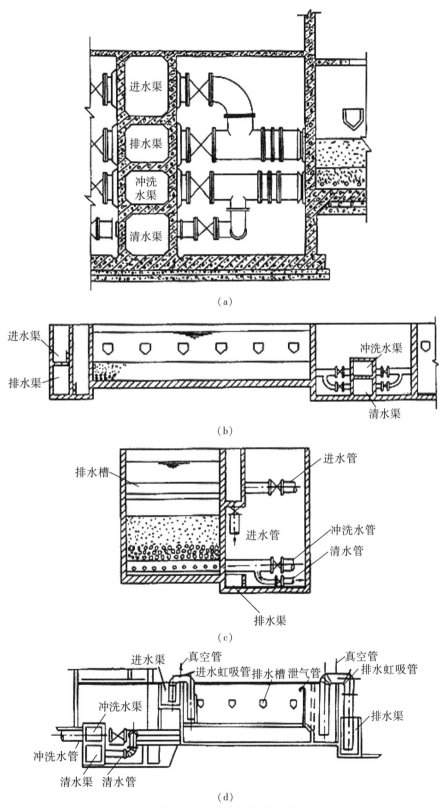

图 3-46 快滤池管廊布置

（六）管渠设计流速

快滤池管渠断面应按下列流速确定。若考虑今后水量有增大的可能性，流速应取低限。

进水管（渠）：0.8~1.2 m/s；

清水管（渠）：1.0~1.5 m/s；

冲洗水管（渠）：2.0~2.5 m/s；

排水管（渠）：1.0~1.5 m/s。

（七）设计中的注意事项

（1）滤池底部应设排空管，其入口处设栅罩，池底坡度约为0.005，坡向排空管。

（2）每个滤池上宜装设水头损失计或水位尺及取水样设备。

（3）各种密封渠道上应设人孔，以便检修。

（4）滤池壁与砂层接触处应拉毛成锯齿状，以免过滤水在该处形成"短路"而影响水质。

【例3-5】 试设计日处理水量60000 m^3 的双虹吸普通快滤池。

【解】 （1）滤池面积与个数。

设计流量为

$$Q = \frac{60000 \times 1.05}{24} = 2625 \ (m^3/h) = 729 \ (L/s)$$

设计滤速采用10 m/h，滤池总面积为

$$\sum F = 2625/10 = 262.5 \ (m)$$

采用5个滤池，单池面积为

$$F = 262.5/5 = 52.5 \ (m^2)$$

单池有效尺寸采用7.5 m×7 m，单排布置。排水渠（同时也是进水支渠）与配水干渠整体浇制位于滤池中央，将滤池分成两半（如图3-47所示）。

当一个滤池检修时，其余四个滤池的强制滤速为

$$v' = \frac{2625}{4 \times 52.5} = 12.5 \ (m/h)$$

（2）滤池深度。

按一般情况，滤池各部分深度采用：

进水总渠超高：0.30 m。

进水总渠水面与滤池水面高差：0.15 m。

砂面上水深：1.80 m。

砂层厚度：0.70 m。

承托层厚度：0.45 m。

滤池总深度：3.40 m。

（3）配水系统（每个滤池）。

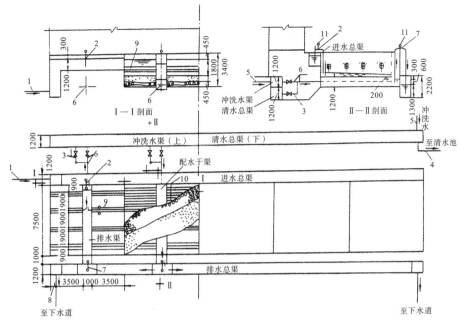

1—进水管；2—进水虹吸管；3—清水管；4—滑水总管；5—冲洗水总管；6—冲洗水支管；
7—排水虹吸管；8—排水管；9—排水槽；10—配水系统支管；11—抽气管

图 3-47　快滤池设计草图

冲洗强度采用 14 L/(m^2·s)，冲洗历时 6 min，冲洗流量为

$$Q = 14 \times 52.5 = 735 \ (\text{L/s})$$

大阻力配水系统设计：

①配水干渠：由于干渠与废水渠整体浇制，考虑施工和布置方便，渠宽采用 1 m，高 1.2 m，断面积 $w_1 = 1.2 \ m^2$，干渠进口流速为

$$v_1 = 0.735/1.2 = 0.613 \ (\text{m/s})$$

②支管：支管中心距采用 0.25 m，支管数为

$$n = \frac{7.5}{0.25} \times 2 = 60 \ (\text{根}) \ (\text{每侧 30 根})$$

每根支管进口流量为 735/60 = 12.25 L/s，支管直径选用 80 mm，查管道水力计算表得支管始端流速为

$$v_2 = 2.47 \ (\text{m/s})$$

③孔口：孔口流速采用 5.6 m/s，孔口面积为

$$f = \frac{735}{5.6} \times 10^{-3} = 0.131 \ (\text{m}^2)$$

配水系统开孔比为

$$a = \frac{0.131}{52.5} \times 100\% = 0.25\%$$

孔口直径采用 9 mm，孔口数为

$$m = \frac{0.131}{\frac{\pi}{4} \times 0.009^2} = 2060 \ (\text{个})$$

每根支管孔口数为2060/60≈34个，分两排布置，孔口向下，与中垂线夹角45°交错排列。每排17个，孔口中心间距为

$$L = 3.5/17 = 0.206 \text{（m）}$$

上述计算结果是否合理，需用下式进行校核：

$$\left(\frac{f}{w_1}\right)^2 + \left(\frac{f}{nw_2}\right)^2 \leq 0.29$$

将孔口面积 $f = 0.131 \text{ m}^2$，配水干渠断面面积 $w_1 = 1.2 \text{ m}^2$，支管断面面积 $w_2 = \frac{\pi}{4} \times 0.08^2 = 5.024 \times 10^{-3} \text{m}^2$，支管数 $n = 60$ 根等数据代入上式，得

$$\left(\frac{0.131}{1.2}\right)^2 + \left(\frac{0.131}{60 \times 5.024 \times 10^{-3}}\right)^2 = 0.2 \leq 0.29$$

（4）排水槽。

每个滤池采用8条排水槽，每侧4条。槽长为3.5 m，中心距为1.9 m。每槽排水量 $Q' = 735/8 = 92$ L/s，排水槽出口处流速 v' 取0.6 m/s。

排水槽断面形状采用槽底为三角形，末端尺寸为

$$x = \frac{1}{2}\sqrt{\frac{Q'}{1000v'}} = \frac{1}{2}\sqrt{\frac{92}{1000 \times 0.6}} = 0.195 \approx 0.2 \text{（m）}$$

排水槽底厚采用0.05 m，砂层膨胀率取45%，排水槽超高采用0.07 m。槽顶距砂面高度为

$$H_c = 0.45 \times 0.7 + 2.5 \times 0.2 + 0.05 + 0.07 \approx 0.94 \text{（m）}$$

校核：

排水槽断面面积 $4x^2 = 4 \times 0.2^2 = 0.16 \text{ m}^2 < 0.25 \text{ m}^2$。

（5）主要管、渠。

凡混凝土渠道、断面尺寸的确定应考虑今后提高滤速，挖掘潜力的可能以及施工、安装和布置上的方便。各种渠道工艺净尺寸如图3-47所示。

①进水虹吸管：进水支渠水面与滤池水面基本相平，故虹吸管水位差为0.152 m。虹吸管沿程水头损失不计。各局部阻力系数为

进口：$\xi_1 = 1.0$

出口：$\xi_2 = 1.0$

90°弯头（2个）：$\xi_3 = 0.96$

局部水头损失为

$$h = (\xi_1 + \xi_2 + 2\xi_3)v^2/2g$$

于是　　　　　　　$0.15 = (1.0 + 1.0 + 2 \times 0.96)v^2/2g$

所以　　　　　　　$v = 0.865 \text{（m/s）}$

进水虹吸管径按一个滤池停止运行，四个滤池强制过滤计算，则管中流量为729/4 = 182.3 L/s。虹吸管采用 ϕ500，流速为0.89 m/s。

②清水支管：管中流量为729/5 = 145.8 L/s，采用 ϕ400 管道，管中流速为1.13 m/s。

③冲洗水管：管中流量为735 L/s，采用 ϕ700 管道，管中流速为1.91 m/s。

④排水虹吸管：冲洗时，废水渠中的水应自由跌落进入虹吸管进口水封井，跌落高度按 0.2 m 计。虹吸管出口水封井堰口标高往往决定于水厂整个排水系统高程设计。有条件时应尽量降低出水堰口标高，以增大虹吸水位差，减小虹吸管管径。本题设虹吸水位差为 0.6 m，采用试算法决定虹吸管管径。

虹吸上升管采用 $\phi800$，管长约 4 m。虹吸下降管采用 $\phi700$，管长约 5 m。按流量 735 L/s，查水力计算表得：上升管中流速为 1.46 m/s，水头损失为 3.06 mm/m，下降管中流速为 1.91 m/s，水头损失为 6.21 mm/m，则虹吸管中沿程水头损失为

$$h_1 = 3.06 \times 4 + 6.21 \times 5 = 0.04 \text{ (m)}$$

虹吸管局部水头损失为

虹吸管进口：$\xi_1 = 1.0$，$v_1 = 1.46$ m/s

90°弯头：$\xi_2 = 1.05$，$v_1 = 1.46$ m/s

渐缩管($\phi800/700$)：$\xi_3 = 0.19$，$v_2 = 1.91$ m/s

虹吸管出口：$\xi_4 = 1.0$，$v_2 = 1.91$ m/s

$$h_2 = (\xi_1 + 2\xi_2)\frac{v_1^2}{2g} + (\xi_3 + \xi_4)\frac{v_2^2}{2g}$$
$$= (1.0 + 2 \times 1.05)\frac{1.46^2}{2g} + (0.19 + 1.0)\frac{1.91^2}{2g} \approx 0.6 \text{ (m)}$$

排水虹吸管总水头损失为

$$h = h_1 + h_2 = 0.04 + 0.6 = 0.64 \text{ (m)}$$

所选管径基本符合要求。

(6)冲洗水泵。

水泵流量 $Q = 735$ L/s。设排水槽顶与清水池最低容许水位差 $H_0 = 8.0$ m；清水池至滤池配水系统之间管渠中的沿程和局部水头损失之和，应根据处理厂工艺布置计算，设这部分水头损失 $h_1 = 1.0$ m。

①配水系统水头损失：按子孔口平均水头损失计(孔口流量系数采用 0.62)：

$$h_2 = \frac{1}{2g}\left(\frac{14}{10 \times 0.62 \times 0.25}\right)^2 \approx 4.20 \text{ (m)}$$

②承托层水头损失：

$$h_3 = 0.022 \times 0.45 \times 14 \approx 0.14 \text{ (m)}$$

③滤料层水头损失(砂比重 2.65，滤层孔隙率 0.41)：

$$h_4 = (2.65 - 1) \times (1 - 0.41) \times 0.7 \approx 0.68 \text{ (m)}$$

富余水头取 $h_5 = 1.5$ m。

④水泵扬程为

$$H = H_0 + h_1 + h_2 + h_3 + h_4 + h_5$$
$$= 8.00 + 1.00 + 4.20 + 0.14 + 0.68 + 1.50 \approx 15.5 \text{ (m)}$$

根据流量和水泵扬程选择水泵，并考虑备用泵。

选择水泵和确定备用泵时，可与水处理厂二级泵房水泵容量和型号通盘考虑。例如，按本例，可选用两台 24SH - 28A 泵($Q = 650 \sim 950$ L/s，$H = 17.1 \sim 13$ m)，其中一台备用；

也可以将两台 14SH - 28 泵(Q =270 ~ 400 L/s，H =20 ~ 13.4 m)并联代替上述一台大泵。在必要时，冲洗备用泵也可作为二级泵房的备用泵，视具体情况而定。也可采用水塔冲洗。

三、快滤池的操作与维护

(一)快滤池投产前的准备

快滤池新建成或大修后需做好投产前的准备工作。检查所有管道和闸阀是否完好，各管口标高是否符合设计要求，特别是排水槽上缘是否水平。对滤料最好是在放入前进行严格的检查，确保其粒径和级配与设计相符，初次铺设的滤料应比设计厚度增加 5 cm 左右。清除滤池内的杂物，保持滤料平整，然后按"操作运行"的"过滤操作"要求放水检查，排除滤料内的空气。待放水检查结束后，对滤料进行连续冲洗，直至清洁为止，冲洗方法按"操作运行"的"冲洗操作"进行。当滤料用于净化饮用水时，还必须对滤料进行消毒处理。

(二)快滤池的操作运行

1. 过滤操作

徐徐开启进水阀，当水位升至排水槽上缘时，徐徐开启出水阀，过滤开始。刚开始开启出水阀时要注意出水水质，待达到设计指标时方可全部开启。对过滤过程的时间、出水水质、水头损失等主要运行参数应做好原始记录。

2. 冲洗操作

冲洗方法见表3 - 18。

表3 - 18　快滤池冲洗方法

内容	方　　法
需要冲洗的衡量标准	一般达到下列情况之一时，就需进行冲洗： ①出水水质超标； ②滤层内水头损失达到额定的指标(如 2 ~ 3 m)； ③过滤时间达到规定的时间(如 24 ~ 48 h)；
冲洗前的准备	①检查冲洗水塔的水量是否足够； ②检查清水池水位是否足够； ③报告调度，得到允许后方可冲洗
冲洗顺序	①关闭进水阀； ②待滤池内水位下降到滤料层以上 10 ~ 20 cm 时关闭出水阀； ③开启排水阀； ④徐徐打开反冲洗水阀； ⑤冲洗 1 ~ 7 min，使反冲洗水的出水符合要求时，关闭反冲洗水阀，冲洗停止
滤池恢复工作	①关闭排水阀； ②打开进水阀； ③按过滤时要求，恢复滤池正常运转

（三）快滤池常见故障及排除

快滤池常见的故障及排除方法见表3-19。

表3-19　快滤池常见的故障及排除方法

故障	主要危害	主要原因	排除方法
冲洗时大量气泡上升，即"气阻"	①滤池水头损失增加很快，工作周期缩短；②滤层产生裂缝，影响水质或大量漏砂、跑砂	①滤池发生滤干后，未经反冲排气又再过滤，使空气进入滤层；②冲洗水塔存水用完，空气随水夹带进入滤池；③工作周期过长，水头损失过大，使砂面上的水头损失小于滤料中的水头损失，从而产生负水头，使水中逸出空气存于滤料中；④藻类滋生产生的气体；⑤水中溶气量过多	①加强操作管理，一旦出现"气阻"，用清水倒滤；②水塔中贮存的水量要比一次反冲洗水量多一些；③调整工作周期，提高滤池内水位；④采用预加氯杀藻；⑤检查水中溶气量过多的原因，消除沼气的来源
滤料中结泥球	砂层阻塞，砂面易发生裂缝，泥球往往腐蚀发酵，直接影响滤池的正常运转和净水效果	①冲洗强度不够，长时间冲洗不干净；②沉淀池出水浊度过高，使滤池负担过重；③配水系统不均匀，部分滤池冲洗不干净	①改善冲洗条件，调整冲洗强度和冲洗历时；②降低沉淀水出口浊度；③检查承托层有无移动，配水系统是否堵塞；④用漂白粉或氯气、硫酸浸泡滤料，情况严重时，就要大修翻砂
滤料表面不平，出现喷口现象	过滤不均匀，影响出水水质	①滤料凸起，可能是滤层下面承托层及配水系统有堵塞；②滤料凹下，可能配水系统局部有碎裂或排水槽口不平	针对凸起和凹下查找原因，翻整滤料层和承托层，检修配水系统和排水槽
漏砂、跑砂	影响滤池正常工作，清水池和出水中带砂，影响水质	①出现"气阻"；②配水系统发生局部堵塞；③冲洗不均匀，使承托层移动；④反冲洗时阀门开放太快，或冲洗强度过高，使滤料跑出；⑤滤水管破裂	①消除"气阻"；②检查配水系统，排除堵塞；③改善冲洗条件；④注意操作；⑤检修滤水管
滤速逐渐降低，周期下降	影响滤池正常生产	①冲洗不良，滤层积泥或长满青苔；②滤料强度差，颗粒破碎	①改善冲洗条件；②用预加氯杀藻；③刮除表面层滤砂，换上符合要求的滤砂

故障	主要危害	主要原因	排除方法
过滤后水质达不到标准	影响出水水质	①如果水头损失增加正常，则可能是沉淀池出水浊度过高；②初滤水速过大；③如果水头损失增加很慢，可能是滤层内有裂缝，造成"短路"；④滤料太粗，滤层太薄；⑤滤层太脏，含泥率过大；⑥原水是难处理的、过滤性差的水	①降低沉淀池出口浊度；②降低初滤时滤速；③检查配水系统，排除滤层的裂缝；④更换滤料；⑤改善冲洗条件；⑥加氯或助滤剂
冲洗后短期内水质不好	影响滤池正常生产	①冲洗强度不够，冲洗历时太短，没有冲洗干净；②冲洗水本身质量不好	①改善冲洗条件；②保证冲洗水质量
砂粒逐渐凝结成较大颗粒	影响滤池正常生产	①沉淀过程中可能使用大量石灰，由于碳酸钙的结晶作用所致；②水中含锰量大，使砂粒成棕黑色甲壳	用硫酸或苛性钠浸泡

（四）快滤池的保养和检修

快滤池是净水设备中最主要的设备之一，其保养和检修制度分为一级保养、二级保养和大修理。

一级保养为日常保养，每天要进行一次，由操作值班人员负责；二级保养为定期检修，一般每半年或每年进行一次，由操作值班人员配合检修人员进行；大修理为设备恢复性修理，包括快滤池的翻砂和阀门的解体大修或更换，由厂部安排检修人员进行。

快滤池的保养和检修具体内容见表3－20。

表3－20　快滤池的保养与检修

保养与检修	内　　容
一级保养	①保持快滤池池壁及排水槽的清洁，洗刷和清除滋生的藻类和蛛网；②各类阀门填料压盖漏水的校紧，快滤池各种附属设备的正常维护；③管廊保持清洁、无积水，快滤池周围环境整洁、卫生；④各种测定仪器及化验仪器的维护

保养与检修	内　容
二级保养	①快滤池放空检查，检查过滤及反冲洗后滤层表面是否平坦，裂缝出现多少，以及滤层四周有无脱离池壁现象，测定承托是否移动； ②各种阀门运行的故障排除、维护、检修； ③清洗表面滤料或更换、调整表面滤料，滤层中如发现有机物含量大，可采用液氮、漂白粉进行处理，严重时可用盐酸或硫酸进行处理。处理前首先对滤料进行最大强度冲洗，然后在滤料表面保持10～15 cm的水深，并以每平方米滤池面积加入1～5 kg工业硫酸或盐酸均匀地散布在滤池滤层上，在倾倒盐酸及硫酸时要特别注意安全，要佩戴胶皮手套、胶皮靴子和防毒面具。倾倒后每3 h对滤料进行一次翻动，连续翻动4次，再静置6～8 h后进行彻底冲洗
大检修	1. 快滤池的大检修一般在下列情况下考虑： ①快滤池含泥量显著增高，泥球过多并且靠改善冲洗已不能解决； ②砂面裂缝甚多，甚至脱离池壁； ③冲洗后砂面凸凹不平，砂层逐步降低，清水池中已发现大量跑砂； ④配水系统堵塞或管道损坏，已明显感到冲洗不均匀； ⑤滤后水浊度经多方检查、改进，仍长期达不到30°，细菌和大肠杆菌值甚至比沉淀水还高，如果没有不正常情况，但快滤池连续运行时间已达10年，也应进行大检修 2. 如果没有滤池进行大检修的主要内容： ①将滤料全部取出清洗，如无清洗价值，则应完全更换新滤料； ②将承托层全部取出清洗，按层次重新筛分； ③彻底清洗池壁、池底平口池及其池构筑物； ④对配水系统进行拆装检查，调换损坏部分，并对金属管组进行防腐刷油； ⑤检修所有控制阀门和附属设备，有损坏和不能正常使用的都需进行修理或更换 3. 快滤池大检修时间安排： 快滤池大检修要在年初列入计划，并安排在供水淡季进行 4. 快滤池大检修后的验收： 快滤池大检修后的验收十分重要，一般采用分段验收的办法。 ①配水系统更新安装后进行一次反冲洗以检查接头紧密状态及孔口、喷嘴的均匀性； ②在铺设滤料及承托层时要分层检查，以确保按规定的级配和层次铺设； ③油料全部铺设后再进行整体验收，每次验收都要由负责操作的人员和主要技术人员与大修理人员共同参加，并在验收记录上签字

（五）快滤池的技术测定项目

为了用好、管好快滤池，需要掌握快滤池的技术性能，要求对快滤池定期进行测定。快滤池技术测定的主要项目有过滤速度、冲洗强度、膨胀率、含泥量、水头损失等。测定方法可参见有关手册。

思考题

1. 试简述沉淀的类型、特点以及适用场合。

2. 设置沉砂池的目的和作用是什么？曝气沉砂池的工作原理与平流式沉砂池有何区别？

3. 加压溶气气浮法的基本原理是什么？有哪几种基本流程和溶气方式？各有何特点？

4. 试比较沉淀法与气浮法的优缺点。

5. 如何改进及提高沉淀或气浮分离效果？

6. 已知某小型污水处理站设计流量 $Q = 400$ m³/h，悬浮固体浓度为 250 mg/L。设沉淀效率为 55%。根据实验性能曲线查得 $u_0 = 2.8$ m/h，污泥含水率为 98%，试设计一竖流式沉淀池。

7. 已知某城镇污水处理厂设计平均流量 $Q = 20000$ m³/d，服务人口 100000 人，初沉污泥量按 25 g/(人·d)计算，污泥含水率为 97%，试设计一曝气沉砂池和平流式沉淀池。

8. 某工业废水水量为 1200 m³/d，悬浮固体浓度为 800 mg/L，需用气浮法进行预处理，试设计一平流式气浮池。

第四章　化学法处理技术及设备

废水的化学处理是利用化学反应的原理来去除废水中的污染物，抑或改变污染物的性质，使其无害化的一种处理技术。化学法的处理对象主要是废水中可溶无机物或难以生物降解的有机物或胶体物质。本章主要介绍常用的几种化学处理方法，即化学混凝法、中和法、化学沉淀法和氧化还原法。

第一节　化学混凝法

化学混凝法在废水处理中可用于废水的预处理、中间处理及深度处理的各个阶段。它不但可以除浊、除色，而且对一些高分子化合物，动植物纤维物质，部分有机物质，油类物质，微生物，某些表面活性物质，农药，汞、镉、铅等重金属都有一定的去除作用，因此，在废水处理中应用十分广泛。

化学混凝法的主要优点是设备简单，处理效果好，便于间歇式操作；缺点是需向废水中不断地投加混凝剂，运行费用较高，沉渣量较大，脱水困难。

一、混凝原理

化学混凝法所处理的对象主要是水中的微小悬浮物和胶体物质。对于大颗粒的悬浮物，可以用沉淀等方法使其在重力作用下自然沉降而去除。但是，对于微小粒径的悬浮物和胶体物质，因其具有"稳定性"，能在水中长期保持分散悬浮状态，很难用自然沉淀法从水中分离除去。

（一）胶体的稳定性

废水中的胶体微粒因其具有"双电层"结构而带电。在一般水质中，黏土、胶态蛋白质、淀粉微粒、细菌、病毒等都带有负电荷。

废水中的胶体受以下几个方面的影响：①带相同电荷的胶体产生静电斥力；②受水分子热运动的撞击，微粒在水中做不规则的运动，即"布朗运动"；③胶粒之间还存在着相互引力——范德华引力。

胶粒相互间的静电斥力与ζ电位和胶粒间的距离有关，ζ电位越高（一般水质中的胶体微粒的ζ电位都比较高），胶粒间距离越近，静电斥力就越大。这种静电斥力将会阻止胶粒相互接近和接触碰撞，使它们不能聚结成较大的颗粒而下沉。然而，布朗运动的动能不足以将两胶粒推进到使范德华引力发挥作用的距离，因此该力的影响可以忽略。综上，由于这种静电斥力的存在，使得胶体微粒不能相互聚结，而是长期保持稳定的分散状态。

（二）混凝原理

废水中的胶粒具有一定的稳定性，若要使它们凝聚成较大的颗粒而下沉，就必须设法破坏其稳定性。向废水中投加混凝剂的混凝过程就是一个破坏胶体微粒稳定性的过程。混凝是混合、反应、凝聚、絮凝等几种过程综合作用的结果，它是一个非常复杂的过程，其机理至今仍未完全清楚。但归结起来，可以认为主要是三方面的作用。

（1）压缩双电层作用。

水中胶粒的 ζ 电位是其保持稳定的分散悬浮状态的主要原因，倘若能消除或降低胶粒的 ζ 电位，使双电层厚度被压缩，胶粒间的距离变近，范德华引力就可能占优。这样，当胶粒相互碰撞时，就会互相吸引而失去稳定性，使得胶体微粒聚结成较大的颗粒而下沉。向水中投加混凝剂即可实现此目的。例如，天然水中带负电荷的黏土胶粒，在投加铁盐或铝盐等混凝剂之后，混凝剂提供的大量正离子会使得胶粒的双电层减薄，ζ 电位降低，甚至降为零（称为等电状态）。此时，胶粒间静电斥力消失，胶粒最易发生聚结。实际上，ζ 电位只要降至某一程度而使胶粒间排斥的能量小于胶粒布朗运动的动能时，胶粒就开始产生明显的聚结。胶粒因 ζ 电位降低或消除以致失去稳定性的过程，称为胶粒脱稳。脱稳的胶粒相互聚结，称为凝聚。

（2）吸附架桥作用。

胶体微粒对高分子物质有着强烈的吸附作用，当向水中投入高分子聚合物之后，它立即被吸附在胶体微粒的表面。这类高分子物质的线性长度较大，当它的一端吸附某一胶粒后，另一端又吸附另一胶粒，在相距较远的两胶粒之间进行吸附架桥，其结果是胶体微粒逐渐聚结而变大，形成肉眼可见的粗大絮体。这种由高分子物质吸附架桥作用而使微粒相互聚结的过程，称为絮凝。

凝聚和絮凝统称混凝。凝聚是瞬时的，所需时间是将化学药剂扩散到全部水中的时间。絮凝与凝聚作用不同，它需要一定的时间让絮体长大。

值得注意的是，投加聚合物的量必须适当，投加量过大，将导致废水中含有大量的聚合物，反而会把胶体微粒包围，使它们失去彼此之间架桥的可能，胶体颗粒仍处于稳定状态。

（3）网捕作用。

三价铝盐或铁盐等水解而生成沉淀物，这些沉淀物在自身沉淀过程中，能卷集、网捕水中的胶体等微粒，使胶体黏结。

在实际水处理过程中，上述三种作用往往同时或交叉起作用，只是依条件的不同而以其中一种起主导作用。

二、混凝剂

混凝过程是通过向水中投加混凝剂，使水中的细分散颗粒和胶体物质脱稳互相聚结、增大后自然沉淀从水中去除。混凝剂包括絮凝剂和助凝剂。

（一）絮凝剂

絮凝剂的主要作用是中和胶体颗粒表面的电荷，降低 ζ 电位，使胶体颗粒脱稳，通过碰撞、表面吸附以及范德华引力等作用，相互结合、聚结变大，以利于从水中分离。絮凝剂多为水溶性聚合物，其种类较多，根据其组成分为无机和有机两大类。

（1）无机絮凝剂。目前应用较多的无机絮凝剂是铝盐和铁盐，无机絮凝剂又分为以下两类：

①无机低分子絮凝剂：主要有硫酸铝、氯化铝、硫酸铁、硫酸亚铁、三氯化铁等。硫酸铝絮凝效果较好，使用方便，对处理后的水质没有任何不良影响。但是，水温较低时，硫酸铝水解困难，形成的絮体较松散，效果不及铁盐。三氯化铁极易溶解于水，形成的絮凝体较紧密、易沉淀，但它的腐蚀性强，容易吸水潮解，不易保存。硫酸亚铁溶于水中会解离出 Fe^{2+}，若单独使用，应配合其他药剂（助凝剂），将 Fe^{2+} 氧化为 Fe^{3+}，以提高混凝效果。但是，残留在水中的 Fe^{2+} 还会使处理后的水带色。

②无机高分子絮凝剂：主要有聚合氯化铝（PAC）、聚合硫酸铝（PAS）、聚合硫酸铁（PFS）等。其中，以聚合氯化铝和聚合硫酸铁最为常用。聚合氯化铝的混凝效果好，它对各种水质适应性较强，适用的 pH 范围较广，对低温水效果也较好，形成的絮凝体粒大而重，所需的投量约为硫酸铝的 $1/3 \sim 1/2$。聚合硫酸铁（PFS）是一种高效的无机高分子混凝剂，其混凝效果优良，腐蚀性比三氯化铁要小。

（2）有机絮凝剂。主要是有机高分子絮凝剂，常见的有壳聚糖、羧甲基淀粉等，此外，很多有机絮凝剂还具有助凝剂的作用。

（二）助凝剂

当单独使用絮凝剂不能取得良好效果时，可以投加一些辅助药剂来改善或强化混凝过程，以提高混凝效果，这种辅助药剂称为助凝剂。助凝剂的作用原理与具体用途有关。助凝剂按用途主要分为以下三类：

（1）pH 调节剂。对于碱度较低的原水，需要投加碱性物质进行 pH 控制，以弥补混凝过程中 pH 大幅波动，改善混凝效果，维持管网水质稳定。常用的 pH 调节剂有石灰、碳酸钠、碳酸氢钠、氢氧化钠、硫酸等。

（2）絮体结构改良剂。对于藻类过量繁殖，可加入有机高分子助凝剂，增加絮体密度，提高混凝沉淀效果；对于低温低浊水处理，由于其黏度大，絮体沉降性能差，会造成絮凝剂投加量增大，此时可加入有机或无机高分子助凝剂增大絮体尺寸和密度，提高沉速，减少絮凝剂的用量。常用的絮体结构改良剂有聚丙烯酰胺（PAM）、活化硅酸、骨胶、海藻酸钠等。

（3）氧化剂。对于有机类废水，可加入一定量的氧化剂来破坏有机物对胶体的稳定作用，提高混凝效果。常用的氧化剂有氯气、次氯酸钠、二氧化氯、高锰酸钾等。

在实际应用中，废水的性质往往千差万别，要求去除的污染物也不尽相同。因此，针对处理某种特定的废水，应选择恰当的絮凝剂和助凝剂，这样有利于提高废水处理的效果，降低运行成本。在工程中，有时也将絮凝剂和助凝剂按一定比例配成复合混凝剂，以提高在水处理中的适用性和有效性。

三、影响混凝效果的主要因素

1. pH 值

废水的 pH 值能影响颗粒表面电荷的 ζ 电位、混凝剂的水解及絮体的沉淀过程等，它是一个很重要的参数。对某一种废水，每一种混凝剂都有一个适用的 pH 值范围，在此范围内，经混合凝聚后废水的残余浊度最小，所以废水的 pH 值对混凝的影响视混凝剂品种而异。例如，用硫酸铝时，最佳 pH 范围在 6.5 ~ 7.5 之间；用于除色时，pH 范围在 4.5 ~ 5 之间；用三价铁盐时，最佳 pH 范围在 6.0 ~ 8.4 之间。因此，在投加混凝剂之前，应确保废水的 pH 值与投加的混凝剂相适应，这样才能最大限度地发挥混凝作用。

2. 温度

温度对混凝效果有显著的影响，水温过高或过低对混凝效果都不利，温度最好在 20℃ ~ 30℃ 之间。无机盐类混凝剂的水解是吸热反应，水温低时不利于水解进行，特别是硫酸铝，当水温低于 5℃ 时，水解速度非常缓慢。同时，水的黏度与温度有关，水温低时，水的黏度大，致使水分子的布朗运动减弱，不利于脱稳胶体的相互絮凝，影响絮体成长，影响处理效果。这种情况下，可以投加适量的高分子助凝剂来改善处理效果。另外，当水温过高时，化学反应速度加快，形成的絮体细小，并使絮体的水合作用增强，产生的泥量大且含水量高，增大后续处理的难度。

3. 废水中杂质的成分、性质和浓度

天然水中以黏土类杂质为主，需投加的混凝剂量较小。当废水中含大量的有机物时，需加入较多的混凝剂才有混凝效果。一般来说，混凝效果随混凝剂用量的增加而增强，但当混凝剂的用量达到一定值时会出现峰值，继续加入混凝剂，会使得形成的絮体重新变成稳定的胶体，混凝效果反而下降。废水中杂质的影响较为复杂，实际应用时，应以实验结果为依据来选择混凝剂和确定其投加量。

4. 水力条件

混凝过程中的水力条件对絮体的形成和长大有极大的影响。整个混凝过程可分为两个阶段：混合和反应。

在混合阶段，要求快速（几秒或 1 min 内）、剧烈地搅拌，使混凝剂迅速、均匀地扩散到全部水中，以创造良好的水解和聚合条件，使胶体脱稳并借助颗粒的布朗运动和水流的湍动进行凝聚，在此阶段不要求形成大的絮体。

在反应阶段，要求形成大而具有良好沉淀性能的絮体，此时过于激烈的搅拌反而会打碎已凝聚的絮体，不利于混凝沉淀。因此，此阶段搅拌的强度或水流速度应随絮体的结大而降低。

四、混凝设备

混凝设备包括药剂的配制和投药设备、混合设备与反应设备。

（一）药剂的配制和投药设备

药剂的投加分为干投法和湿投法。干投法是将固体药剂破碎成粉末后定量投加到被处理的水中。干投法具有占地面积小、药液较新鲜、对设备的腐蚀小等优点，但是，它对药剂的粒度要求较严，药剂与水不易混合均匀，对机械设备的要求较高，劳动条件较差，目前已较少采用这种方法。

湿投法是将药剂溶解在水中，配制成一定浓度的溶液，再按处理水量大小定量投加到废水中，因此该方法需要一套溶药和投药设备。湿投法的主要优点是药剂易于与原水混合均匀，投药量易于调节；主要缺点是占地面积大，设备易被腐蚀。

1. 药剂的配制

药剂的配制在溶解池中进行，溶解池有搅拌装置，用以加速药剂的溶解。搅拌可采用水力搅拌、机械搅拌或压缩空气搅拌等方式，具体由用药量及药剂性质决定，一般用药量小时用水力搅拌，用药量大时用机械搅拌或压缩空气搅拌。若投加的量很小，则可以在溶液桶（池）内进行人工配制。各种配药调制设备如图4-1～图4-3所示。

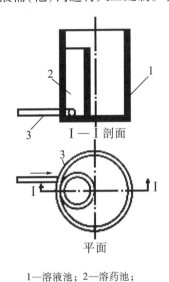

1—溶液池；2—溶药池；
3—压力水管

图4-1 水力调制

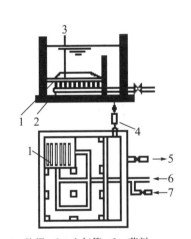

1—格栅；2—空气管；3—药剂；
4—排渣管；5—出液管；
6—进气管；7—进水管

图4-2 压缩空气调制

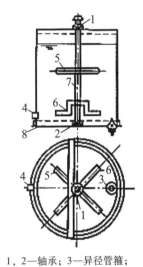

1，2—轴承；3—异径管箍；
4—出液管；5—桨叶；6—锯齿
角钢桨叶；7—立轴；8—底板

图4-3 机械调制

溶解完全后的浓药液送入溶解池中，再用清水稀释到一定浓度备用。通常，无机混凝剂溶液浓度为10%～20%，有机高分子混凝剂溶液浓度为0.5%～1.0%。

溶液池应采用两个交替使用，其体积可按下式计算：

$$V = \frac{24 \times 100AQ}{1000 \times 1000 \times wn} = \frac{AQ}{417wn} \tag{4-1}$$

式中，V——溶液池容积，m^3；

Q——处理水量，m^3/h；

A——混凝剂最大投加量，mg/L；

w——溶液质量分数，%；

n——每天配制溶液的次数，一般为 $2 \sim 6$ 次。

溶解池容积一般为溶液池容积的 $0.2 \sim 0.3$ 倍。

2. 投药设备

湿投法可以采用泵前重力投加，也可以采用水射器投加、计量泵压力投加等方式，如图 4-4 ~ 图 4-6 所示。对投药设备的基本要求是投药量准确可靠且随时可调，故须配有计量及定量设备，如转子流量计、电磁流量计等。

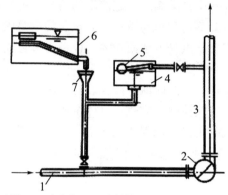

1—吸水管；2—水泵；3—出水管；4—水封箱；5—浮球阀；6—溶液池；7—漏斗管

图 4-4　泵前重力投加

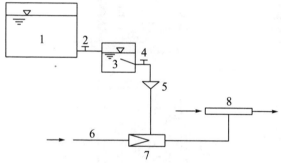

1—溶液池；2，4—阀门；3—投药箱；5—漏斗；6—高压水管；7—水射器；8—原水

图 4-5　水射器投加

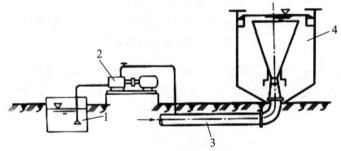

1—溶液池；2—计量泵；3—原水进水管；4—混合反应沉淀池或澄清池

图 4-6　计量泵压力投加

(二)混合设备

混合设备是完成凝聚过程的重要设备，它能保证在较短的时间内将药剂均匀地扩散到

整个水体，并使水体产生剧烈的湍动，为药剂在水中溶解和聚合创造良好的条件。混合设备常用的参数为混合时间和速度梯度。通常，混合时间约为 2 min，混合时的流速应在 1.5 m/s 以上。混合设备应根据废水水量、污染物性质和浓度等选择。

常用的混合方式有水泵混合、机械混合和隔板混合。具体采用何种混合方式，应根据处理工艺布置、水质、水量、药剂种类及数量等因素确定。

1. 水泵混合

水泵混合是在水泵的吸水管上或吸水喇叭口处投加药剂，利用水泵叶轮的高速旋转达到快速而剧烈混合的目的。水泵混合效果好，不需另建混合设备，但在使用具有腐蚀性的混凝剂时，需对管路及泵的过流部件做防腐处理。另外，当管路过长时不宜采用，因为有可能在长距离的管道中过早地形成絮体并被打碎，不利于后续处理。

2. 机械混合

在实际工程中，多采用桨板式机械搅拌混合槽，它是利用电动机来带动桨板进行强烈搅拌，如图 4 - 7 所示。桨板的外缘线速度一般为 2 m/s，混合时间为 10 ~ 30 s。为强化混合效果，可以在混合槽内壁设四块固定挡板，增加流体的湍动程度。机械搅拌的主要优点是混合效果好，搅拌强度灵活可调，不受水质水量的变化，适用范围广；缺点是增加了机械设备，相应增加了维修保养工作和动力消耗。

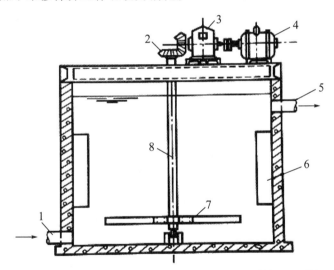

1—进水管；2—齿轮；3—减速器；4—电机；5—出水管；6—挡板；7—桨板；8—轴

图 4 - 7　机械搅拌混合槽

3. 隔板混合

分流隔板式混合池如图 4 - 8 所示，池子为钢筋混凝土或钢制，池内设有数块隔板。药剂在隔板之前加入，水流通过隔板孔道时，因流道的突变而形成涡流，使药剂与原水充分混合。隔板间距约为池宽的 2 倍，隔板孔道交错设置，流过孔道时的流速不小于 1 m/s，池内平均流速不小于 0.6 m/s，混合时间一般为 10 ~ 30 s。在水量稳定的情况下，其混合效果较好；流量波动较大时，混合效果不理想。

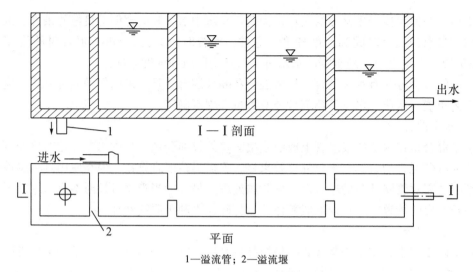

1—溢流管；2—溢流堰

图 4 - 8　分流隔板式混合池

(三)反应设备

根据搅拌方式的不同，反应设备分为水力搅拌和机械搅拌两大类。常用的有隔板反应池和机械搅拌反应池。

1. 隔板反应池

往复式隔板反应池如图 4 - 9 所示。往复式隔板反应池是在一个矩形水池内设置许多隔板，隔板间距从进水端到出水端逐渐增大。水流在流动过程中，因流道的扩大使流速逐渐减小。这样，在反应池前端，大的流速有利于颗粒相互碰撞进行絮凝；在反应池后端，流速较小，水力剪切作用较小，避免了已形成的絮体被打碎。

隔板式反应池的数量一般不少于两座，反应时间为 20 ~ 30 min。隔板净间距应大于 0.5 m，进口流速一般为 0.5 ~ 0.6 m/s，出口流速一般为 0.2 ~ 0.3 m/s。在进水管口应设置防冲挡板，以免水流直冲隔板。反应池超高一般取 0.3 m，隔板转弯处的过水断面面积应为廊道断面面积的 1.2 ~ 1.5 倍。池底坡向排泥口的坡度一般取 2% ~ 3%，排泥管直径不小于 150 mm。

隔板反应池构造简单、管理方便、效果较好，但反应时间较长、容积较大，主要用于水量较大的场合。

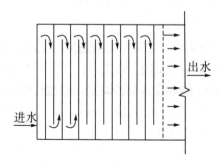

图 4 - 9　往复式隔板反应池

2. 机械搅拌反应池

机械搅拌反应池如图4-10所示。反应池被隔板分为2~4格，每格装有一个搅拌叶轮，叶轮有水平和垂直两种。搅拌叶轮半径中心处的线速度在第一格采用0.5~0.6 m/s，之后逐格减小，最后一格采用0.2~0.3 m/s。每台搅拌器上浆板总面积为水流截面的10%~20%，不超过25%，以免池水随浆板同步旋转，减弱絮凝效果。所有搅拌轴及叶轮等机械设备应采取防腐措施。轴承与轴架宜设在池外，以免进入泥沙，导致轴承严重磨损和轴杆折断。

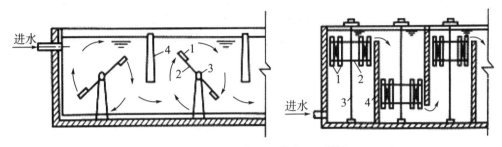

1—浆板；2—叶轮；3—轴承；4—隔板

图4-10 机械搅拌反应池

第二节 中和法

中和法主要用于处理含酸、含碱废水。酸性废水主要来源于化工厂、煤加工厂、电镀厂、金属酸洗车间等，常见的酸性物质主要有硫酸、硝酸、盐酸等无机强酸和乙酸等弱酸。碱性废水主要来源于造纸厂、印染厂、皮革厂、炼油厂等，常见的碱性物质有苛性钠、碳酸钠、氨水等。

酸含量大于5%的高浓度含酸废水常称为废酸液；碱含量大于3%的高浓度含碱废水常称为废碱液。对于这类废酸液、废碱液，可因地制宜采用特殊的方法回收其中的酸或碱，抑或进行综合利用。例如，用蒸发浓缩法回收苛性钠，用扩散渗析法回收钢铁酸洗废液中的硫酸，用钢铁酸洗废液作为制造硫酸亚铁、氧化亚铁、聚合硫酸铁的原料等。对于酸含量小于5%或碱含量小于3%的低浓度酸性废水或碱性废水，由于酸、碱含量低，回收价值不大，常采用中和法处理，使废水的pH值达到排放标准。我国《污水综合排放标准》规定排放废水的pH值应在6~9之间。

中和法就是向废水中加入适量的中和剂，通过酸碱中和反应，把废水的pH值调到7左右。从理论上讲，中和处理所需投加的中和剂的量可以按化学计量方程式来计算，但由于废水成分复杂，可能会有一些干扰因素。例如，酸性废水中若含有Fe^{3+}、Cu^{2+}等金属离子，用碱中和时，则会生成相应的氢氧化物沉淀，消耗部分碱，所以中和剂的投加量一般应通过实验得出的中和曲线来确定。

常用的废水中和法有酸碱废水互相中和、投药中和以及过滤中和。

一、酸碱废水互相中和

酸碱废水互相中和是一种简单、经济的以废治废的处理方法。同一工厂或相邻工厂的酸性和碱性废水，可以先相互中和，然后用中和剂中和剩余的酸或碱。所用的设备应根据酸碱废水的具体情况考虑。若酸碱废水的排放量稳定，且所含酸碱能完全中和，可直接在管道内混合反应，不需另设中和池。若排出的酸碱浓度和流量经常变化，则应设置中和池，而且往往还需要补加中和剂。当出水水质要求很高，或废水中含有其他杂质或重金属离子时，连续流无法保证出水水质，可采用间歇式中和池，一般设两个交替使用。此时，可在同一个池内完成混合、反应、沉淀、排水及排泥等工序，且出水水质有保证。

二、投药中和

中和剂能制成溶液或浆料时，可用湿投法。中和剂为固体粒料或块料时，可用过滤法。用烟道气中和碱性废水时，可在塔式反应器中接触中和。

酸性废水中和处理常用的碱性中和剂有石灰、石灰石、白云石、苛性钠等。最为常用的是石灰，因其价格便宜且来源广泛。最常采用的方法是石灰乳法，即将石灰消解成石灰乳（浓度为 5% ~ 15%），然后投加到中和池中，如图 4 - 11 所示。氢氧化钙对废水中的杂质具有凝聚作用，因此石灰乳法适用于含杂质多的酸性废水。

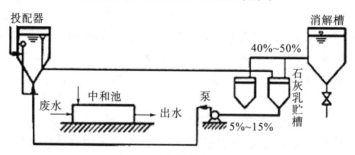

图 4 - 11　投药中和法流程

碱性废水中和处理常用的酸性中和剂有硫酸、盐酸和烟道气等。实际应用中，多采用 93% ~ 96% 的工业硫酸，因其价格较低。在加酸之前，一般先将酸稀释成 10% 左右浓度。烟道气中含有 CO_2 和少量的 SO_2、H_2S 等酸性气体，可以用来中和碱性废水，同时也净化了废气，是一种值得推广的好方法。但是，处理后出水中的硫化物、耗氧量、色度都有所增加，必要时还应对出水做进一步处理。

三、过滤中和

过滤中和是将酸性废水通过具有中和能力的碱性滤料，如石灰石、大理石、白云石，在过滤的同时达到中和的目的。用石灰石作滤料时，进水硫酸含量应小于 2 g/L；用白云石作滤料时，应小于 4 g/L。此外，废水中的重金属离子浓度也不能过高，一般要小于 50 mg/L，以免在滤料表面生成覆盖物，使滤料失效。

过滤中和的优点是操作简单，出水 pH 值较稳定，产渣量少；缺点是进水酸的浓度受到了一定的限制。

过滤中和所用的设备主要有固定床中和滤池、升流膨胀式滤池和滚筒式中和滤池，如图 4-12～图 4-14 所示。

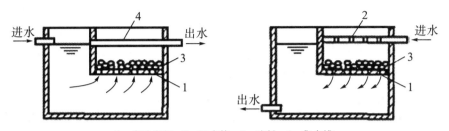

1—穿孔底板；2—配水管；3—滤料；4—集水槽

图 4-12　固定床中和滤池

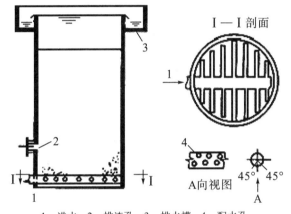

I—I 剖面

A 向视图

1—进水；2—排渣孔；3—排水槽；4—配水孔

图 4-13　升流膨胀式滤池

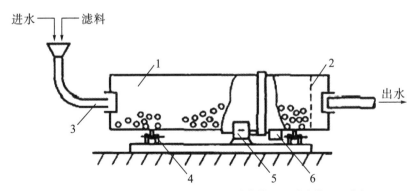

1—滚筒；2—穿孔隔板；3—进料口；4—支撑轴；5—减速器；6—电机

图 4-14　滚筒式中和滤池

第三节　化学沉淀法

化学沉淀法是指向废水中加入某些化学药剂（沉淀剂），使之与废水中一些离子直接发生化学反应，形成难溶的沉淀物，然后进行固液分离，以除去水中的溶解性污染物。废水中的重金属离子（如 Hg^{2+}、Cd^{2+}、Pb^{2+}、Cr^{3+}、Ni^{2+}、Zn^{2+}、Fe^{3+}、Cu^{2+} 等）、碱土金属离子（如 Ca^{2+}、Mg^{2+} 等）及某些非金属离子（如 SO_4^{2-}、PO_4^{3-} 等）均可通过化学沉淀法去除，某些有机污染物也可通过化学沉淀法去除。

根据化学平衡的原理，溶解盐类发生沉淀的必要条件是两种离子浓度的乘积大于此盐的溶度积（两种离子溶解度的乘积，用 K_s 表示）。溶度积（K_s）是常数，其数值可参阅有关化学手册（部分见表 4-1）。化学沉淀法的实质就是向水中加入某种适当的化学药剂，加入的离子与水中的有害离子形成溶度积很小的难溶盐和难溶氢氧化物而沉淀析出。因此，可以根据溶度积，初步判断水中离子是否能用化学沉淀法来分离以及分离的程度。

值得注意的是，若溶液中有数种离子共存，加入沉淀剂时，一定是离子积先达到溶度积的优先沉淀，这种现象称为分步沉淀。各种离子分步沉淀的次序取决于溶度积和有关离子的浓度。

表 4-1　难溶化合物溶度积常数

化合物	溶度积	化合物	溶度积
$Al(OH)_3$	2.0×10^{-33}	$Fe(OH)_2$	1.6×10^{-14}
Ag_3PO_4	1.4×10^{-16}	$Fe(OH)_3$	1.1×10^{-36}
$AgBr$	5.0×10^{-13}	FeS	6.3×10^{-18}
$AgCl$	1.8×10^{-10}	Hg_2SO_4	7.4×10^{-7}
Ag_2CO_3	8.1×10^{-12}	Hg_2Cl_2	1.3×10^{-18}
Ag_2CrO_4	2.0×10^{-12}	Hg_2I_2	4.5×10^{-29}
Ag_2S	2.0×10^{-49}	Hg_2S	1.0×10^{-47}
$BaCO_3$	5.1×10^{-9}	$MgCO_3$	3.5×10^{-8}
$BaCrO_4$	1.2×10^{-10}	MgF_2	6.4×10^{-9}
$BaSO_4$	1.1×10^{-10}	$Mg(OH)_2$	1.2×10^{-11}
$CaCO_3$	2.9×10^{-9}	$Mn(OH)_2$	4.0×10^{-14}
$CaSO_4$	9.1×10^{-6}	MnS（无定形）	2.0×10^{-10}
CdS	9.0×10^{-27}	MnS（晶形）	2.0×10^{-13}
$\alpha - CoS$	4.0×10^{-21}	$PbCO_3$	7.4×10^{-14}

化合物	溶度积	化合物	溶度积
$\beta - CoS$	2.0×10^{-25}	$PbCrO_4$	2.8×10^{-13}
$Cr(OH)_3$	6.3×10^{-31}	PbF_2	2.7×10^{-8}
$CuBr$	5.2×10^{-9}	PbI_2	7.1×10^{-9}
$CuCl$	1.2×10^{-6}	PbS	3.4×10^{-28}
CuI	1.1×10^{-12}	$PbSO_4$	1.6×10^{-8}
CuS	6.0×10^{-36}	$Zn(OH)_2$	1.2×10^{-17}
$CuCN$	3.2×10^{-20}	ZnS	2.0×10^{-22}

第四节　氧化还原法

氧化还原法是利用氧化还原反应将废水中的有毒有害物质转化为无毒或微毒的新物质，使难以生物降解的有机物转化为可以生物降解的有机物。

废水中的有机污染物（如色、嗅、味、COD）及还原性无机离子（如 CN^-、S^{2-}、Fe^{2+}、Mn^{2+} 等）都可通过氧化法消除其危害，而废水中的许多重金属离子（如 Hg^{2+}、Cd^{2+}、Cr^{3+}、Ni^{2+}、Cu^{2+} 等）都可通过还原法去除。

一、氧化法

氧化法可分为氯氧化法、臭氧氧化法等，常用的氧化剂是臭氧、氯气、液氯、二氧化氯、次氯酸钠及漂白粉等。

（一）氯氧化法

氯氧化法在自来水厂中常用作消毒处理，用于杀死水中的细菌。在工业废水的处理中可以用来治理含氰、酚、硫化物的废水及染料废水等，下面举例说明。

1. 含氰废水处理

含氰废水主要来自电镀行业，废水中的有毒物质是氰化物，可以用氯气将其完全氧化为氮气和二氧化碳而失去毒性。实际应用中，一般采用间歇式分批处理，处理时分两步进行，其反应式如下：

第一步：$CN^- + 2OH^- + Cl_2 \longrightarrow CNO^- + 2Cl^- + H_2O$

第二步：$2CNO^- + 4OH^- + 3Cl_2 \longrightarrow 2CO_2 \uparrow + N_2 \uparrow + 6Cl^- + 2H_2O$

2. 含酚废水处理

利用液氯或漂白粉氧化废水中的酚，其氯化反应如下：

$$\text{(OH-环己醇)} + 8Cl_2 + 7H_2O \longrightarrow \begin{matrix} CH-COOH \\ | \\ CH-COOH \end{matrix} + 2CO_2 + 16HCl$$

值得注意的是，所加氯须过量，否则将产生氯酚，发出不良气体。若用 ClO_2，则有可能使酚全部分解，但费用较高。

3. 印染废水处理

氯常用于印染废水的脱色，其处理效果好，如用液氯，沉渣还很少。但氯的用量大，处理后的水中有较多的余氯。氯脱色效果与 pH 有关，一般发色有机物在碱性条件下易被破坏，因此碱性脱色效果好。若用 RCHCHR′代表发色有机物，其脱色反应如下：

$$R-CH-CH-R' + HClO \longrightarrow R-CH-CH-R'$$
$$\begin{matrix} & & & | & | \\ & & & Cl & Cl \end{matrix}$$

（二）臭氧氧化法

臭氧是一种强氧化剂，可使废水中的污染物氧化分解，常用于降低 BOD 和 COD、脱色、除臭、杀菌、除铁、除氰、除酚等。臭氧氧化法的优点是氧化能力强，处理效果好；处理后残留于废水中的臭氧易自行分解，不产生二次污染，还能增加水中的溶解氧；处理过程中一般不产生污泥。其缺点是造价和处理成本高。

例如，可以用臭氧代替氯气来处理含氰废水，其反应式如下：

$$2KCN + 2O_3 \longrightarrow 2KCNO + 2O_2 \uparrow$$
$$2KCNO + H_2O + 3O_3 \longrightarrow 2KHCO_3 + N_2 \uparrow + 3O_2 \uparrow$$

二、还原法

还原法目前主要用于含有重金属离子铬、汞、镉等废水的处理。常用的还原剂有硫酸亚铁、亚硫酸氢钠、硼氢化钠、铁屑、锌粉等。下面举例说明。

1. 含铬废水处理

一些工业废水中，含有大量的 Cr^{6+}，其毒性很大，可用还原的方法将其还原成毒性较小的 Cr^{3+}。可以采用投加硫酸亚铁和石灰的方法进行处理，其反应式如下：

$$6FeSO_4 + H_2Cr_2O_7 + 6H_2SO_4 \longrightarrow Cr_2(SO_4)_3 + 3Fe_2(SO_4)_3 + 7H_2O$$
$$Cr_2(SO_4)_3 + 3Fe_2(SO_4)_3 + 12Ca(OH)_2 \longrightarrow 2Cr(OH)_3 \downarrow + 6Fe(OH)_3 \downarrow + 12CaSO_4$$

2. 含汞废水处理

例如，可以采用铁屑过滤法，将含汞废水通过金属铁屑滤床，或与金属铁粉相混合，用铁单质置换出废水中的汞而析出，其反应式如下：

$$Fe + Hg^{2+} \longrightarrow Fe^{2+} + Hg \downarrow$$
$$2Fe + 3Hg^{2+} \longrightarrow 2Fe^{3+} + 3Hg \downarrow$$

思考题

1. 什么是化学处理？化学处理的对象主要是废水中的哪些杂质？
2. 化学混凝法的原理及适用条件是什么？该方法可否用于城镇污水的处理？为什么？
3. 在投加混凝剂时，为什么必须立即与原水充分混合并剧烈搅拌？
4. 化学沉淀法与化学混凝法在原理上有何不同？使用的药剂有何不同？
5. 中和法处理适用于废水处理中的哪些情况？
6. 氧化还原法有何特点？废水中的杂质是否必须是氧化剂或还原剂才能使用该方法？

第五章 物理化学法处理技术及设备

物理化学法是利用物理化学的原理和化工单元操作来去除废水中的杂质，它的处理对象主要是无机或有机的(难于生物降解的)溶解物质或胶体物质，尤其适用于处理杂质浓度很高的污水(用作回收利用的方法)或是很低的废水(用作污水的深度处理)。本章将主要介绍吸附法、离子交换法、萃取法、膜分离法和磁分离法。

第一节 吸附法

吸附法是利用多孔性固体吸附剂来处理废水的方法。吸附法在废水处理中主要用于去除水中的微量污染物，包括脱色、除臭、去除重金属、去除溶解性有机物等。此外，它对废水中的细菌、病毒等微生物也有一定的去除作用。吸附过程可以吸附浓度很低的物质，具有出水水质好、运行稳定等优点，且吸附剂可重复利用。

一、吸附原理

(一)吸附的分类

当气体或液体与固体接触时，在固体表面上某些成分被富集的过程称为吸附。在吸附过程中，具有吸附功能的固体物质称为吸附剂，被吸附到固体表面上的物质称为吸附质。

根据吸附剂和吸附质之间发生吸附时作用力的不同，吸附分为物理吸附、化学吸附和离子交换吸附。如果吸附剂与吸附质之间是通过分子间引力(即范德华力)而产生的吸附，称为物理吸附；如果吸附剂与吸附质之间产生化学作用，生成化学键而引起吸附，称为化学吸附；离子交换吸附就是通常所说的离子交换，将在下一节中介绍。

物理吸附是一种常见的吸附现象，它是一个可逆过程，吸附速率和解吸速率都较快，易达到平衡状态。物理吸附没有选择性，热效应较小，且受温度的影响较小，一般在低温下进行的吸附主要是物理吸附。

相比于物理吸附，化学吸附一般是不可逆的，主要原因在于化学吸附的化学键力远远大于物理吸附的范德华力。化学吸附具有选择性，热效应较大，吸附和解吸速率都比物理吸附要慢，吸附速率随温度的升高而增大，因此化学吸附常在较高温度下进行。

实际上，物理吸附和化学吸附并没有严格的界限，而且随着条件的变化可以相伴发生，但在一个系统中，可能是某一种吸附起主要作用。在废水处理中，往往是上述几种吸附作用的综合结果，其中主要是物理吸附。

（二）吸附平衡和吸附等温式

大多数吸附过程是可逆的，即吸附过程进行的同时也存在解吸过程，当两者速度相等时，就达到一种动态平衡——吸附平衡。此时，单位吸附剂所吸附的吸附质的量称为平衡吸附量（也称吸附容量）。对一定的吸附体系，吸附容量是吸附质浓度和温度的函数。在一定温度下，吸附容量与吸附质浓度之间的关系式称为吸附等温式。目前常用的公式有弗劳德利希吸附等温式和朗格缪尔吸附等温式。

1. 弗劳德利希吸附等温式

弗劳德利希吸附等温式是一个经验公式，它与实验数据吻合较好，在废水处理中应用较普遍，其形式如下：

$$q = \frac{y}{m} = K\rho^{1/n} \tag{5-1}$$

式中，q——吸附容量，mg/mg；

　　　y——吸附剂吸附的物质总量，mg；

　　　m——投加的吸附剂量，mg；

　　　ρ——到达平衡时溶液中吸附质的浓度，mg/L；

　　　K——弗劳德利希吸附常数；

　　　n——经验常数，通常 $n > 1$。

2. 朗格缪尔吸附等温式

由于朗格缪尔吸附等温式是建立在吸附剂表面只形成单分子层吸附的假设上得出的，故其应用受到了一定的限制，它的具体表达式如下：

$$q = \frac{y}{m} = \frac{K\rho}{1 + K_1\rho} \tag{5-2}$$

式中，K_1——朗格缪尔常数。

二、影响吸附的因素

吸附是一个复杂的表面现象，影响因素较多，主要有以下几个方面。

1. 吸附剂的结构

吸附剂的比表面积、内孔结构和表面化学性质都对吸附有影响。吸附剂的比表面积越大，吸附能力越强。吸附剂内孔的大小和分布对吸附性能影响很大。孔径太大，比表面积小，吸附能力差；孔径太小，不利于吸附质扩散，并对直径较大的分子起屏蔽作用。吸附剂在制造过程中会形成一定量的不均匀表面氧化物，分为酸性和碱性两大类。酸性氧化物对碱金属氢氧化物有很好的吸附作用，碱性氧化物吸附酸性物质。另外，吸附剂的极性对不同吸附质的吸附性能也不一样。一般来说，极性的吸附剂容易吸附极性物质，而非极性的吸附剂容易吸附非极性物质。

2. 吸附质的性质

对于一定的吸附剂，吸附质性质不同，吸附效果也不一样。吸附质的溶解度越低，越容易被吸附。吸附质的浓度增加，吸附量也随之增加。只有分子直径小于吸附剂孔径的分子才能进入孔隙而被吸附。当吸附速率由内扩散控制时，吸附质分子大小的影响更加明显，特别是对于大分子吸附质，由于其表面积过大，吸附效果反而不好，微孔提供的表面积起不到作用。实际过程中往往多种吸附质同时存在，它们之间会发生相互影响，比如相互竞争、相互促进或互不干扰，不同污染物被吸附剂吸附的先后顺序、吸附量的多少、吸附的牢固程度都不相同，这些情况较为复杂，一般通过实验来确定。

3. 操作条件

温度：吸附是放热过程，低温有利于吸附，高温有利于解吸。在废水处理中，主要是物理吸附过程，通常温度变化不大，因此温度的影响较小，往往可以忽略。

溶液的 pH 值：溶液的 pH 值对吸附也有影响，活性炭一般在酸性条件下比在碱性条件下有较高的吸附量。另外，pH 值有时对吸附质在水中存在的状态(分子、离子、络合物等)及溶解度也有影响，从而对吸附效果有影响。操作时的最佳 pH 值可通过实验来确定，对废水处理一般应呈酸性。

接触时间：在吸附操作中，应保证吸附剂与吸附质有足够的接触时间，使吸附接近平衡。接触时间短，吸附未达到平衡，吸附量小；接触时间过长，设备的体积会很庞大。一般接触时间为 0.5 ~ 1.0 h。

三、吸附剂及其再生

(一)吸附剂

广义而言，所有的固体表面都或多或少地具有吸附作用，但只有多孔物质或磨得很细的物质因具有很大的表面积，才能作为吸附剂。作为工业用的吸附剂还必须满足下列要求：吸附容量大，吸附选择性好，化学性质稳定；吸附平衡浓度低；容易再生和再利用；机械强度好，耐磨、耐腐；价廉易得。吸附剂的种类很多，目前在废水处理中常用的是活性炭和腐殖酸类吸附剂。

1. 活性炭

活性炭是煤、重油、木材、果壳等含碳类物质加热炭化，再经药剂(如氯化锌、氯化锰、磷酸等)或水蒸气活化，制成的多孔性炭结构的非极性吸附剂，其外观为暗黑色。相比于其他吸附剂，活性炭具有特别发达的微孔和巨大的比表面积(可达 $800 \sim 2000 \ m^2/g$)，吸附能力很强，吸附容量大，性能稳定，耐腐蚀，被广泛应用于环境保护和工业领域。

活性炭的种类很多，在废水处理中常用的是粉状活性炭和粒状活性炭。粉状活性炭吸附能力强，制备容易，成本低廉，但再生困难，不易重复使用。粒状活性炭的吸附能力比粉状的低一些，价格较贵，但再生后可重复使用，并且使用时的劳动条件较好，操作管理方便，因此在水处理中多采用粒状活性炭。

2. 腐殖酸类吸附剂

用作吸附剂的腐殖酸类物质有两大类：一类是天然的富含腐殖酸的风化煤、泥煤、褐煤等，它们可以直接使用或经简单处理后使用；另一类是把富含腐殖酸的物质用适当的黏合剂制备成腐殖酸系树脂，造粒成型后使用。

腐殖酸是一组芳香结构的性质与酸性物质相似的复杂混合物。它含的活性基团(如酚羟基、羧基、醇羧基等)具有阳离子吸附性能。腐殖酸对阳离子的吸附包括离子交换、螯合、表面吸附、凝聚等。

腐殖酸类物质能吸附工业废水中的许多金属离子，如汞、铬、锌、镉、铅、铜等，吸附率可达90%~99%。腐殖酸类物质在吸附重金属离子后，可以用 H_2SO_4、HCl、NaCl、$CaCl_2$ 等解吸剂进行解吸再生，重复使用。不过，这方面的应用目前还处于试验、研究阶段，诸多问题还需进一步研究和解决。

(二)吸附剂的再生

吸附剂在使用一段时间后，因吸附了大量吸附质而达到饱和并丧失工作能力，此时应进行解吸再生，待恢复其吸附能力后才能重复使用。解吸是吸附的逆过程，即在吸附剂本身结构不变化或变化极小的情况下，用某种方式将吸附质从吸附剂孔隙中除去，恢复它的活性。通过再生，可以降低处理成本，减少废渣排放，同时回收吸附质。

吸附剂的再生方法主要有加热再生、溶剂再生、化学氧化再生、生物再生等。

(1)加热再生。废水中的污染物与活性炭结合牢固，需要高温加热再生。加热再生就是利用加热的方法改变吸附平衡关系，达到解吸和分解的目的。在高温下可以提高吸附质分子的能量，使其易于从活性炭的活性点脱离；而吸附的有机物则在高温下氧化和分解，成为气态逸出或断裂成低分子。

(2)溶剂再生。溶剂再生是用溶剂将吸附质解吸下来。常用的溶剂有无机酸(如 HCl、H_2SO_4)、碱(如 NaOH)及有机溶剂(如苯、丙酮、甲醇、乙醇、卤代烷)等。此法在制药等行业常有应用。例如，吸附了苯酚的活性炭，可用氢氧化钠溶液浸泡，使其形成酚钠盐而解吸。溶剂再生法的优点是吸附剂损失较小，有时还可以从再生液中回收有用物质；缺点是再生效率低，再生不易完全，随着再生次数的增加，活性炭吸附性能的降低较为明显。

(3)化学氧化再生。该方法又分为以下三种：

①湿式氧化法：该方法是在较高的温度和压力下，用空气中的氧来氧化废水中溶解的和悬浮的有机物以及还原性无机物的一种方法。此法主要用于粉状活性炭的再生。

②电解氧化法：该方法是用炭作阳极进行水的电解，在活性炭表面产生的氧气把吸附质氧化分解。

③臭氧氧化法：该方法是利用强氧化剂臭氧，将被吸附的有机物进行氧化分解。由于电耗大、成本高等原因，此法实际应用不多。

(4)生物再生。利用微生物的作用，将被吸附的有机物氧化分解。该方法简单易行，基建投资少，成本低。

四、吸附工艺与设备

吸附的操作流程分为两类：间歇式和连续式。

间歇式是将吸附剂和废水按一定比例投入吸附池内，并搅拌混合一段时间(约30 min)，使其充分接触后静置沉淀，然后排出澄清液，或用压滤机等固液分离设备间歇地将吸附剂从液相中分离出来。间歇式操作一般只用于小流量废水的处理和试验研究，在生产上一般要采用两个吸附池交替工作。

在废水处理中，多数情况下都采用连续式。连续式吸附可以采用固定床、移动床和流化床。

固定床是最常用的一种连续式吸附装置，颗粒状吸附剂固定装填在吸附塔（柱）中，待处理废水流经吸附剂时，废水中的污染物与吸附剂充分接触而发生吸附。固定床一般多用于处理量少或处理量虽多但被吸附物质量少的场合。为了防止床层堵塞，含悬浮物的废水一般先经过砂滤等预处理再进行吸附处理。

移动床连续吸附是指在操作过程中定期地将接近饱和的一部分吸附剂从塔底排出，并同时将等量的新鲜吸附剂从塔顶加入。在移动床内，废水在自下而上的流动过程中与吸附剂逆流接触而发生吸附。移动床的优点是装置可以小型化，设备占地面积小，出水水质稳定；缺点是设备结构及操作复杂，活性炭的吸附能力下降快。

流化床是指吸附剂在吸附塔内处于膨胀状态，悬浮于由下而上的水流中。为使塔内维持正常的流化状态，须严格控制入塔流量，切忌流速过大而使颗粒吸附剂被流体带出吸附塔。吸附剂处于流化状态，增大了废水与吸附剂的接触面积，强化了传质速率，有助于提高处理效率。相比于固定床，流化床对原水的预处理要求低。流化床的缺点是对稳定操作要求高，对吸附剂的磨损大。

第二节　离子交换法

离子交换法是利用离子交换剂来分离废水中有害物质的方法，主要用于去除废水中的金属离子（如 Hg、Ni、Zn、Cu 等）以及磷酸、硝酸、有机物和放射性物质等。离子交换是一种特殊的吸附过程，通常是可逆性化学吸附，它可改变所处理溶液的离子成分，但不改变交换前后溶液中离子的总电荷数。目前，离子交换法已成为实验室研究工作和化工过程的一个重要的分离手段，它最主要的应用还是在水处理方面，是水处理中软化和除盐的主要方法之一。

一、离子交换原理

离子交换是可逆反应，其逆反应称为再生，反应式可表达为

$$RA \ + \ B^+ \ \rightleftharpoons \ RB \ + \ A^+$$

交换　　交换　　饱和
树脂　　离子　　树脂

在平衡状态下，树脂及溶液中的反应物浓度符合下列关系式：

$$K = \frac{[RB][A^+]}{[RA][B^+]} \tag{5-3}$$

式中，$[RA]$，$[RB]$——树脂中 B^+，A^+ 的离子浓度；

$\quad\quad [A^+]$，$[B^+]$——溶液中 B^+，A^+ 的离子浓度；

$\quad\quad K$——平衡选择常数。K 大于 1，说明该树脂对 B^+ 的亲和力大于对 A^+ 的亲和力，反应能顺利地向右进行。K 值越大，越有利于进行离子 B^+ 交换反应，即对

B^+ 的去除率越高。K 值的大小能定量地反映离子交换剂对某两个固定离子交换选择性的大小。

离子交换的实质就是不溶性离子化合物（离子交换剂）上的可交换离子与溶液中的其他同性离子的交换反应，它也是一种特殊的吸附过程。

离子交换的机理与吸附有相似之处，即交换剂和吸附剂都能从溶液中吸取溶质。不同之处在于：离子交换是一个化学计量过程，交换剂能在溶液中与一定量的符号相同的反离子进行交换，从而取代出一定量的交换剂中原有的反离子，吸附则不是一个化学计量过程。

二、离子交换剂

离子交换剂是一种具有多孔性海绵状结构的不溶性固体物，它带有电荷，并与反离子相吸引。离子交换剂具有选择性，它对某些离子具有更高的亲和性。离子交换剂主要有沸石、褐煤、泥煤和离子交换树脂等。目前，水处理中常用的是离子交换树脂。

(一)离子交换树脂及其分类

离子交换树脂是人工合成的高分子聚合物，由树脂本体（又称母体或骨架）和活性基团两个部分组成。生产离子交换剂的树脂本体最常见的是苯乙烯的聚合物。树脂本身不是离子化合物，并无离子交换能力，需经适当处理加上活性基团后，才具有离子交换能力。活性基团由固定离子和活动离子（也称交换离子）组成，固定离子固定在树脂的网状骨架上，活动离子则依靠静电引力与固定离子结合在一起，二者电性相反、电荷相等。

离子交换树脂根据树脂的类型和孔结构的不同，可分为凝胶型树脂、大孔型树脂、多孔凝胶型树脂、巨孔型（MR 型）树脂和高巨孔型（超 MR 型）树脂等。

离子交换树脂按照活性基团的不同，可分为含有酸性基团的阳离子交换树脂、含有碱性基团的阴离子交换树脂、含有胺羧基团等的螯合树脂、含有氧化还原基团的氧化还原树脂及两性树脂等。其中，阳、阴离子交换树脂按照活性基团电离的强弱程度，又分为强酸性（离子性基团为—SO_3H）、弱酸性（离子性基团为—$COOH$）、强碱性（离子性基团为—NOH）和弱碱性（离子性基团有—NH_3OH、—NH_2OH、—$NHOH$）离子交换树脂。

(二)离子交换树脂的选用

目前，市面上的离子交换树脂种类繁多且价格差异大。根据待处理废水的性质及处理要求，合理地选择离子交换树脂，在生产和经济上都有重要意义。严格地说，对于不同的废水，应通过实验来确定合适的离子交换树脂及其工艺流程。

1. 离子交换树脂的有效 pH 值范围

对于强酸性、强碱性离子交换树脂，其活性基团在水中的电离度大，它们的交换能力基本上不受 pH 的影响。但是，对于弱酸性、弱碱性离子交换树脂，其活性基团在水中的电离度较小，废水的 pH 值势必会影响活性基团的电离程度，影响树脂的交换能力，进而影响废水的处理效果。

各类型离子交换树脂的有效 pH 值范围见表 5-1。

表 5-1　各类型离子交换树脂的有效 pH 值范围

树脂类型	强酸性离子交换树脂	弱酸性离子交换树脂	强碱性离子交换树脂	弱碱性离子交换树脂
有效 pH 值范围	1~14	5~14	1~12	0~7

2. 交换容量

交换容量是离子交换树脂最重要的性能，它定量地表示树脂交换能力的大小，即每千克干树脂或每升湿树脂所能交换的离子的量，单位为 mol/kg（干树脂）或 mol/L（湿树脂）。交换容量又分为全交换容量、工作交换容量和再生交换容量。

全交换容量是指一定量的树脂所具有的活性基团或可交换离子的总数量，商品树脂所标的交换容量是全交换容量。工作交换容量是指树脂在给定工作条件下的实际交换能力。再生交换容量是指在一定的再生剂量条件下所取得的再生树脂的交换容量，表征树脂中原有活性基团再生复原的程度。通常，工作交换容量只有全交换容量的 60%~70%，再生交换容量为全交换容量的 50%~90%（一般控制为 70%~80%）。

3. 交联度

交联度是指树脂基体合成时采用的交联剂（如二乙烯苯）的百分数，它对树脂的性质有很大影响。交联度较高的树脂聚合得较为紧密，坚固而耐用，密度较大，内部空隙较少，对离子的选择性较强。交联度低的树脂空隙较大，脱色能力强，所含活性基团数量较多，电解度较大，反应速度较快，但机械强度稍低，脆而易碎。商品树脂交联度一般为 8%~12%，用于脱色的树脂的交联度一般不高于 8%，水处理中使用的离子交换树脂的交联度为 7%~10%。

4. 交换势

前已述及，平衡选择常数 K 的大小反映树脂对不同交换离子的亲和力及选择性的差异。K 值越大，表明交换离子越容易取代树脂上的可交换离子，也就表明交换离子与树脂之间的亲和力越大，通常说这种离子的交换势很大；反之，K 值越小，通常就说交换势很小。当含有多种离子的水溶液同离子交换树脂接触时，必然是先交换交换势大的离子，后交换交换势小的离子。离子交换树脂对水溶液中某种离子优先交换的性能，称为树脂的交换选择性。

各种离子交换势有一般的规律，但不同树脂可能略有差异，大致有如下规律：

（1）在低浓度和常温水溶液中，化合价越高的阳离子，其交换势越大。在同价态阳离子中，一般是原子序数越大，交换势越大，但稀土元素的情况正好相反。例如，按交换势排列有：$Fe^{3+} > Al^{3+} > Pb^{2+} > Ca^{2+} > Mg^{2+} > K^+ > NH_4^+ > Na^+ > H^+$。

（2）交换势随离子浓度的增大而增大，高浓度的低价离子甚至可以把高价离子置换下来，这就是离子交换树脂再生的依据。

（3）H^+ 和 OH^- 的交换势，取决于它们与固定离子所形成的酸或碱的强度，强度越大，交换势越小。

各种树脂对离子的选择顺序如下：

Ⅰ. 强酸型阳离子交换树脂的选择顺序为

$$Fe^{3+} > Al^{3+} > Ca^{2+} > Ni^{2+} > Cd^{2+} > Cu^{2+} > Co^{2+} > Zn^{2+} > Mg^{2+} > Na^+ > H^+$$

Ⅱ. 弱酸型阳离子交换树脂的选择顺序为

$$H^+ > Fe^{3+} > Al^{3+} > Ba^{2+} > Sr^{2+} > Ca^{2+} > Ni^{2+} > Cd^{2+} > Cu^{2+} > Co^{2+} > Zn^{2+} > Mg^{2+} > K^+ > Na^+$$

Ⅲ. 强碱型阴离子交换树脂的选择顺序为

$$Cr_2O_7^{2-} > SO_4^{2-} > NO_3^- > CrO_4^{2-} > Br^- > SCN^- > OH^- > Cl^-$$

Ⅳ. 弱碱型阴离子交换树脂的选择顺序为

$$OH^- > Cr_2O_7^{2-} > SO_4^{2-} > CrO_4^{2-} > NO_3^- > PO_4^{3-} > MoO_4^{2-} > Br^- > Cl^- > F^-$$

三、离子交换的工艺与设备

(一)离子交换工艺过程

离子交换的整个工艺过程包括交换、反洗、再生和清洗四个阶段,这四个阶段依次进行,构成一个工作周期。

(1)交换。此过程主要是离子交换树脂与废水中待去除的离子发生交换反应,这类似于过滤。该过程的主要工艺参数是离子交换速度,它与树脂性能、树脂层高度、进水浓度及流量等因素有关。流速一般为 10~30 m/h,最好通过试验来确定。

(2)反洗。反洗是在离子交换树脂饱和失效后,逆向通入冲洗水和空气,使树脂层膨胀 40%~60%。冲洗水可以用自来水或废再生液,流速约 15 m/h,反洗时间约为 15 min。反洗的目的有二:一是松动树脂层,使下一阶段注入的再生液均匀渗入层内,确保再生液与树脂颗粒有足够的接触面积,有助于提高再生效果;二是及时清除积存在树脂层内的破碎粒子、杂质、污物和气泡。

(3)再生。当出水中的离子浓度达到限值时,应进行再生,即利用再生剂将先前吸附在树脂上的离子置换出来,使树脂功能得以恢复。再生过程是交换反应的逆过程,该过程的传质推动力主要是离子的浓度差。因此,在实际中往往使用较高浓度的再生液,以增大传质推动力,使再生进行得更快更彻底。但是,再生液的浓度不能太高,有一定的限度。在规定范围内,再生液浓度越大,再生程度越高;超过这一范围后,再生程度反而下降。

(4)清洗。清洗的目的是清洗掉残留在树脂层内的再生液。通常,清洗阶段的水流方向和交换阶段相同(又称正洗)。清洗水最好用交换处理后的净水,用水量通常为树脂体积的4~13倍,水流速度应先小后大,一般为 2~4 m/h。

(二)离子交换设备

按照进行方式的不同,离子交换设备可分为固定床和连续床两大类。连续床又分为移动床和流动床。

固定床的特点是交换与再生两个阶段都在交换器中进行,它又分为单层固定床、双层固定床和混合固定床。在废水处理中,单层固定床是最基本、最常用的一种型式。固定床的出水水质好,但它的树脂交换容量利用率低,上层树脂饱和程度高、下层低。

移动床是一种半连续式离子交换装置,塔内树脂处于一种连续的循环运动过程中。移动床的树脂用量少(约为固定床的 1/3~1/2),但树脂的磨损较大;能连续供水,但自动化程度要求高。

流动床是完全连续运行的离子交换装置。饱和树脂连续流出交换塔，塔顶连续补充再生好的树脂，同时连续进水。流动床对原水浊度要求比固定床低，但其操作管理复杂，废水处理中应用较少。

第三节　萃取法

一、萃取的基本概念

萃取也称液—液萃取或溶剂萃取，它是分离液体混合物的一种重要单元操作。萃取的原理就是在液体混合物中加入与其不完全混溶的溶剂，形成液—液两相，利用混合物中各组分在溶剂中溶解度的差异而实现分离的目的。萃取过程中加入的溶剂称为萃取剂(S)，被分离出的物质称为溶质，萃取后的萃取剂称为萃取液(萃取相)，残余液称为萃余液(萃余相)。

在萃取操作中，一般用"分配系数"来表征萃取剂的溶解性能。分配系数是指在一定温度下，溶质在互成平衡的两液相中的浓度之比，用 K 来表示，即

$$K = \frac{溶质在萃取相中的平衡浓度}{溶质在萃余相中的平衡浓度}$$

分配系数 K 越大，表示溶质在萃取相中的浓度越大，分离效果越好，越容易被萃取。K 通常不是常数，其值随系统温度和溶质浓度而变化。

在废水处理中，可以采用萃取的方法，将萃取剂加入废水，根据污染物在水中和萃取剂中溶解度的不同，将其提取出来，从而达到净化废水和回收有用物质的目的。

二、萃取剂的选择

萃取的效果及费用与所选的萃取剂密切相关，因此，选择合适的萃取剂是提高萃取过程经济性的重要因素之一。在废水处理中，萃取剂的选择需要考虑以下几个因素：

(1)萃取剂本身在水中的溶解度要低，对萃取物的溶解度要高，对水中其他物质的溶解度要低。通常是希望选择分配系数较高的萃取剂，这样可以减少萃取剂用量，提高分离效果。

(2)萃取剂与水的密度差要大。密度差越大，两相越容易分层。

(3)化学稳定性强。要求萃取剂不易水解，不易挥发，热稳定性好，加热时不易分解，无毒，腐蚀性小等。

(4)萃取剂要容易回收。溶剂回收是萃取过程中一项关键的经济指标。溶剂回收常采用蒸馏、蒸发或反萃取等方法。采用蒸馏法回收，就要求萃取剂与溶质的沸点相差大。

(5)萃取剂要价格低廉，来源较广。

三、萃取工艺与设备

用萃取法处理废水时，有以下三个步骤：

(1)把萃取剂加入废水，并使其充分接触，污染物(溶质)从废水中转移到溶剂中。

(2)将萃取相和萃余相分离，废水即得到了处理。

(3)把污染物从萃取相中分离出来，回收溶剂以重复利用。

萃取操作流程按原料液和萃取剂的接触方式可分为级式接触萃取和连续逆流接触萃取两类。

(一)级式接触萃取

级式接触萃取的流程是将萃取剂加入废水并充分接触，直至两相平衡，然后静置澄清，再将萃取相和萃余相分别从系统中排出。级式接触分单级和多级两种，图 5-1 为单级萃取流程。单级式萃取为间歇式生产，推动力大，设备简单，但分离纯度不高，溶剂消耗量大，只适用于溶质在溶剂中的溶解度很大或萃取率要求不高的场合。多级式萃取多采用逆流操作，废水和萃取剂依次按相反方向通过各级，最终萃取相从加入废水的一端排出，并引入溶剂回收设备脱除溶剂；最终萃余相从加入萃取剂的一端排出，也引入溶剂回收设备脱除溶剂。多级逆流萃取可以在萃取剂用量较小的条件下获得较高的萃取率，但级数多，工艺复杂，一般多采用三级萃取，如图 5-2 所示。

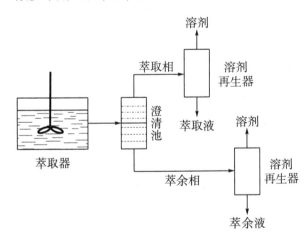

图 5-1　单级萃取流程

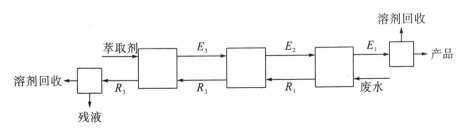

图 5-2　三级逆流萃取流程

（二）连续逆流接触萃取

连续逆流接触萃取也称微分接触萃取，它是利用萃取剂与废水的密度差，使两相逆向流过塔或其他设备的萃取过程。在塔中进行的萃取过程如图 5-3 所示。废水（密度大）从塔顶进料后连续向下流动，萃取剂（密度小）从塔底进料后分散为液滴，两者逆流接触、充分混合进行质量传递，废水中的污染物转移到溶剂中形成萃取相从塔顶排出，处理后的废水形成萃余相从塔底排出。萃取相中的溶剂经溶剂回收塔（如精馏塔）分离后返回萃取塔重复使用。微分接触萃取的萃取率高，操作方便，较为经济。

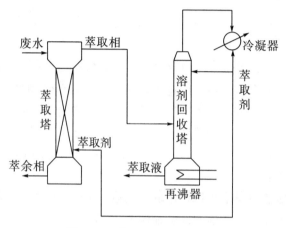

图 5-3　塔式液—液萃取流程

（三）萃取设备

目前，应用于废水处理的萃取设备可分三大类：罐式（萃取器）、塔式（萃取塔）和离心机式（离心萃取器），其中以塔式设备最为常用。萃取设备必须同时满足两个要求：一是要保证两相充分的接触和传质；二是要保证两相较为完全的分离。对于密度差小、界面张力不大的液—液萃取，为了提高萃取设备的效率，通常还需补给能量，如搅拌、振动、脉冲等。

萃取器是间歇操作的，每个周期包括装料、搅拌、静置和出料四个步骤。搅拌和静置的时间可以根据实际情况灵活调整。它可以用于单级萃取，也可用于多级萃取。

萃取塔是连续操作的。重液从塔顶流入，从塔底流出，而轻液则从塔底流入，从塔顶流出。两相在塔内充分混合、接触，完成萃取。同时，塔顶分离出较为纯净的轻液，塔底分离出较为纯净的重液。常用的萃取塔是填料塔和筛板塔，其结构与化工生产中使用的塔设备相似。

离心萃取器是连续操作的。其主要构件为一个高速旋转的螺旋转子，转速为 2000 ~ 5000 r/min。离心萃取器利用离心力的作用使两相快速充分混合和快速分相。因此，它特别适用于要求接触时间短、易产生乳化、难以分离的萃取体系。离心萃取机具有结构紧凑、生产强度高、接触时间短、分离效果好等优点；但它的结构复杂，制造成本较高，能量消耗大，其应用受到了一定限制。

第四节　膜分离法

　　膜分离技术是近30年来发展起来的一种高新技术，它是利用薄膜的选择透过性来分离或浓缩水溶液中某些物质的方法的统称。常用的膜分离法有电渗析法、反渗透法和超滤法等，它们的主要特征及区别见表5－2。近年来，膜分离技术发展很快，应用范围不断扩大，遍及海水与苦咸水淡化、化工、石油、医药、轻工等领域。与常规水处理方法相比，膜分离法具有占地面积小、适用范围广、处理效率高等特点。

表5－2　几种膜分离法的主要特征及区别

分离方法	膜名称	膜功能	推动力	适用范围
电渗析法	离子交换膜	离子选择透过	电位梯度	分离质量浓度为1～5 g/L的离子态溶质
反渗透法	反渗透膜	分子选择透过	压力梯度	分离质量浓度为1～10 g/L的小分子溶质
超滤法	超滤膜	分子选择透过	压力梯度	分离相对分子质量大于500的大分子溶质

一、电渗析

　　电渗析是在直流电场作用下，以电位差为推动力，利用离子交换膜的选择透过性，从溶液中脱除或富集电解质，从而实现溶液的淡化、浓缩、精制或纯化。电渗析的选择性取决于所用的离子交换膜。根据对离子的选择性，离子交换膜分为阳离子交换膜(简称阳膜)和阴离子交换膜(简称阴膜)。膜的选择机理是靠膜上的固定离子基团对异电荷离子的吸引，使其能在电场的作用下透过膜，而对同电荷的离子的排斥，阻止其透过膜。电渗析最基本的工作单元为膜对，一个膜对构成一个脱盐室和浓缩室。

　　下面针对盐水中NaCl的脱除来说明电渗析的基本原理。如图5－4所示，原水进入脱

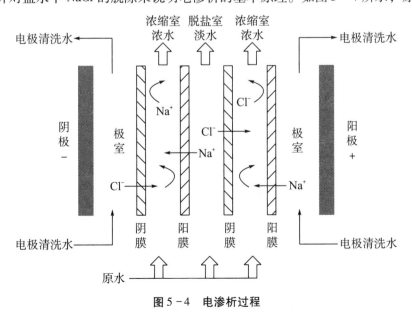

图5-4　电渗析过程

盐室和浓缩室，在电场的作用下，脱盐室中的 Na⁺ 向阴极方向迁移，并穿过阳膜进入左侧的浓缩室。Cl⁻ 则向阳极方向移动，并穿过阴膜进入右侧的浓缩室。在浓缩室中 Cl⁻ 和 Na⁺ 分别被阴膜和阳膜阻拦而不能向两侧的脱盐室渗透。这样，脱盐室中的原水被淡化，而浓缩室中的盐浓度增加。

在工业上，电渗析主要用于海水、苦咸水的淡化，电厂等工业锅炉用水的制备，工业纯水的制备，废水处理和有用物质的回收等方面。

二、反渗透

反渗透法是一种借助压力促使水分子反向渗透，以浓缩溶液或废水的方法。如图 5-5 所示，将纯水和盐水用一种只能透过水而不能透过其他溶质的半透膜隔开，则纯水中的水分子将透过半透膜进入盐水，盐水浓度逐渐降低，同时，盐水液面将不断上升，直到某一位置达到平衡后保持不变。这一现象称为渗透。当渗透到达平衡时，在半透膜两侧的溶液中形成一个压差 h，称为溶液的渗透压。若在盐水一侧施加一大于渗透压的压力，则盐水中的水分子就会透过半透膜，流向纯水一侧，这一过程称为反渗透。

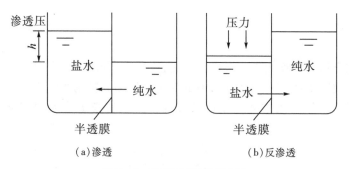

图 5-5　渗透和反渗透过程

反渗透膜是实现反渗透过程的关键。反渗透膜的种类很多，目前应用较多的是醋酸纤维素膜(CA 膜)和芳香族聚酰胺膜。常用的反渗透装置有四种形式，即板式、管式、螺旋卷式和中空纤维式。反渗透装置一般由专门的厂家制成成套设备后出售。

近年来，反渗透技术发展迅速，但由于渗透压的影响，其应用范围受到了一定的限制，现主要用于海水和苦咸水的淡化、纯水制备以及低相对分子质量水溶液组分的浓缩和回收。

三、超滤

超滤的原理是溶液在压力差的作用下，溶剂和小于膜孔径的溶质透过半透膜(非对称膜，孔径为 2~20 nm)，而大于膜孔径的溶质则被截留，从而实现溶液的净化、分离和浓缩。图 5-6 为超滤过程。超滤膜对溶质的分离过程主要有：①在膜表面及微孔内吸附(一次吸附)；②在孔内停留而被去除(阻塞)；③在膜面的机械截留(筛分)。

超滤与反渗透类似，都是以压力差为推动力的液相膜分离过程。超滤法也要加压，以使废水能克服滤膜的阻力而透过滤膜，但这个压力比反渗透法要低，一般为 0.1~0.7 MPa。超滤与反渗透的不同之处在于超滤所截留的大多为大分子，而小分子溶质和溶剂可以透过膜。一般相对分子质量在 500 以上的大分子及胶体物质可以被截留。

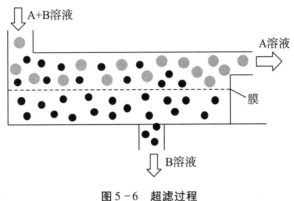

图 5-6　超滤过程

超滤设备与反渗透设备相似。在废水处理中，超滤法目前主要用于分离有机的溶解物，如淀粉、蛋白质、树胶、油漆等。

第五节　磁分离法

磁分离法是借助外加非均匀磁场以磁力将水中的磁性悬浮物吸出而分离的废水处理方法。与传统的固液分离相比，磁分离法具有处理能力大、效率高、能耗少、设备简单紧凑等优点。目前，磁分离的处理对象已由含有磁性颗粒的废水扩大到含非磁性颗粒的废水，现已成功应用于高炉煤气洗涤水、含油废水、钢铁废水、烧结废水的处理，与其他处理手段相结合，还可用于其他工业废水、城市污水的处理。例如，在重金属废水处理中，呈离子态的重金属可以先通过预处理（如铁氧体法、化学沉淀法等）转化为不溶于水且具有磁性的固体，然后通过高梯度磁分离去除。

一、磁分离原理

一切宏观的物体，在某种程度上都具有磁性，磁性强弱可由磁化率表示。物体在外加磁场的作用下会被磁化而产生附加磁场，按其在外磁场作用下的特性，可分为以下三类：

（1）铁磁性物质：这类物质的磁场强度与外磁场强度的方向相同，在外磁场作用下能迅速达到磁饱和，磁化率很大，离开外磁场后有剩磁。

（2）顺磁性物质：磁化率大于零，但磁化强度小于铁磁性物质，在外磁场作用下，表现出较弱的磁性，磁化强度和外磁场强度呈线性关系。

（3）反磁性物质：磁化率小于零，在外磁场作用下，逆磁场磁化，使磁场减弱。

各种物质磁性的差异正是磁分离技术的基础。

水中颗粒状物质在磁场里要受磁力、重力、惯性力、黏性力以及颗粒间相互作用力的作用。磁分离法就是有效地利用磁力，克服与其抗衡的重力、惯性力、黏性力（磁过滤、磁盘)或利用磁力和重力使颗粒凝聚后沉降分离(磁凝聚)。

颗粒受到的磁力 F_m 可表示为

$$F_m = K_m VH \frac{\mathrm{d}H}{\mathrm{d}l} \tag{5-4}$$

式中，K_m——颗粒的磁化率；

      V——颗粒的体积，m^3；

      H——外磁场强度，A/m；

      $\mathrm{d}H/\mathrm{d}l$——磁场梯度，A/m^2。

对于铁磁性物质，其磁化率 K_m 很大，能使原有磁场显著增强，因而在磁分离器中常被用作磁化物质。若废水中含有铁、钴、镍、锰及其合金的悬浮物质，则非常适合用磁分离法来去除。对于顺磁性物质，因其磁化率 K_m 较小，只有采用高梯度磁分离法才能去除。反磁性物质的磁化率为负值，不能直接采用磁分离法。当原水悬浮物中含磁性颗粒较少时，可以加入一些强磁性微粒来提高颗粒的磁化率 K_m，提高去除效果。

由式(5-4)可知，F_m 与 V 成正比。因此，颗粒直径越大，它所受到的磁力就越大，越容易被去除。增大颗粒可以采用投加混凝剂的方法，也可用磁混凝法。但是，两种方法都不能有剧烈的搅动，否则形成的絮体会解聚，从而影响处理效果。

二、磁分离工艺及设备

磁分离按装置原理，可分为磁凝聚分离、磁盘分离和高梯度磁分离；按产生磁场的方法，可分为永磁磁分离、电磁磁分离和超导磁分离；按工作方式，可分为连续式磁分离和间断式磁分离；按颗粒物去除方式，可分为磁凝聚沉降分离和磁力吸着分离。下面简单介绍几种磁分离技术。

(一)磁凝聚

磁凝聚是促进固液分离的一种手段，是提高沉淀池或磁盘工作效率的一种预处理方法，它属于物理法。磁凝聚就是让废水通过高强度的均匀磁场，磁性颗粒被磁化，形成如同具有南北极的磁体。由于均匀磁场的梯度为零，颗粒不会被磁体捕集。颗粒在剩磁的作用下相互吸引，聚集成大颗粒而被沉淀去除。有时还可投加絮凝剂，使磁性颗粒与非磁性颗粒凝聚成大的絮凝体，再通过磁场使其磁化，以充分发挥磁分离设备的作用。

磁凝聚装置由磁路和磁体构成，磁体可以是永磁铁或电磁线圈。磁块同极性排列，即一侧为 N 极，一侧为 S 极。废水通过磁场的流速应大于 1 m/s，在磁场中仅需停留 1 s 左右，这样可防止磁体表面大量积污，堵塞通路。

相比于化学混凝法，磁凝聚可节约大量药剂及相应的储存、制备和投加设备。此外，若使用永久磁体，只需一次投资，不消耗能源。

(二)磁盘分离

磁盘分离器由分离槽、磁盘和刮泥板组成，如图 5-7 和图 5-8 所示。表面嵌有永久磁铁块的磁盘浸入分离槽中，逆水流方向匀速转动，污水连续流入分离槽中。磁盘分离是一种物理法分离手段，它是借助磁盘的磁力将污水中的磁性悬浮颗粒吸着在匀速转动的磁性转盘上，随着磁盘的转动，泥渣被带出水面，再经刮泥刀除去，磁盘又进入水中，继续吸着磁性颗粒，如此周而复始。

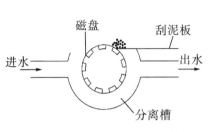

图5-7　磁盘分离器的结构

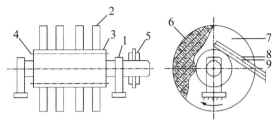

1—轴承座；2—磁盘；3—铝挡圈；4—紧固螺钉；5—带轮；
6—永磁块；7—铝板覆面；8—刮泥刀；9—输泥槽

图5-8　磁盘的结构

磁盘分离去除废水中悬浮颗粒的前提条件是：①颗粒是磁性物质或以磁性物质为核心的凝聚体，进入磁盘磁场即被磁化，或进入磁盘磁场之前先经过预磁化；②磁盘磁场有一定的磁力梯度。

磁盘分离常与磁凝聚或投药絮凝联合使用。废水在进入磁盘前先投加絮凝剂或预磁化，抑或二者同时使用。同时使用时，应先加絮凝剂，再预磁化0.5～1 s，可增加颗粒粒径，提高污染物去除效率。

图5-9为絮凝—磁聚磁盘分离处理流程，它主要用于钢铁工业废水中磁性和非磁性混合悬浮物的分离，属于物理化学法。絮凝剂投加到混合槽中，废水中的磁性与非磁性粒子聚结为絮凝体，通过预磁器使絮凝体磁化后进入反应室，在进一步絮凝的同时，借助剩磁使颗粒与絮凝体之间发生磁聚，形成絮凝—磁聚复合体，最后在磁盘水槽中被磁盘除去。

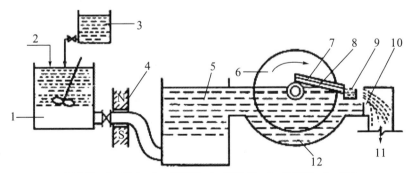

1—混合槽；2—废水；3—储药箱；4—预磁器；5—反应室；6—磁盘；
7—刮泥刀；8—输泥槽；9—排泥槽；10—溢流闸板；11—出水；12—分离水槽

图5-9　絮凝—磁聚磁盘分离处理流程

（三）高梯度磁分离

常规的磁凝聚法和磁盘法可以有效去除水中的强磁性物质，但对那些弱磁性和反磁性悬浮物却不易分离。从理论上讲，可以采取增大磁场强度或提高磁场梯度的手段来实现分离，但增大磁场强度的成本太高，在实际应用中一般是提高磁场梯度。高梯度磁分离，就是利用磁场梯度很大的非匀强磁场来实现磁分离的目的。

磁场中磁通变化越大，即磁力线密度变化越大，梯度就越高。高梯度磁分离就是在均匀磁场内，装填表面曲率半径极小的磁性介质，靠近其表面就产生局部的疏密磁力线，从而构成高梯度磁场。因此，产生高梯度磁场不仅需要高的磁场强度，而且要有适当的磁性介质。可用作磁性介质的材料有不锈钢毛及软铁制的齿板、铁球、铁钉等。

对磁性介质的要求是：①可以产生高的磁力梯度；②可提供大量的颗粒捕集点；③孔隙率大，阻力小，以便废水通过；④剩磁强度低，退磁快，除去外磁场后，吸着在磁性介质上的颗粒易于冲洗下来；⑤具有一定的机械强度和耐腐蚀性，冲洗后不应产生折断、压实等形变。

高梯度磁分离器的构造如图 5-10 所示。它主要由激磁线圈、过滤筒体、磁性滤料层、导磁回路外壳、上下磁极和进出水管组成。直流电通过激磁线圈，使过滤筒体内的上、下磁极产生强背景磁场，钢毛被磁化，并在磁场中使磁力线紊乱，造成磁通疏密不均，形成很高的磁场梯度，磁性颗粒在磁力的作用下，克服水流阻力及重力而被吸附在钢毛表面，从水中分离出来。当钢毛滤料层被磁性颗粒堵塞后，切断直流电源，使磁场的磁力消失，被捕集的杂质能很容易地从钢毛中冲洗出来。

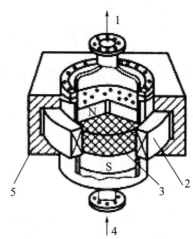

1—出水；2—激磁线圈；3—钢毛；4—进水；5—导磁轭铁

图 5-10　高梯度磁分离器的构造

利用高梯度磁分离装置可处理电镀废水、有色冶炼废水等含重金属离子的废水，可以利用化学沉淀法、铁氧体法、铁盐共沉法等将金属离子转化为沉淀物。在使用化学沉淀法时，还需投加磁种和絮凝剂。

（四）超磁分离

超磁分离技术处理废水，其前提是污水中的颗粒需具有一定的磁性。对于含有非磁性或弱磁性污染物的废水，一般是先投加磁种（如铁粉），然后利用絮凝技术使非（弱）磁性物质与磁种结合，再用超磁分离技术分离净化废水。

图 5-11 是超磁分离工艺流程，它主要包括三部分：①磁种絮凝：向废水中投加磁种

和混凝剂，使悬浮颗粒在较短时间内与磁种结合，形成以磁种为核心的"微絮团"。②超磁分离：经过微磁絮凝后的水流入磁分离机，微磁絮团在磁力作用下被瞬时吸附，实现快速分离净化。③磁种回收：磁分离机分离出的污泥被输送到磁分离磁鼓，在磁鼓的高速分散区将磁种和非磁性颗粒分散，并由磁鼓将磁种吸附回收，产生的剩余污泥在磁鼓中被收集送至污泥处理设备。回收的磁种被再次配制成一定浓度的溶液，投加到前端的混凝反应器中，完成循环使用。

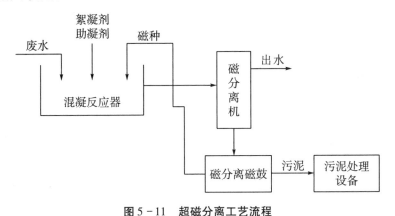

图 5-11 超磁分离工艺流程

思考题

1. 物理化学处理与化学处理相比，在原理上有何不同？处理的对象有何不同？

2. 用吸附法处理废水，可以使出水非常洁净。那么，对处理要求高、出水要求高的废水，原则上是否都可以考虑采用吸附法？为什么？

3. 电镀车间的含铬废水，可以用氧化还原法、化学沉淀法和离子交换法等来处理。那么，在什么条件下采用离子交换法是比较合适的？

4. 从水中去除某些离子(如脱盐)，可以采用离子交换法和膜分离法。当含盐浓度较高时，应采用哪种方法？为什么？

5. 有机酚的去除可以用萃取法。那么，废水中的无机物的去除是否可用萃取法？为什么？

6. 磁分离的基本原理是什么？如何提高磁分离效率？

7. 磁分离法与化学沉淀法相比有何优点？其应用范围如何？

第六章　废水生物处理的基本概念

废水生物处理是利用微生物的新陈代谢作用，对废水中污染物进行降解，从而实现废水净化的水处理方法。废水生物处理是建立在环境自净作用基础上的人工强化技术，其意义在于创造出有利于微生物生长繁殖的良好环境，加强微生物的新陈代谢，加速微生物对污染物的降解，促进废水的净化。

根据微生物生长方式的不同，废水生物处理技术可分为悬浮生长法和附着生长法两类。悬浮生长法是指通过适当的混合方法使微生物在处理构筑物中保持悬浮状态，并与废水中的污染物充分接触，完成对废水的净化。与悬浮生长法不同，附着生长法中的微生物是附着在某种载体(如填料)上生长，并形成生物膜，废水流经生物膜时，微生物与废水中的污染物接触，完成对废水的净化。悬浮生长法主要是指活性污泥法，而附着生长法主要是指生物膜法，这两种方法将在后续章节详细介绍。

根据参与代谢活动的微生物对溶解氧的需求不同，废水生物处理技术可分为好氧生物处理、缺氧生物处理和厌氧生物处理。好氧生物处理是指在水中存在溶解氧的条件下(即水中存在分子氧)进行的生物处理过程。缺氧生物处理是指在水中无分子氧存在，但存在如硝酸盐等化合态氧的条件下进行的生物处理过程。厌氧生物处理是指在水中既无分子氧存在，又无化合态氧存在的条件下进行的生物处理过程。好氧生物处理是城镇污水处理所采用的主要方法，高浓度有机废水的处理常常采用厌氧生物处理。

第一节　废水生物处理基本原理

一、微生物的新陈代谢

微生物的新陈代谢是指物质在微生物细胞内发生的一系列复杂生化反应的总称，它分为合成代谢(同化)和分解代谢(异化)两个过程。微生物可以利用废水中的大部分有机物和部分无机物作为营养源，这些可被微生物利用的物质通常称为底物或基质。

分解代谢是指微生物在利用底物的过程中，一部分底物在酶的催化作用下降解，同时释放出能量的过程，这个过程也称为生物氧化。合成代谢是指微生物利用另一部分底物或分解代谢过程中产生的中间产物，在合成酶的作用下合成微生物细胞的过程，合成代谢所需的能量由分解代谢提供。

废水生物处理过程中有机物的生物降解实际上就是微生物将有机物作为底物进行分解代谢获取能量的过程。不同类型的微生物进行分解代谢所利用的底物是不同的，异养微生物利用有机物，自养微生物则利用无机物。

二、呼吸与发酵

有机底物的生物氧化主要以脱氢（包括失电子）方式实现，底物氧化后脱下的氢可表示为

$$2H \longrightarrow 2H^+ + 2e^-$$

根据氧化还原反应中最终电子受体的不同，微生物的分解代谢分为发酵和呼吸两种类型。根据与氧气的关系，呼吸又分为好氧呼吸和缺氧呼吸。

（一）好氧呼吸

好氧呼吸是营养物质进入好氧微生物细胞后，在分子氧（O_2）的参与下，通过一系列氧化还原反应获得能量的过程，其反应的最终电子受体是 O_2。好氧微生物的种类不同，反应的电子供体（底物）也不同，异养微生物的电子供体是有机物，自养微生物的电子供体是无机物。

1. 异养型微生物

异养型微生物进行好氧呼吸时，以有机物为底物（电子供体），其最终产物为二氧化碳、氨和水等无机物，同时放出能量。例如：

$$C_6H_{12}O_6 + 6O_2 \longrightarrow 6CO_2 + 6H_2O + 能量$$

$$C_{11}H_{29}O_7N + 14O_2 + H^+ \longrightarrow 11CO_2 + 13H_2O + NH_4^+ + 能量$$

有机废水的好氧生物处理，如活性污泥法、生物膜法等都属于好氧呼吸类型。

2. 自养型微生物

自养型微生物进行好氧呼吸时，以无机物为底物（电子供体），其终点产物也是无机物，同时释放出能量。例如：

$$H_2S + 2O_2 \longrightarrow H_2SO_4 + 能量$$

$$NH_4^+ + 2O_2 \longrightarrow NO_3^- + 2H^+ + H_2O + 能量$$

（二）缺氧呼吸

某些厌氧和兼性微生物在无分子氧的条件下进行缺氧呼吸，缺氧呼吸的最终电子受体是无机含氧化合物，如 NO_3^-，NO_2^-，SO_4^{2-} 等。例如：

$$C_6H_{12}O_6 + 4NO_3^- \longrightarrow 6CO_2 + 6H_2O + 2N_2 + 能量 + 4e^-$$

缺氧呼吸也能产生较多的能量用于微生物的生命活动，但因部分能量随电子转移到最终受氢体，故释放的能量比好氧呼吸少。

（三）发酵

发酵是指微生物将有机物（电子供体）氧化释放的电子直接交给底物本身未完全氧化的某种中间产物（有机物），同时释放能量并产生不同的代谢产物。以葡萄糖为例，发酵的反应过程如下：

$$C_6H_{12}O_6 \longrightarrow 2C_2H_5OH + 2CO_2 + 能量$$

在发酵条件下，底物氧化不彻底，最终形成的还原性产物是比原来的底物简单的有机物，反应释放的能量较少。因此，发酵微生物在进行生命活动过程中，为了满足能量的需要，消耗的底物要比好氧微生物的多。

三、好氧生物处理

好氧生物处理是指在有 O_2 存在的条件下，好氧细菌（包括兼性细菌）利用废水中的有机物（以溶解状与胶体状的为主）作为营养源进行好氧代谢，使其稳定、无害化的处理方法。经过微生物的好氧代谢，高能位的有机物逐级降解并释放能量，最终以低能位的无机物稳定下来。废水好氧生物处理的过程如图 6-1 所示。

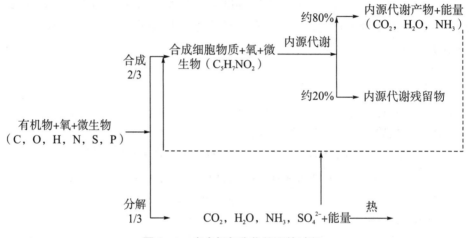

图 6-1 废水好氧生物处理的过程

图 6-1 表明，有机物被微生物利用后，约有 1/3 被分解，并为自身生理活动提供所需的能量；约有 2/3 被转化，合成新的细胞质，即进行微生物自身生长繁殖。后者就是废水生物处理中的活性污泥或生物膜的增长部分，通常称其为剩余活性污泥或生物膜，又称生物污泥。

好氧生物处理的反应速度较快，反应时间较短，故处理构筑物容积较小，且处理过程中散发的臭气较少。因此，目前对中、低浓度的有机废水，或者说 BOD_5 小于 500 mg/L 的有机废水，基本上都采用好氧生物处理。

四、厌氧生物处理

厌氧生物处理是指在没有 O_2 的条件下，复杂有机物被兼性细菌和厌氧细菌降解、转化为简单的化合物，同时释放能量的过程。在这个过程中，有机物的转化分为三部分：一部分转化为 CH_4；一部分被分解为 CO_2，H_2O，NH_3，H_2S 等无机物，并为细胞合成提供能量；少量有机物被转化、合成为新的细胞质。由于仅有少量有机物用于合成，因此厌氧生物处理的污泥增长率比好氧生物处理的污泥增长率要小得多。

废水厌氧生物处理的过程如图 6-2 所示。

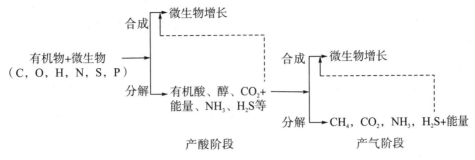

图 6-2　废水厌氧生物处理的过程

废水厌氧生物处理的主要优点是：①不需要提供 O_2，运行费用低；②污泥增长率小，剩余污泥量少；③可回收能量（CH_4）。它的主要缺点是：①反应速度较慢，反应时间较长；②处理构筑物容积大；③为维持较高的反应速度，通常需维持较高的反应温度，这就要消耗能源。

对于高浓度有机废水，或者说 BOD_5 大于 2000 mg/L 的有机废水，可以采用厌氧生物处理。

第二节　微生物的生长规律和生长环境

一、微生物的生长规律

微生物的生长规律一般用生长曲线来反映。这条曲线表示了微生物在不同培养环境下的生长情况和生长过程。按微生物的生长速度，其生长可分为四个时期，即适应期（延迟期）、对数增长期、稳定期（平衡期）和衰亡期（内源呼吸期），如图 6-3 所示。

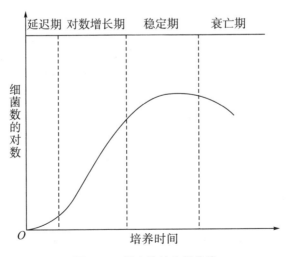

图 6-3　微生物的生长曲线

1. 适应期

适应期是微生物刚进入新环境的时期。例如，活性污泥被接种到与原来生长条件不同的废水中（营养类型发生变化，污泥培养驯化阶段），或污水处理厂因故中断运行后再运行，都可能出现适应期。这个时期微生物细胞要吸收营养物质来合成新的酶系，以适应新的废水环境，或从衰老状态恢复到正常状态。微生物在这个时期一般不繁殖，活细胞数目不会增加，甚至由于不适应新的环境，接种活细胞数量可能有所减少，但细胞的体积显著增大。适应期是否存在或适应期的长短，与接种细菌的性质、数量、菌龄及废水性质等因素有关。

2. 对数增长期

微生物细胞经过延迟期，适应了新环境之后，便开始以近乎恒定的生长速度进行增长繁殖。在对数增长期，微生物细胞的形态特征与生理特征比较一致（即细胞的大小、形态及生理生化反应比较一致）。在生长曲线上，细胞增殖数量与培养时间近似为直线关系。处于对数增长期的污泥絮凝性较差，呈分散状态，镜检能看到较多的游离细菌。

3. 稳定期

由于营养物质不断被消耗，代谢产物不断积累，环境条件的改变不利于微生物的生长，这就出现了稳定期。在这一时期，微生物细胞生长速率下降，死亡速率上升，新增加的细胞数与死亡细胞数趋于平衡。从生长曲线看，在该时期内，细菌生长对数值几乎不变。由于营养物质减少，微生物活性降低，菌胶团细菌之间易于相互黏附，分泌物增多，活性污泥絮体开始形成。处于稳定期的活性污泥具有一定的氧化有机物的能力，且沉降性能良好。

4. 衰亡期

由于营养物质已经耗尽，微生物细胞只能依靠内源呼吸以维持生存，这就出现了衰亡期。在这一时期，微生物细胞的生长速率为零，而死亡速率随着时间的延长而加快，细胞形态多呈衰退型，许多细胞出现自溶。处于衰亡期的污泥，沉降性能好，絮体吸附有机物的能力显著，但活性降低，污泥较松散。

正是由于处于不同生长期的微生物具有不同的特性，因此在废水生物处理过程中，控制微生物的生长期尤为重要，这对生产运行有一定的指导意义。例如，将微生物维持在活力很强的对数增长期未必会获得最好的处理效果。原因在于，若要使微生物维持较高的活性，就需要有充足的底物为其提供营养，但高浓度的有机物进水易造成出水 COD 超标而不能达标排放。此外，处于对数增长期的微生物活性强，使得活性污泥不易凝聚和沉降，这给泥水分离带来了一定困难。又如，将微生物维持在衰亡期末期，虽然出水 COD 很低，但此时的微生物氧化分解有机物的能力很差，故所需反应时间较长，这在实际工作中是不可行的。因此，为了保证活性污泥具有较强的氧化、吸附有机物的能力和良好的沉降性能，在实际工程中常常将活性污泥控制在稳定期末期和衰亡期初期。

二、微生物的生长环境

微生物的生长与环境条件密切相关，在废水生物处理过程中，应设法创造良好的微生物生长环境，使其更好地生长繁殖，以期获得高效、经济的处理效果。

影响微生物生长的环境因素众多，其中最主要的是营养、温度、pH 值、溶解氧以及有毒物质。

（一）营养

微生物为合成自身的细胞物质，需要从周围环境中摄取自身生存所必需的各种物质，这就是营养物质，其中主要的营养物质是碳、氮、磷。对微生物而言，碳、氮、磷的营养有一定的比例，如好氧微生物一般为 BOD_5：N：P＝100：5：1。

通常，废水（如生活污水）中大多含有微生物能利用的碳源、氮源和磷源，可以满足生物处理系统中微生物的营养需求。但是，对于一些含碳量低或含氮、磷低的工业废水，需考虑投加碳源、氮源或磷源作为补充营养。例如，投加生活污水、米泔水、淀粉浆料等以补充碳源，投加尿素、硫酸铵等补充氮源，投加磷酸钾、磷酸钠等补充磷源。

（二）温度

各类微生物所生长的温度范围不同，为 5℃～80℃。此温度范围可分为最低生长温度、最高生长温度和最适生长温度（微生物生长速度最高时的温度）。根据微生物适应的温度范围，微生物可分为低温性、中温性和高温性三类。中温性微生物（中温菌）的生长温度范围为 20℃～45℃，高温性微生物（嗜热菌）的生长温度在 45℃以上，低温性微生物（嗜冷菌）的生长温度在 20℃以下。

废水好氧生物处理中的微生物以中温菌为主，其生长繁殖的最适温度为 20℃～37℃。当温度超过最高生长温度时，微生物的蛋白质迅速变性，酶系统遭到破坏，微生物将失去活性，甚至死亡。低温会使微生物代谢活力降低而处于生长繁殖停止状态，但仍保存其生命力。

废水厌氧生物处理中的中温菌和高温菌的最适温度范围分别为 25℃～40℃和 50℃～60℃。厌氧中温消化常采用的温度为 33℃～38℃，厌氧高温消化常采用 52℃～57℃。

（三）pH 值

不同的微生物有不同的 pH 适应范围，废水处理中的大多数细菌适宜中性和偏碱性（pH＝6.5～7.5）环境。

废水生物处理过程保持最适 pH 范围是十分重要的。例如，活性污泥法中的曝气池混合液的适宜 pH 值为 6.5～8.5，当 pH 值达到 9.0 时，原生动物变得呆滞，菌胶团黏性物质解体，活性污泥结构遭到破坏，处理效果显著下降。若进水 pH 值突然降低，则曝气池混合液呈酸性，活性污泥结构也会变化，二次沉淀池中将出现大量浮泥，出水浓度增大。因此，当废水的 pH 值变化较大时，应考虑设置调节池，使进水保持最适 pH 值范围。

（四）溶解氧

溶解氧是影响生物处理效果的重要因素。在废水好氧生物处理中，在溶解氧不足的情况下，好氧微生物的活性将受到影响，新陈代谢能力降低。同时，对溶解氧要求较低的微生物将逐步成为优势菌种，正常的生化反应过程将受影响，最终的结果是系统的处理效果下降。

通常，废水好氧生物处理的溶解氧一般为 2~3 mg/L，在这种情况下，活性污泥或生物膜的结构正常，絮凝、沉降性能良好。在缺氧反硝化中，一般应控制溶解氧在 0.5mg/L 以下，而厌氧释磷则要求溶解氧在 0.3 mg/L 以下。

（五）有毒物质

废水（尤其是工业废水）中有时存在着对微生物具有抑制和杀害作用的物质，这类物质称为有毒物质，其毒害作用主要表现为破坏细胞的正常结构以及使菌体内的酶变质而失去活性。例如，重金属离子能与细胞内的蛋白质结合，使酶变质而失去活性。因此，在废水生物处理中，应严格控制有毒物质的含量。

思考题

1. 试述废水好氧、厌氧生物处理的基本原理和适用条件。
2. 微生物新陈代谢活动的本质是什么？它包含了哪些内容？
3. 微生物呼吸作用的本质是什么？好氧呼吸、缺氧呼吸和发酵的基本概念是什么？
4. 微生物生长曲线包含了哪些内容？它在废水生物处理中具有什么实际意义？
5. 影响微生物生长的环境因素有哪些？为什么说在好氧生物处理中，溶解氧是一个十分重要的因素？

第七章 活性污泥法处理工艺及设备

第一节 活性污泥法工艺简介

自 1914 年在英国建成活性污泥污水处理试验厂以来，活性污泥法已经有 80 多年的历史。随着在生产上的广泛应用，对活性污泥法的生物反应、净化机理、运行管理等进行了深入的研究，其工艺流程也不断有所改进和创新，得到了很大的发展，是目前城市污水处理的主要方法。

一、普通活性污泥法

普通活性污泥法是依据废水的自净作用原理发展而来的。废水在经过沉砂、初沉等工序进行一级处理，去除了大部分悬浮物和部分 BOD 后即进入一个人工建造的池子，池子犹如河道的一段，池内有无数能氧化分解废水中有机污染物的微生物。与天然河道相比，这一人工的净化系统效率极高，大气的天然供氧不能满足这些微生物氧化分解有机物的耗氧需要，因此在池中需设置鼓风曝气或机械曝气的人工供氧系统，故池子有时也被称为吸气池。

废水在曝气池停留一段时间后，废水中的有机物绝大多数被曝气池中的微生物吸附、氧化分解成无机物，随后进入沉淀池。在沉淀池中，成絮状的微生物絮体活性污泥下沉，处理后的出水经溢流排放。

为了使曝气池保持高的反应速率，必须使曝气池内维持足够高的活性污泥微生物浓度。为此，沉淀后的活性污泥的一部分又回流至曝气池前端，使之与进入曝气池的废水接触，以重复吸附、氧化分解废水中的有机物。在这一正常的连续生产（连续进水）条件下，活性污泥中的微生物不断利用废水中的有机物进行新陈代谢。由于合成作用的结果，活性污泥数量不断增长，因此曝气池中活性污泥的量越积越多，当超过一定的浓度时，需适当排出一部分，这部分被排去的活性污泥常称为剩余污泥。普通活性污泥法的工艺流程如图 7-1 所示。

曝气池中污泥浓度一般控制为 2~3 g/L，废水浓度高时采用较高数值。废水在曝气池中的停留时间（HRT）常为 4~8 h，视废水中有机物浓度而定。回流污泥量约为进水流量的 25%~50%，视活性污泥含水率而定。

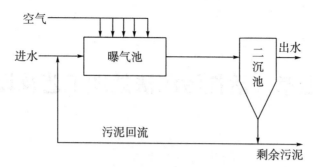

图 7-1　普通活性污泥法的工艺流程

　　曝气池中水流是纵向混合的推流式。在曝气池前端，活性污泥同刚进入的废水相接触，有机物浓度相对较高，即供给活性污泥微生物的食料较多，所以微生物生长一般处于生长曲线的对数生长期后期或稳定期。由于普通活性污泥法曝气时间比较长，当活性污泥继续向前推进到曝气池末端时，废水中有机物已几乎被耗尽，污泥微生物进入内源呼吸期，它的活动能力也相应减弱，因此在沉淀池中容易沉淀，出水中残留的有机物数量少。处于饥饿状态的污泥回流入曝气池后又能够强烈吸附和氧化分解有机物，所以普通活性污泥法的 BOD 和悬浮物的去除率都很高，可达到90%～95%。

　　普通活性污泥法也有它的不足之处，主要是：①对水质变化的适应能力不强；②所供的氧不能充分利用，因为在曝气池前端废水水质浓度高、污泥负荷高、需氧量大，而后端则相反，但空气往往沿池长均匀分布，这就造成前端供氧量不足、后端供氧量过剩的情况。因此，在处理同样水量时，同其他类型的活性污泥法相比，曝气池相对庞大、占地面积大、能耗费用高。

二、阶段曝气法

　　阶段曝气法也称为多点进水活性污泥法，它是对普通活性污泥法的改进，可克服普通活性污泥法供氧与需氧的矛盾。阶段曝气法的工艺流程如图 7-2 所示。从图中可见，阶段曝气法中废水沿池长多点进入，可以使有机物在曝气池中的分配较为均匀，从而避免了曝气池前端缺氧、后端氧过剩的弊病，提高了空气的利用效率。经实践证明，曝气池容积与普通活性污泥法相比可以缩小30%左右，但其出水差于普通活性污泥法。

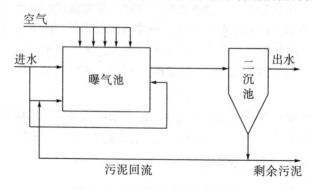

图 7-2　阶段曝气法的工艺流程

三、渐减曝气法

克服普通活性污泥法曝气池中供氧、需氧不平衡的另一个改进方法是将曝气池的供氧沿活性污泥推进方向逐渐减少，即渐减曝气法。该工艺的曝气池中有机物浓度随着向前推进不断降低，污泥需氧量也不断下降，曝气量相应减少，如图7-3所示。

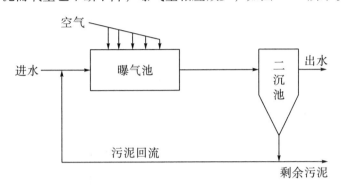

图7-3　渐减曝气法的工艺流程

四、吸附再生法

吸附再生法是根据废水净化的机理和污泥对有机污染物的初期高速吸附作用，将普通活性污泥法进行相应改进发展而来的。吸附再生法的工艺流程如图7-4所示。

曝气池被一隔为二，废水在曝气池的一部分——吸附曝气池内停留数十分钟，活性污泥与废水充分接触，废水中有机物被污泥吸附，随后进入二沉池，此时出水已达很高的净化程度。泥水分离后的回流污泥再进入曝气池的另一部分——再生曝气池，池中曝气但不进废水，使污泥中吸附的有机物进一步氧化分解，恢复污泥的活性。恢复了活性的污泥随后再次进入吸附池与新进入的废水接触，并重复以上过程。

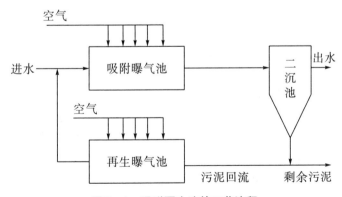

图7-4　吸附再生法的工艺流程

五、完全混合法

完全混合法的流程与普通活性污泥法相同，但废水和回流污泥进入曝气池时，立即与池内原先存在的混合液充分混合。根据构筑物的曝气池和沉淀池合建或分建的不同，可分为两种类型。完全混合法的工艺流程如图7-5所示。

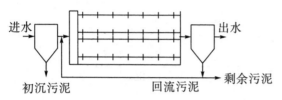
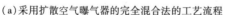
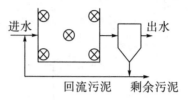

（a）采用扩散空气曝气器的完全混合法的工艺流程　　　（b）采用机械曝气的完全混合法的工艺流程

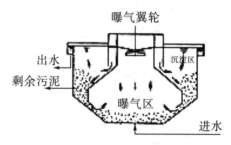

（c）合建式圆形曝气沉淀池

图7-5　完全混合法的工艺流程

完全混合法与前面几种工艺的不同之处在于整个处理系统中的污泥微生物处于相同的负荷之中。当进水的流量及浓度均不变时，系统的负荷也不变，微生物生长往往处于生长曲线的对数生长期的某一点，微生物的代谢速率很高。因此，废水的水力停留时间往往较短，系统的负荷较高，构筑物的占地较省。完全混合法曝气池的出水实际上近似于废水进入曝气池后，泥水混合液经沉淀后的上清液。为了维持系统高速率的运行，使微生物处于对数生长期内，混合液中的基质即废水中的有机污染物往往未完全降解，导致出水水质较差，系统的BOD、COD去除率往往差于同种废水其他工艺的出水。经实践应用，还发现容易发生丝状菌过量生长导致的污泥膨胀等问题。

六、序批式活性污泥法

序批式活性污泥法（Sequencing Batch Reactor，SBR）是20世纪快速发展起来的一种活性污泥法，其工艺特点是将曝气池和沉淀池合二为一，生化反应分批进行，基本工作周期可由进水、反应、沉淀、排水和闲置五个阶段组成，如图7-6所示。

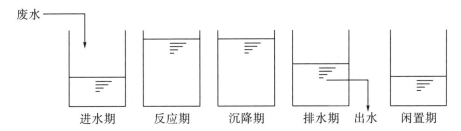

图7-6 序批式活性污泥法运行周期

进水期是指反应器从开始进水至达到反应器最大体积的一段时间，这时也同时进行着生物降解反应。在反应期中，反应器不再进水，废水处理逐渐达到预期的效果。进入沉降期时，活性污泥沉降，固、液分离，上清液即为处理后的水，并于排放期外排。排放完毕后直至下一批废水进入之前即为闲置期，活性污泥在此阶段进行内源呼吸，反硝化细菌也可利用内源碳进行反硝化脱氮。

与其他活性污泥工艺相比较，SBR具有下述特点：

（1）构造简单，节省投资。

SBR中曝气、沉淀在同一池内，省去了二沉池、回流装置和调节池等设施，因此基建投资费用较低，特别适合于乡村地区或仅设常日班的工厂的污水处理系统。

（2）控制灵活，可满足各种处理要求。

在SBR运行过程中，一个周期中各个阶段的运行时间、总停留时间、供气量等都可按照进水水质和出水要求而加以调节。

（3）活性污泥性状好，污泥产率低。

由于SBR在进水初期有机物浓度高，污泥絮体内部的菌胶团细菌也能获得充足的营养，因此有利于菌胶团细菌的生长，污泥结构紧密，沉降性能良好。此外，沉降期几乎是在静止状态下沉淀，因此污泥沉降时间短、效率高。

SBR的运行周期中有一闲置期，污泥处于内源呼吸阶段，因此污泥产率较低。

（4）脱氮效果好。

SBR系统可通过控制合适的充气、停气为硝化细菌和反硝化细菌创造适宜的好氧、缺氧反硝化脱氮条件，此外，反硝化细菌在闲置期还能进行内源反硝化，因此脱氮效果好。针对废水的脱氮除磷，近年来在SBR工艺的基础上开发了CAST和ICEAS工艺。

循环活性污泥法处理系统（CAST）实际上是一种循环式SBR活性污泥法，在此反应器中，活性污泥不断重复曝气和非曝气过程，生物反应过程和泥水分离过程在同一个池子中完成。

作为SBR工艺的一种变型，在CAST系统中污水按一定的周期和阶段得到处理。每一循环由下列阶段组成并不断重复：①充水/曝气；②充水/沉淀；③撇水；④闲置。循环开始时，由于充水，池子中水位从某一最低水位开始上升，在经过一定时间的曝气和混合后停止曝气，以便活性污泥进行絮凝并在一个静止的环境中沉淀，在完成沉淀阶段后，由一个移动式撇水堰排出已处理过的上清液，使水位下降至池子所设定的最低水位。然后再重复上述全过程。

CAST系统（如图7-7所示）由选择器、厌氧区、主反应（曝气）区、污泥回流/剩余污泥排放系统和撇水装置组成。选择器设在池的最前端（第一区域），其最基本的功能是防止污泥膨胀。在选择器中，污水中的溶解性有机物质能通过生物作用得到迅速去除，回流污泥中的硝酸盐也可在选择器中得以反硝化。选择器可以恒定容积、可变容积运行，多池系统的进水配水池也可用作选择器。厌氧区设置在池子的第二区中，主要是创造过量微生物除磷的条件。池子的第三区域为主曝气区，主要进行 BOD 降解和同时硝化/反硝化过程。

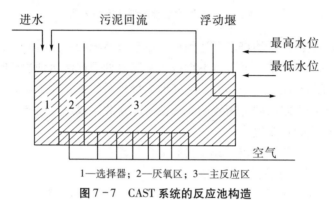

1—选择器；2—厌氧区；3—主反应区

图 7 - 7　CAST 系统的反应池构造

污泥回流/剩余污泥排放系统设在池子的末端，采用潜水泵。在潜水泵吸水口上设置一根带有狭缝的短管，污泥通过此潜水泵不断地从主曝气区抽送至选择器中，污泥回流量约为进水量的 20%。撇水装置也设在池子末端，采用由电机驱动、可升降的排水堰，撇水装置及其他 CAST 操作过程，如溶解氧和排泥等，均实行中央自动控制。

为了处理连续进水，CAST 系统一般设两个池子，运行方式为第一个池子进行沉淀和撇水过程的同时，第二个池子进行曝气过程；反之亦然。为避免充入池子的进水通过短流影响处理水质量，在 CAST 系统执行撇水过程中一般需中断充水。

在传统活性污泥法系统中，当出现水力冲击时，大量污泥从曝气池转移到二沉池并出现污泥流失等现象，曝气池污泥量的减少和污泥的流失降低了生物处理系统的稳定性。如果进水出现短时间的有机负荷和水力负荷冲击，则 CAST 系统可采用特殊运行方式以适应进水波动较大的情况。

当出现短时间的水量冲击时，池子的水位从最低水位一直升到最高水位，从而避免了污泥的流失。在进水出现长时间高峰流量（如降雨等）时，CAST 系统的操作就从正常循环自动转换到高峰流量循环，以适应来水情况。在此操作方式中，撇水频度增加，整个过程可以由控制软件自动执行。

另外一种专利型 SBR 工艺是 ICEAS（Intermittent Cycle Extended Aeration System，间歇循环延时曝气系统），如图 7 - 8 所示。该工艺是澳大利亚新南威尔士大学和美国 ABJ 公司 1968 年合作研发的专利技术。1976 年建成世界上第一座 ICEAS 工艺，随后在日本、美国、加拿大、澳大利亚等地得到广泛应用，目前已建成投产约 300 座。该工艺也有缺氧生物选择器，用以促进菌胶团微生物的繁殖并抑制丝状菌生长。该工艺由曝气、沉淀和出水三个运行阶段组成，在这三个阶段内保持连续进水。

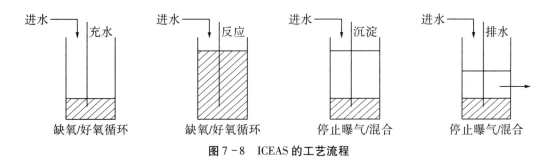

进水 充水	进水 反应	进水 沉淀	进水 排水
缺氧/好氧循环	缺氧/好氧循环	停止曝气/混合	停止曝气/混合

图 7 - 8　ICEAS 的工艺流程

七、生物吸附氧化法(AB 法)

20 世纪 70 年代，德国亚深工业大学布·伯思凯教授为解决传统的二级生物处理法——初沉池 + 活性污泥曝气池存在的去除难降解有机物和脱氮除磷效果差及基建、运行费用高等问题，提出了生物吸附氧化法(AB 法)，其工艺流程如图 7 - 9 所示。

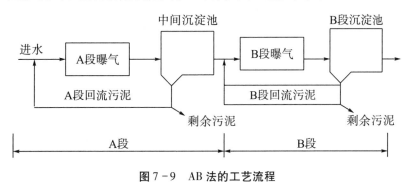

图 7 - 9　AB 法的工艺流程

AB 法在工艺流程和运行控制方面主要有如下特点：

(1) AB 法属于两段活性污泥法范畴，通常不设初沉池，以便充分利用活性污泥的吸附作用。

(2) A 段和 B 段的污泥回流是截然分开的，因而在两段中具有组成和功能均不相同的微生物种群。

(3) A 段以极高负荷运行，其污泥负荷率大于 2.0 kgBOD/(kgMLSS·d)，水力停留时间为 0.5 h，对不同进水水质，A 段可选择以好氧或缺氧方式运行。

(4) B 段以低负荷运行，其污泥负荷率小于 0.3 kgBOD/(kgMLSS·d)。

A 段因负荷高，活性污泥微生物大多呈游离状，代谢活性强，并具有一定的吸附能力；B 段负荷较低，主要发挥微生物的生物降解作用，因此经 B 段处理后出水达到较好的水平。

AB 法的优点是总的反应池容积小、造价低、耐冲击负荷，并能保证出水水质的稳定，是一种很有前途的方法。此外，可广泛用于老的污水厂改造，能扩大处理能力、提高处理效果。

八、延时曝气法

延时曝气法又称完全氧化活性污泥法，为长时间曝气的活性污泥法。采用低负荷方式运行，去除率高，污泥量少；同时由于曝气时间较长，一般都会有硝化作用发生。其缺点是占地面积大，曝气量大，运行时曝气池内的活性污泥易产生部分老化现象而导致二沉池出水飘泥。

九、氧化沟

连续环式反应池通常简称氧化沟，它是由荷兰卫生工程研究所在 20 世纪 50 年代研制成功的。这是活性污泥法的一种改型，属于延时曝气的一种特殊形式。它把连续环式反应池用作生物反应池，污泥混合液在该反应池中以一条闭合式曝气渠道进行连续循环。氧化沟通常在延时曝气条件下使用，污水停留时间较长，污泥负荷较低。污水在氧化沟渠道内循环流动，水平流速约为 0.3 m/s。目前常用的卡罗塞尔（Carrousel）氧化沟系统如图 7-10 所示。

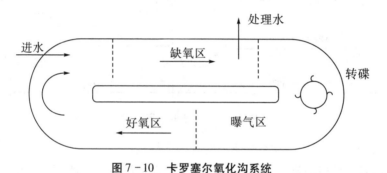

图 7-10 卡罗塞尔氧化沟系统

经运行得知氧化沟系统具有以下特点：

(1)运行负荷低，处理深度大。

(2)由于曝气装置只设置在氧化沟的局部区段，离曝气机不同距离处形成好氧、缺氧以及厌氧区段，故可具有反硝化脱氮的功能。

(3)污泥沉降性能好，无臭味。

(4)耐冲击负荷，适应性强。

(5)污泥产量较少。

(6)动力消耗较低，在采用转刷曝气时，噪声极小。

十、活性污泥法的其他几种运行方式

实际上，活性污泥法有多种不同的分类方法，例如，按曝气的气源，可分为空气曝气和纯氧曝气；按曝气方式，可分为鼓风曝气和机械曝气。下面就一些较重要的实用技术做简要介绍。

(一)射流曝气工艺

利用射流曝气器充氧的活性污泥法,称为射流曝气活性污泥法。它利用射流器吸气的原理,由高速水流经过射流器时挟带空气对水体曝气。根据空气补给的方式,又分为供气式射流曝气(由鼓风机提供压力气源)和自吸式射流曝气(利用射流器直接抽吸外界空气)。前者动力效率较高,可达 $1.6 \sim 2.2\ kgO_2/(kW \cdot h)$ [鼓风机 3 mm 穿孔管中层曝气时,动力效率一般为 $1.0\ kgO_2/(kW \cdot h)$],但鼓风机会产生一定的噪声污染;后者动力效率较低,但也达到 $1.1 \sim 2.0\ kgO_2/(kW \cdot h)$,同时可免去鼓风机的设置,彻底消除噪声的二次污染。

(二)纯氧曝气工艺

纯氧曝气是以纯氧代替空气曝气,曝气池密闭,以提高供氧效率和有机物降解效率。其优点是溶解氧饱和值较高,氧传递速率快,生物处理的速度得以提高,因此曝气时间短,仅为 $1.5 \sim 3.0\ h$,污泥浓度为 $4000 \sim 8000\ mg/L$,处理效果好。其缺点是纯氧制备过程较复杂,易出故障,运行管理较麻烦;曝气池密封,对结构的要求提高;进水中混有的易挥发性的碳氢化合物容易在密闭的曝气池中积累,因此易引起爆炸,故曝气池必须考虑防爆措施;生成的 CO_2 使气体中的 CO_2 分压上升,溶解于液体,并导致 pH 值下降,妨碍微生物处理的正常运行,影响处理效率。在有现成纯氧供应的工业区内及场地异常紧张的情况下,使用该工艺是合适的。

(三)投料式活性污泥法

活性污泥法的各种工艺在运行过程中,最关键之处在于维持活性污泥的活性和凝聚性(沉淀性能)。而活性污泥的凝聚性能极易受进水水质和外界因素的影响,从而导致二沉池出水飘泥等异常现象。此时,在曝气池中投加粉末活性炭、混凝剂或其他化学药剂,往往会取得很好的效果,这就是所谓的投料式活性污泥法。其中以投加粉末活性炭为多,又称 PACT 法(粉末活性污泥法)。由于粉末活性炭对进水有机物的吸附能力远远强于活性污泥,所以会产生粉末活性炭对进水有机物不断吸附、活性污泥微生物不断对粉末活性炭所吸附的有机物降解的现象。因此,PACT 法具有耐冲击负荷、较好的脱色效果以及提高难生物降解有机物去除能力等特点。另外,PACT 法还具有改善活性污泥的沉淀性能、减少或抑制污泥膨胀等性能,通过活性污泥的显微镜观测也可以发现,活性炭与活性污泥经过一段时间的接触后,可以很稳定地嵌入活性污泥中。因为所投加的粉末活性炭可以是饱和炭(皮炭),故在某些工业废水处理中可以采用这种方法,在取得理想的处理效果的同时,对日常运行费用几乎不产生影响。

第二节 活性污泥法处理系统设计

活性污泥法是处理城市污水和有机性工业生产污水的有效生物处理方法。活性污泥法处理系统主要包括曝气池、曝气设备、污泥回流设备、二沉池等。

对于生活污水和性质与其类似的工业废水已经总结出一套较为成熟的设计数据,设计

时可直接采用,对其他的工业废水,往往需要通过试验才能确定有关设计的一些数据。通过试验提供的设计资料,主要包括下列各项:

(1)活性污泥初期吸附能力。

(2)污泥负荷与出水 BOD 的关系。

(3)污泥负荷与污泥沉降、浓缩性能的关系。

(4)污泥负荷与污泥增长率、需氧量的关系。

(5)混合液浓度与污泥回流比的关系。

(6)水温对处理效果的影响。

(7)有关补充营养(如氮、磷)的资料。

(8)有毒物质的允许浓度,驯化的可能性。

(9)冲击负荷(包括毒物)的影响。

在进行设计,特别是在进行工程量大、投资额高的活性污泥法处理系统的设计时,往往需要进行方案比较,慎重研究,以期达到最优化。

一、曝气池的设计

(一)曝气池容积的计算

计算曝气池容积较普遍采用的是以有机负荷率为计算指标的方法。有机物负荷率通常有两种表示方法:污泥负荷率(N_s)和曝气区容积负荷率(N_v)。

曝气池容积计算公式为

$$V = \frac{QL_a}{N_s X} \tag{7-1}$$

或

$$V = \frac{QL_a}{N_v} \tag{7-2}$$

式中,V——曝气池容积,m^3;

Q——污水流量,m^3/d;

L_a——进水有机物(BOD)浓度,mg/L;

N_s——污泥负荷率,kgBOD/(kgMLSS·d);

X——混合液悬浮固体(MLSS)浓度,mg/L;

N_v——曝气区容积负荷,kgBOD/(m^3曝气区·d)。

污泥负荷必须结合处理效果或出水有机物(BOD)浓度来考虑。在污泥的减速增长期,完全混合式的污泥负荷率与出水 BOD 浓度之间有如下关系:

$$N_s = \frac{L_a Q}{XV} = \frac{(L_a - L_e) Q}{XV\eta} = \frac{K_2 L_e f}{\eta} \tag{7-3}$$

式中,K_2——减速增长期常数,见表 7-1;

L_e——出水有机物(BOD)浓度,mg/L;

f——混合液中挥发性悬浮固体(MLVSS)浓度与悬浮固体(MLSS)浓度之比,对于生活污水,其值常为 0.75 左右;

η——有机物去除率，$\eta = \dfrac{L_a - L_e}{L_a}$。

日本的桥本奖根据哈兹尔坦对美国 46 个城市污水厂的调查资料进行归纳分析，得出以下推流式系统经验公式：

$$N_s = 0.01295 L_e^{1.1918} \qquad (7-4)$$

表 7-1　完全混合系统的 K_2 值

污水性质	K_2 值
城市生活污水	0.0168 ~ 0.0281
橡胶废水	0.0672
化学废水	0.00144
脂肪精制废水	0.036
石油化工废水	0.00672

污泥负荷率的确定，除了考虑处理效率和出水水质外，还必须结合污泥的凝聚沉淀性能来考虑，即根据所需要的出水水质计算出 N_s 值，再进一步复核相应的污泥容积指数（SVI）是否在正常运行的允许范围内。

如果对出水水质要求进入硝化阶段，污泥负荷还必须结合污泥龄来考虑。例如，在 20℃时硝化菌的世代周期为 3 日，则与设计污泥负荷率相应的污泥龄必须大于 3 日。

一般来说，污泥负荷率在 0.3 ~ 0.5 kgBOD/（kgMLSS·d）范围内时，BOD 去除率可在 90% 以上，SVI 在 80 ~ 150 范围内，污泥吸附和沉淀性能都较好。对于剩余污泥不便处置的小型污水处理厂，污泥负荷率应低于 0.2 kgBOD/（kgMLSS·d），使污泥自身氧化。

混合液污泥（MLSS）浓度是指曝气池的平均污泥浓度。例如，生物吸附法的污泥浓度应是吸附池和再生池二者污泥浓度的平均值。设计时，采用较高的污泥浓度，可缩小曝气池容积，但污泥浓度也不能过高，选用时还必须考虑如下因素：

（1）供氧的经济性与可能性。因为非常高的污泥浓度会改变混合液的黏滞性，增加扩散阻力，供氧的利用率下降，所以在动能作用方面是不经济的。另外，需氧量是随污泥浓度的增大而增加的，污泥浓度越高，供氧量越大。

（2）活性污泥的凝聚沉淀性能及二沉池与回流设备的造价。因为混合液中的污泥来自回流污泥，混合液污泥浓度（X）不可能高于回流污泥浓度（X_R）。污泥浓度高会增加二沉池的负荷，从而使其造价提高。此外，对分建式曝气池，混合液浓度越高，维持平衡的污泥回流量越大，从而使污泥回流设备的造价和动能都增加。

按照物料平衡可得混合液污泥浓度（X）、污泥回流比（R）及回流污泥浓度（X_R），它们之间的关系为

$$X = \dfrac{R}{1+R} X_R \qquad (7-5)$$

国内外不同运行方式活性污泥法常用的 X 值列于表 7-2。

表 7 - 2　国内外不同运行方式活性污泥法常用的 X 值　（单位：mg/L）

国家	传统曝气池	阶段曝气池	生物吸附曝气池	曝气沉淀池	延时曝气池	高速曝气池
中国	2000～3000	—	4000～6000	4000～6000	2000～4000	—
美国	1500～2500	3500	1500～2000	2500～3500	5000～7000	320～110
日本	1500～2000	1500～2000	4000～6000	—	5000～8000	400～600
英国	—	1600～4000	2200～5500	—	1600～6400	300～800

（二）曝气池的构造设计

由于活性污泥法的不断改进和发展，曝气池的构造型式越来越多样化。根据混合液流型，可分为推流式、完全混合式和循环混合式；根据平面形状，可分为长方廊道形、圆形、方形和环状跑道形；根据曝气池和二次沉淀的关系，可分为分建式和合建式；根据运行方式，可分为传统式、阶段式、生物吸附式、曝气沉淀式和延时式。

1. 推流式曝气池的构造设计

(1)推流式曝气池的平面设计：推流式曝气池为长条形池子，水从池的一端进入，从另一端推流而出。推流池多用鼓风曝气。为防止短流，推流池池长和池宽之比(L/B)一般为 1～10，视场地情况酌定。当场地有限时，长池可以两折或多折，如图 7-11 所示。

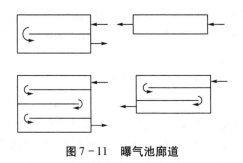

图 7-11　曝气池廊道

推流池进水方式不限，出水多采用溢流堰。

(2)推流式曝气池的横断面设计：在池的横断面上，有效水深最小为 3 m，最大为 9 m。池深与造价和动力费用有密切关系。在一般设计中，常根据土建结构和池子的功能要求，在 3～5 m 的范围内决定池深。

曝气池的超高一般取 0.5 m。为了防风和防冻等需要，可适当加高。当采用表面曝气机时，机械平台宜高出水面 1 m 左右。

为了使水流更好地推流前进，池宽和池深之比(B/H)一般取 1～2。

平移推流式：当采用池底铺满扩散器时，曝气池中水流只有沿池长方向的流动为平移推流式，如图 7-12 所示，这种池型的横断面宽深之比可以大些。

旋转推流式：鼓风曝气装置位于池横断面的一侧，由于气泡造成密度差，池水产生旋转流，因此曝气池中除水流沿池长方向外，还有侧向的旋转流，形成旋转推流，如图 7-13 所示。

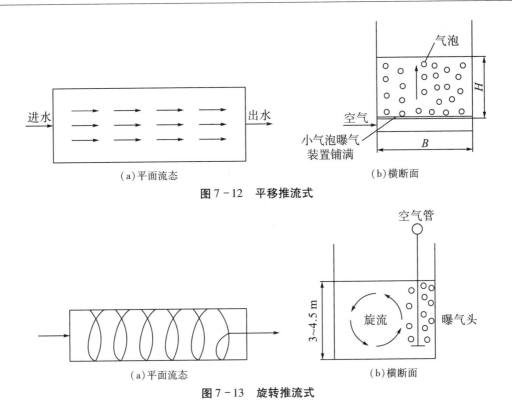

（a）平面流态　　　　　　　　（b）横断面

图 7 - 12　平移推流式

（a）平面流态　　　　　　　　（b）横断面

图 7 - 13　旋转推流式

由于鼓风曝气装置竖向位置的不同，旋转推流又可分为底层曝气、浅层曝气和中层曝气。

①底层曝气：鼓风曝气装置装于曝气池底部，如图 7 - 13 所示。池深决定于鼓风机提供的风压。根据目前的产品规格，有效水深常为 3 ~ 4.5 m。

②浅层曝气：扩散器装于水面以下 0.8 ~ 0.9 m 的浅层，常采用 1.2 m 以下风压的鼓风机，虽风压较小，但风量较大，故仍能造成足够的密度差产生旋转推流。池的有效水深为 3 ~ 4 m，如图 7 - 14 所示。

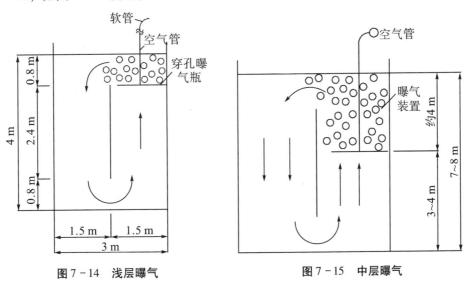

图 7 - 14　浅层曝气　　　　　　　　图 7 - 15　中层曝气

③中层曝气：扩散器装于池深中部，这是近年发展的新布置方法。与底层曝气相比，在相同的鼓风条件和处理效果时，池深一般可以加大到 7~8 m，最大的可达 9 m，可以节省曝气池的用地，如图 7－15 所示。

中层曝气的扩散器也可以设于池的中央，形成两侧旋流。这种池型设计可采用较大的宽深比，适用于大型曝气池，如图 7－16 所示。

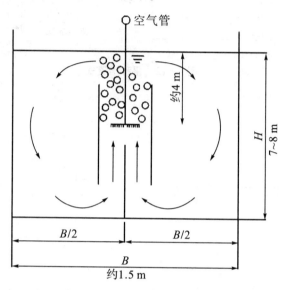

图 7－16　双侧旋流中层曝气池

2. 完全混合式曝气池的构造设计

完全混合式曝气池的平面可以设计为圆形，也可以设计为长方形或方形。曝气装置多采用表面曝气机，置于池中心，废水进入池的底部中心，立即与全池混合，水质没有推流式那样明显的上下游区别。完全混合式曝气池可以与沉淀池分建和合建，因此可以分为分建式和合建式。

（1）分建式：表面曝气机的充氧和混合性能与池的构造设计关系密切，因而表面曝气机的选用应与池型构造设计相配合。

当采用泵型叶轮，线速度为 4~5 m/s 时，曝气池的直径与叶轮的直径之比宜采用 4.2~7.5，水深与叶轮的直径之比宜采用 2.2~4.5。当采用倒伞型和平板型叶轮时，叶轮的直径与曝气池的直径之比宜为 1/5~1/3。在圆形池中，要在水面处设置挡板，一般用四块，板宽为曝气池的直径的 1/20~1/12，高度为深度的 1/5~1/4。在方形池中，可不设挡板。

分建式完全混合式曝气池既可用表面曝气机，也可用鼓风曝气装置，如图 7－17 所示。

分建式虽然不如合建式用地紧凑，且需专设的污泥回流设备，但运行上便于控制、调节。

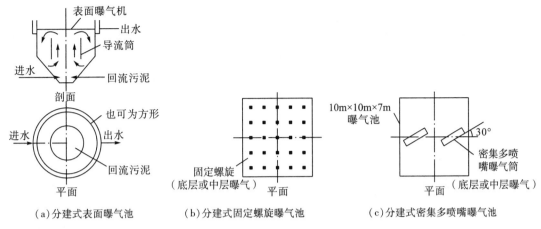

(a)分建式表面曝气池   (b)分建式固定螺旋曝气池   (c)分建式密集多喷嘴曝气池

图7-17 分建式完全混合式曝气池

(2)合建式:合建式表面曝气池,我国定名为曝气沉淀池,国外称为加速曝气池。池型多为圆形,沉淀池与曝气池合建,沉淀池设于外环,与曝气池底部有污泥回流缝连通,靠表面曝气机造成的水位差使回流污泥循环,如图7-18(a)所示。

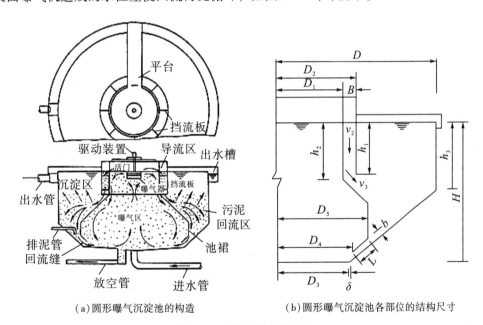

(a)圆形曝气沉淀池的构造   (b)圆形曝气沉淀池各部位的结构尺寸

图7-18 圆形曝气沉淀池

这种曝气池各部位的结构尺寸(如图7-18(b)所示)的设计可参考下列数值:

①曝气沉淀池直径(D)≤20 m。

②曝气池水深(H)≤4~5 m。

③沉淀区水深(h_1)≥1 m,一般在1~2 m之间。

④曝气筒保护高度为0.8~1.2 m。

⑤回流窗孔流速为100~200 mm/s,以此确定回流窗的尺寸。回流窗的尺寸也可按经验确定,即回流窗总长度为曝气筒周长的30%左右。回流窗调节高度为50~150 mm。

⑥导流区下降流速(v_2)约为 15 mm/s。

⑦曝气筒直壁段高度(h_2)应大于沉淀区水深(h_1)，使导流区出口流速(v_3)小于导流区下降流速(v_2)，一般 $h_2 - h_1 > 0.414B$，B 为导流区宽度。

⑧回流缝流速取 30～40 mm/s，以此确定回流缝宽度(b)，缝宽一般为 150～300 mm。回流缝处应设顺流圈，其长度(L)为 0.4～0.6 m，顺流圈直径(D_4)应略大于池底直径(D_3)。

⑨池底斜壁与水平成 45°倾角。

⑩曝气池结构容积系数取 3%～5%。

当合建式完全混合式曝气沉淀池的平面设计成方形或长方形时，沉淀区仅在曝气区的一边设置，如图 7-19 所示。

合建式曝气池结构紧凑，耐冲击负荷，但存在曝气池与二沉池的相互干扰问题，出水水质不如分建式曝气池。

3. 循环混合式曝气池的构造设计

循环混合式曝气池又称氧化沟，多采用转刷供氧，其平面形状常设计成椭圆形，形状如环状跑道，池宽度与转刷长度相适应。断面形状可采用矩形或梯形(为梯形时，底角坡度多取 45°)，有效水深取 1～2 m，如图 7-20 所示。

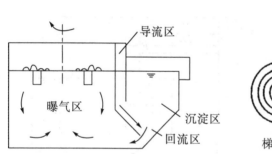

图 7-19　方形曝气沉淀池

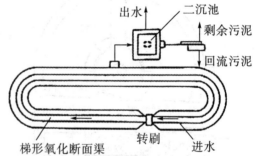

图 7-20　氧化沟的典型布置

循环混合式曝气池进水口设于曝气区或刚好在曝气区上游，出水口设在进水口的上游，进水必须在氧化沟中至少循环一周，不会出现短流现象，在某些方面类似推流式曝气池。进水经循环混合稀释作用，BOD 浓度梯度低，又具有完全混合式曝气池的某些特点，这种曝气池把推流式和完全混合式曝气池的优点结合在一起，构造简单，造价低，出水水质稳定，具有广阔的应用前景。

在设计所有各类型的曝气池时，均应在池深 1/2 处或距池底 1/3 处设置排水管，以备间歇运行(如培养活性污泥)时使用；在池底设置放空管，以备池在清洗放空时使用。

二、曝气系统设备的设计

曝气系统设备的设计包括曝气方法的选择、需氧量与供气量的计算、曝气设备的设计等。

(一)需氧量与供气量的计算

1. 需氧量的计算

$$O_2 = a'QL_r + b'VX_V \qquad (7-6)$$

式中，O_2——曝气池混合液需氧量，kg/d；

　　　a'——氧化每千克 BOD 所需氧的千克数；

　　　b'——污泥自身氧化率，1/d，即每千克污泥每天所需氧的千克数；

　　　QL_r——有机物降解量，kg/d，$L_r = L_a - L_e$；

　　　Q——污水日流量，m^3/d；

　　　VX_V——混合液挥发性悬浮固体量，kg；

　　　V——曝气池容积，m^3；

　　　X_V——挥发性悬浮固体浓度。

生活污水和几种工业废水的 a'，b' 值列于表 7-3。在有条件的情况下，a'，b' 应通过试验确定。

表 7-3　生活污水和几种工业废水的 a'，b' 值

污水名称	a'	b'
生活污水	0.42~0.53	0.18~0.11
石油化工废水	0.75	0.16
含酚废水	0.56	—
漂染废水	0.50~0.60	0.065
合成纤维废水	0.55	0.142
炼油废水	0.50	0.12
亚硫酸浆粕废水	0.40	0.185
制药废水	0.35	0.354
制浆造纸废水	0.38	0.092

需氧量除按式(7-6)计算外，也可按表 7-4 所列的经验数据估算。

表 7-4　污泥负荷与需氧量之间的关系

挥发性污泥负荷 [kg/(kg·d)]	需氧量 ($kgO_2/kgBOD_5$)	最大需氧量与平均需氧量之比
0.10	1.60	1.5
0.15	1.38	1.6
0.20	1.22	1.7
0.30	1.00	1.9
0.40	0.88	2.0

由于氧转移效率(E_A)是根据不同的扩散器在标准状态下脱氧清水中测定出的。因此，需要供给曝气池混合液的充氧量(R)必须换成水温为20℃，气压为一个大气压的脱氧清水的充氧量(R_0)：

$$R_0 = \frac{RC_{s(20)}}{\alpha[\beta\rho \times C_{s(T)} - C_L] \times 1.024^{T-20}} \qquad (7-7)$$

式中，$C_{s(20)}$，$C_{s(T)}$——20℃和实际温度 T 时氧饱和浓度，mg/L；

C_L——水中实际溶解氧浓度，mg/L；

T——水温，℃；

α，β，ρ——修正系数，其值分别表示为：$\alpha = \dfrac{污水中的\ K_L\alpha_W}{清水中的\ K_L\alpha}$（$K_L\alpha_W$ 为污水中氧的

总转移系数，$K_L\alpha$ 为清水中氧的总转移系数），$\beta = \dfrac{污水中的\ C_{sW}}{清水中的\ C_s}$，

$\rho = \dfrac{实际气压(Pa)}{1.013 \times 10^5 (Pa)}$。

对于鼓风曝气池，C_s 值应取扩散器出口和曝气池混合液表面两处溶解氧饱和浓度的平均值 C_{sm}：

$$C_{sm} = C_s\left(\frac{P_b}{2.026 \times 10^5} + \frac{Q_t}{42}\right) \qquad (7-8)$$

式中，C_s——大气压力下水中氧饱和浓度，mg/L；

P_b——扩散器出口处绝对压力，Pa；

Q_t——气泡离开池面时氧的百分比，%，$Q_t = \dfrac{21(1-E_A)}{79+21(1-E_A)} \times 100\%$；

E_A——扩散器的氧转移系数。

2. 供气量的计算

鼓风曝气所需的供气量 G_s 用下式计算：

$$G_s = \frac{R_0}{0.3E_A} \times 100 \qquad (7-9)$$

对于机械曝气，可直接根据 R_0 查有关叶轮的性能图表，选择所需叶轮。

（二）曝气设备的设计

1. 曝气设备的设计内容

当采用鼓风曝气法时，设计内容为：①扩散设备的选择及其布置；②空气管道的布置和管径的确定；③确定鼓风机的规格和台数。

当采用机械曝气时，要确定曝气机械的形式和相应的规格（如叶轮直径、转速、功率等）。

2. 鼓风曝气设备设计

（1）扩散设备的选择及其布置。

扩散空气的设备有穿孔管、竖管曝气设备、射流装置和扩散板等。目前我国采用较多的是穿孔管和竖管曝气设备。

穿孔管是穿孔的钢管或塑料管，穿孔管上孔眼直径一般为 2～5 mm，孔开于管下侧，与垂直面成45°夹角，间距为 10～15 mm，为避免孔眼的堵塞，穿孔管孔眼空气出口流速一般不应低于 10 m/s。穿孔管氧的转移率一般为 6%～8%，动力效率为 1～1.5 kgO₂/(kW·h)。

竖管曝气装置常称为大气泡曝气装置，该装置是在曝气池一侧布设竖管，竖管管径在

15 mm 以上，离池底 15 cm 左右，其氧转移效率为 5% ~ 6%，动力效率较低，约 1 $kgO_2/(kW \cdot h)$。

（2）空气管道的计算。

鼓风机房的鼓风机将压缩空气输送至曝气池，需要不同长度、不同管径的空气管，空气管的经济流速可采用 10 ~ 15 m/s，通向扩散装置支管的经济流速可取 4 ~ 5 m/s。根据上述经济流速和通过的空气量即可按空气管路计算图确定空气管管径，如图 7 - 21 所示。

空气通过空气管道和扩散装置时，压力损失一般控制在 14.7 kPa 以内，其中空气管道总损失控制在 4.9 kPa 以内，扩散装置在使用过程中容易堵塞，故在设计中一般规定空气通过扩散装置阻力损失为 4.9 ~ 9.8 kPa，根据所选扩散装置的不同可以酌情减少。计算时，可根据流量和流速选定管径，然后核算压力损失，调整管径。

空气管道内压力损失为沿程阻力损失（h_1）与局部阻力损失（h_2）之和。管道的沿程阻力损失（摩擦损失）可根据图 7 - 21（a）查得；管道的局部阻力损失可根据公式（7 - 10）将各配件换算成管道的当量长度，再从图 7 - 21（b）查得：

$$L_0 = 55.5KD^{1.2} \tag{7-10}$$

式中，L_0——管道的当量长度，m；

D——管径，mm；

K——长度折算系数，见表 7 - 5。

表 7 - 5　长度折算系数

配件	长度折算系数
三通：气流转弯	1.33
三通：直流异口径	0.42 ~ 0.67
直流等口径	0.33
弯头	0.4 ~ 0.7
大小头	0.1 ~ 0.2
球阀	2.0
角阀	0.9
闸阀	0.25

在查图 7 - 21 时，气温可采用 30℃，空气的压力可按下式估算：

$$P = (1.5 + H) \times 9806 \tag{7-11}$$

式中，P——风压，Pa；

H——扩散装置距水面深度，m。

（3）鼓风机的选择。

曝气设备中可采用的鼓风机的类型较多，目前我国常用的有罗茨鼓风机、叶式鼓风机和离心式鼓风机。在选择鼓风机时，以空气量和风压为依据，并要求有一定的储备能力，以保证空气供应的可靠性和运转上的灵活性。一般来说，鼓风机房至少需配两台鼓风机，其中一台备用。为了适应负荷的变化，使运行具有灵活性，工作鼓风机的台数不宜少于两台，因此总台数为三台。空气量和风压可按以上方法确定。

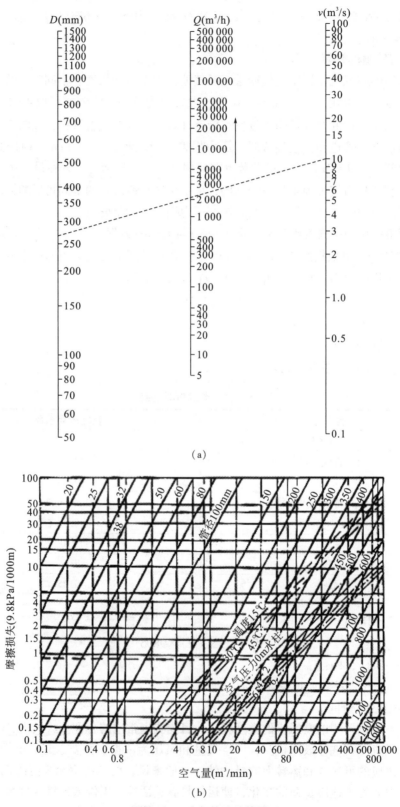

（a）

（b）

图 7 - 21　空气管路计算图

3．机械曝气设备的设计

关于机械曝气设备的设计，主要是选择叶轮的形式和确定叶轮的直径。叶轮形式的选择可根据叶轮的充氧能力和动力效率以及加工条件等考虑。叶轮直径的确定主要取决于曝气池混合液的需氧量。此外，还应考虑叶轮直径与曝气池构造设计相适应。

三、污泥回流设备的设计

对于分建式曝气池，活性污泥从二沉池回流到曝气池时需设置污泥回流设备。污泥提升设备常用叶片泵或空气提升器。空气提升器的效率不及污泥泵，但结构简单、管理方便，且所耗空气对补充污泥中的溶解氧也有好处，如采用鼓风曝气池，可以考虑选用。在设计污泥回流设备之前，先确定污泥回流量 Q_R，因 $Q_R = QR$，而 R 可通过公式(7-5)推导出：

$$R = \frac{X}{X_R - X} \qquad (7-12)$$

回流比取决于混合液污泥浓度(X)和回流污泥浓度(X_R)，而 X_R 又与污泥容积指数 SVI 值有关。回流污泥来自二沉池，二沉池的污泥浓度与污泥的沉淀性能以及其在二沉池中的浓缩时间有关。一般混合液在量筒中沉淀 30 min 后形成的污泥，基本上可以代表混合液在二沉池中沉淀所形成的污泥，因此回流污泥浓度为

$$X_R = \frac{10^6}{\text{SVI}} \times r \qquad (7-13)$$

式中，r——与污泥在二沉池中停留的时间、池深、污泥厚度因素有关的系数，一般取 1.2。

空气提升器常附设在二沉池的排泥井中或曝气池的进泥口处，如图 7-22 所示，h_1 为淹没水深，h_2 为提升高度。一般 $h_1/(h_2 + h_1) > 0.5$，空气用量为最大回流量的 3~5 倍，需要在小的回流比情况下工作时，可调节进气阀门。

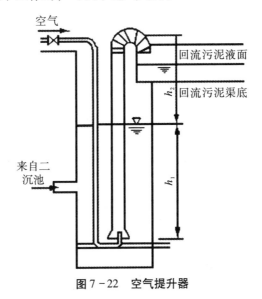

图 7-22　空气提升器

采用污泥泵时，常把二沉池流来的回流污泥集中抽送到一个或数个回流污泥井，然后分配给各个曝气池。泵的台数视污水厂的大小而定，中小型厂一般采用 2~3 台，以适应

不同的情况。

四、二沉池的设计

二沉池是活性污泥法处理系统的重要设备，它用以澄清混合液，回收活性污泥，因此，其效果的好坏直接影响出水水质和回流污泥质量。

二沉池的构造与一般沉淀池相比并无原则性差别。根据水量的大小和当地的条件，可以采用平流式、竖流式和辐流式沉淀池。因二沉池中的絮体较轻，容易被流出水挟走，在构造设计中应限制出流堰处的流速，使单位堰长的出流量不超过 $10\ \text{m}^3/(\text{m} \cdot \text{h})$。

二沉池在设计容积时，一般以上升流速（mm/s）或表面负荷 $[\text{m}^3/(\text{m}^2 \cdot \text{h})]$ 作为主要设计参数，以沉淀时间进行校核。

上升流速应取正常活性污泥成层沉降速度，一般不大于 $0.3 \sim 0.5\ \text{mm/s}$；沉淀时间常采用 $1.1 \sim 2\ \text{h}$。

二沉池的污泥斗应保持一定容积，使污泥在污泥斗中有一定的浓缩时间，以提高回流污泥浓度，减少回流量。但同时污泥斗的容积又不能太大，以避免污泥在污泥斗中停留时间过长，因缺氧使其失去活性而腐化。因此对于分建式沉淀池，一般规定污泥斗的储泥时间为 2 h。污泥斗的容积可采用下式计算：

$$V = \frac{2(1+R)QX}{\frac{1}{2}(X+X_R)} = \frac{4(1+R)QX}{X+X_R} \qquad (7-14)$$

式中，V——污泥斗容积，m^3；

$\frac{1}{2}(X+X_R)$——污泥斗中平均污泥浓度，mg/L；

Q——污水流量，m^3/h；

R——回流比；

X——混合液污泥浓度，mg/L；

X_R——回流污泥浓度，mg/L。

对于合建式曝气沉淀池，可以作为竖流式沉淀池的一种变形，一般无须计算污泥区的容积，因为它的污泥区容积实际上取决于池子的构造设计。当池子的深度和沉淀区的面积决定后，污泥区的容积也就决定了。

采用静水压力排泥的二沉池，静水压头不应小于 0.9 m，其污泥斗底坡与水平夹角不应小于 50°，以利于污泥下滑，使排泥通畅。

【例 7-1】某城市计划新建一座以活性污泥法二级处理为主体的污水处理厂，日污水量为 10000 m^3，进入曝气池的 BOD_5 为 300 mg/L，时变化系数为 1.5，要求处理后出水的 BOD_5 为 20 mg/L，试设计活性污泥处理系统中的曝气池及其曝气系统。

【解】（1）曝气池的设计计算。

①确定污泥负荷率：由于进入污水厂的污水为城市污水，从表 7-1 选定，$K_2 = 0.0185$，处理效率 $\eta = \dfrac{L_a - L_e}{L_a} = \dfrac{300 - 20}{300} = 0.933$，$f$ 取 0.75。

$$N_s = K_2 L_a f / \eta = 0.0185 \times 20 \times 0.75 / 0.933 = 0.3 \left[\text{kgBOD}_5 / (\text{kgMLSS} \cdot \text{d}) \right]$$

②确定污泥浓度：根据 N_s 值相应的 SVI $=100$，可得曝气池污泥浓度为

$$X = 4000 \text{ mg/L}$$

③确定曝气池容积：

$$V = \frac{Q L_a}{N_s X} = \frac{10000 \times 300}{0.3 \times 4000} = 2500 \ (\text{m}^3)$$

④确定曝气池主要尺寸：

取池深 $H = 2.7$ m，设两组曝气池，每组池的面积为

$$A_1 = \frac{V}{nH} = \frac{2500}{2 \times 2.7} = 463 \ (\text{m}^2)$$

取池宽 $B = 4.5$ m，$B/H = 4.5/2.7 = 1.66$（在 $1 \sim 2$ 之间，符合要求），则池长为

$$L = A_1 / B = 463 / 4.5 = 103 \ (\text{m})$$

$L/B = 103/4.5 = 23 > 10$，符合要求。

设曝气池为三廊道式，每条廊道长为

$$L = L/3 = 103/3 \approx 35 \ (\text{m})$$

取超高为 0.5 m，故总高度 $H_0 = 2.7 + 0.5 = 3.2$ (m)。

曝气池的平面尺寸如图 7-23 所示。

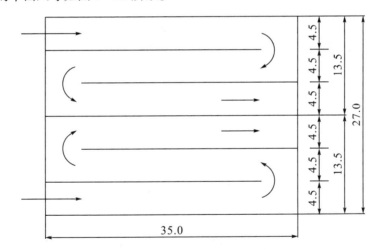

图 7-23　曝气池的平面尺寸

⑤进水方式：为使曝气池在运行中具有灵活性，在进水方式上设计成既可集中从池首端进水，按传统活性污泥法运行；又可沿配水槽分散多点进水，按阶段曝气法运行；还可沿配水槽集中从中部某点进水，按生物吸附法运行。

(2)曝气系统的设计计算。

①平均需氧量：按公式(7-6)计算。查表 7-3，$a' = 0.53$，$b' = 0.11$。

$$O_2 = a' Q L_r + b' V X_V$$

$$= 0.53 \times \frac{10000 \times (300 - 20)}{1000} + 0.11 \times \frac{4000 \times 0.75 \times 2500}{1000}$$

$$= 2310 \ (\text{kg/d}) = 96.2 \ (\text{kg/h})$$

每日去除的$BOD_5 = \dfrac{QL_r}{1000} = \dfrac{10000 \times (300 - 20)}{1000} = 2800 \ (\text{kg/d})$。

去除每千克BOD_5需氧量 $= 2310/2800 = 0.83 \ (\text{kgO}_2/\text{kgBOD}_5)$，接近于表7-4所列的经验数值。

②最大需氧量：在不利条件下运行，最大需氧量为平均需氧量的1.4倍，则

$$O_{2\text{max}} = 1.4 O_2 = 1.4 \times 96.2 = 134.7 \ (\text{kgO}_2/\text{h})$$

③供气量：采用穿孔管，距池底0.2 m，故淹没水深为2.5 m，计算温度定为30℃，当水温为20℃时，溶解氧饱和浓度为$C_{s(20)} = 9.2$ mg/L；当水温为30℃时，溶解氧饱和浓度为$C_{s(30)} = 7.6$ mg/L。

穿孔管出口处绝对压力 $P_b = 1.0133 \times 10^5 + 9.8 \times 2.5 \times 10^3 = 1.258 \times 10^5 \ (\text{Pa})$，空气离开曝气池时氧的百分比为

$$Q_t = \frac{21(1 - E_A)}{79 + 21(1 - E_A)} \times 100\% = \frac{21 \times (1 - 0.06)}{79 + 21 \times (1 - 0.06)} \times 100\% = 20\%$$

式中，E_A——穿孔管的氧转移效率，取 $E_A = 6\%$。

曝气池中平均溶解氧饱和浓度为(按最不利条件考虑)

$$C_{sm(30)} = C_s \left(\frac{p_b}{2.026 \times 10^5} + \frac{Q_t}{42} \right) = 7.6 \times \left(\frac{1.258}{2.026} + \frac{20}{42} \right) = 8.33 \ (\text{mg/L})$$

$$C_{sm(20)} = 10.1 \ (\text{mg/L})$$

20℃脱氧清水的充氧量按公式(7-7)计算。取 $\alpha = 0.82$，$\beta = 0.95$，$C_L = 1.5$ mg/L，则

$$R_0 = \frac{O_2 C_{sm(20)}}{\alpha \times (\beta C_{sm(30)} - C_L) \times 1.024^{T-20}} = \frac{96.2 \times 10.1}{0.82 \times (0.95 \times 8.33 - 1.5) \times 1.219} = 152 \ (\text{kg/h})$$

相应最大时需氧量的 $R_{0\text{max}} = 152 \times 1.4 = 212.8 \ (\text{kg/h})$。

曝气池的平均供气量为

$$G_s = \frac{R_0}{0.3 E_A} \times 100 = \frac{152 \times 100}{0.3 \times 6} = 8444 \ (\text{m}^3/\text{h})$$

去除每千克 BOD_5 的供气量 $= \dfrac{G_s}{Q(L_a - L_e)} = \dfrac{8444}{10000 \times (0.3 - 0.02)/24} = 72 \ (\text{m}^3$ 气$/\text{kgBOD}_5)$，此值在经验数据的范围内。

每立方米污水的供气量 $= \dfrac{G_s}{Q} = \dfrac{8444}{10000/24} = 20 \ (\text{m}^3$ 气$/\text{m}^3$ 污水$)$。

相应最大时需氧量的供气量为

$$G_{s\text{max}} = 1.4 G_s = 1.4 \times 8444 = 11821.6 \ (\text{m}^3/\text{h})$$

污泥回流采用空气提升，提升回流污泥的空气量取回流污泥量的5倍(按体积计)，最大回流比 $R = 100\%$，故提升污泥的空气量为

$$5 \times 10000/24 = 2080 \ (\text{m}^3/\text{h})$$

所以总供气量 $G_{st} = 11821.6 + 2080 = 13901.6 \ (\text{m}^3/\text{h})$。

（3）空气管的计算。

按照图 7-24 所示的布置方式，在两个相邻廊道设置一条配气干管，共设三条，每条干管设 16 对竖管，共计 96 根竖管，每根竖管最大供气量为：11821.6/96 = 123 m^3/h。另外，曝气池一端的两旁各设一污泥提升井，每口井的供气量为：2080/2 = 1040 m^3/h。

为了便于计算，将上述布置绘制成空气管路计算图，如图 7-24 所示，空气支管和干管的管径按照所通过的空气流量和相应的经济流速，可从图 7-21（a）查出，并且列入空气管路计算表格中，见表 7-6；空气管路中的压力损失，按照管路通过的流量和管路长度及当量长度从图 7-21（b）中查得，也列入表 7-6 中。从表 7-6 中累加可得空气管路系统的压力损失为：117.69 × 9.8 = 1.15 kPa。

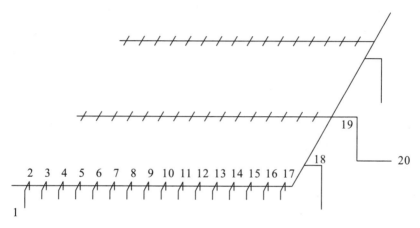

图 7-24　空气管路计算图

表 7-6　空气管道计算表

管段编号	管段长度 L(m)	空气流量		空气流速 (m/s)	管径 D(mm)	配件	管道当量长度 L_0(m)	管道计算长度 $L+L_0$(m)	压力损失	
		Q (m^3/h)	Q(m^3/min)						9.8 kPa/km	9.8Pa
1—2	3.8	123	2.0	6.0	80	弯头1、三通2、闸门1	9.6	13.4	0.54	7.24
2—3	2.2	246	4.1	3.6	150	四通1	7.64	9.84	0.12	1.18
3—4	2.2	492	8.2	7.0	150	四通1	1.9	4.1	0.32	1.31
4—5	2.2	738	12.3	10.0	150	四通1	1.9	4.1	0.53	2.17
2-6	2.2	984	16.4	14.0	150	四通1、大小头1	3.34	5.54	1.2	6.65
3—7	2.2	1230	20.5	10.0	200	四通1	2.66	4.86	0.5	2.42
7—8	2.2	1476	24.6	12.0	200	四通1	2.66	4.86	0.53	2.57
8—9	2.2	1722	28.7	14.0	200	四通1、大小头1	4.27	6.47	0.55	3.55
9—10	2.2	1968	32.8	10.0	250	四通1	3.48	5.68	0.45	2.56
10—11	2.2	2214	36.9	12.0	250	四通1	3.48	5.68	0.50	2.84
11—12	2.2	2460	41.0	13.0	250	四通1	3.48	5.68	0.53	3.01

续表7-6

管段编号	管段长度 L(m)	空气流量 Q (m³/h)	空气流量 Q(m³/min)	空气流速(m/s)	管径 D(mm)	配件	管道当量长度 L_0(m)	管道计算长度 $L+L_0$(m)	压力损失 9.8 kPa/km	压力损失 9.8Pa
12—13	2.2	2706	45.1	14.5	250	四通1	3.48	5.68	0.55	3.12
13—14	2.2	2952	49.2	15.0	250	四通1、大小头1	5.6	7.8	0.56	4.45
14—15	2.2	3198	53.3	11.0	300	四通1	4.35	6.55	0.45	2.94
15—16	2.2	3444	57.4	12.0	300	四通1	4.35	6.55	0.47	3.08
13—17	2.2	3690	61.5	13.5	300	四通1	4.35	6.55	0.51	3.34
17—18	2.5	3936	65.6	14.0	300	闸门1、弯头1	11.2	13.70	0.53	7.25
18—19	7.1	4976	82.9	16.0	300	三通1	4.35	11.45	1.05	12.0
19—20	23.0	13901	231.7	16.0	500	弯头2、三通1	60.7	83.7	0.55	46.0
合计										117.67

取穿孔管压力损失 4.9 kPa,总压力损失为空气管路系统与穿孔压力损失之和,即 $1.15+4.9=6.05$ kPa,取 9.8 kPa。

(4)鼓风机的选择。

鼓风机所需压力:$P=2.5\times9.8+9.8=34.3$(kPa)。

鼓风机所需供气量:

最大时供气量:$G_{smax}=13901.6$(m³/h)。

平均时供气量:$G_s=8444+2080=10524$(m³/h)。

最小时供气量:$G_{smin}=0.5G_s=5262$(m³/h)。

根据所需压力和空气量选用下列规格的鼓风机:

$L_{64}L_D-60/4000$ 两台:风压 39.2 kPa,风量 60 m³/min(3600 m³/h),配套电机 $Y_{280}M_2-8$,功率 45 kW,配套消声器型号 LXD_2-80。

$L_{81}LD-85/4000$ 两台:风压 39.2 kPa,风量 85.6 m³/min(5136 m³/h),配套电机 $Y_{315}M_2-8$,功率 90 kW,配套消声器型号 LXD_3-120。

其中一台备用,高负荷时 3 台工作,低负荷时 1~2 台工作。

第三节　MBR 法

MBR 是膜生物反应器(Membrane Bio-Reactor)的英文缩写。它是将活性污泥法和膜分离技术结合起来的污水处理工艺,MBR 主要是通过膜分离技术截留曝气池内的大分子有机物和活性污泥,完全取代二沉池,使出水清澈,出水水质好且稳定。MBR 的工艺流程如图 7-25 所示。

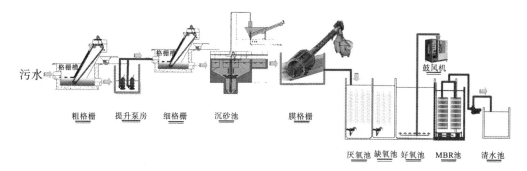

图 7-25　MBR 的工艺流程

最早的膜生物反应器出现在 20 世纪 60 年代末期，采用的是分置式 MBR 型式，主要是应用于船舶上污水的处理。80 年代在日本进行基础研究，90 年代数家公司实用化生产，主要型式为浸没式 MBR，使 MBR 的研究和应用得到了很大的发展。目前，在污水处理中 MBR 已经得到广泛的应用，尤其是在搭配渗透膜进行回用水方面，MBR 具有得天独厚的优势。与传统的脱氮除磷工艺相比，MBR 脱氮除磷工艺是一种新兴的工艺，具有如下明显的优势：

（1）MBR 最显著的特征就是能够高效地进行固液分离，其分离效果好、出水稳定，出水浊度和 SS 接近于零，通过脱色和消毒后可以直接进行回用。

（2）膜生物反应器与传统的活性污泥处理系统相比，在占地面积上减少很多，原因是 MBR 处理系统的污泥浓度高，相同污泥负荷下，MBR 的池容大幅度减小，膜池取代二沉池，进一步减少占地面积。

（3）污泥浓度高是由于 MBR 膜的截留作用。首先，能够使生物反应器保持很高的污泥浓度，提高反应器抗负荷冲击的能力；其次，能够延长难降解大分子有机物的停留时间，提高对其降解的效率；最后，能够使水力停留时间和污泥停留时间完全分开，有利于生长周期较长的微生物如硝化细菌的生长繁殖。

（4）MBR 泥龄较长，有很大一部分微生物能够通过内源呼吸而自我分解，故剩余污泥产量小，污泥处理费用少。

（5）MBR 系统自动化程度高，便于管理和操作。

需要注意的是，MBR 对生物净化功能（特别是脱氮除磷）的强化作用几乎没有，只是可以聚积较高的生物量而已。相反，曝气池较高的生物量意味着较低的排泥量，这对以排除剩余污泥而产生的生物除磷作用十分不利。膜只能截留不溶解的 SS，如果前端吸磷效果不佳，溶解性 PO_4^{3-} 将无法被截留，这也是目前污水处理厂采用 MBR 工艺时 TP 需要靠大量投加除磷药剂才能达标的根源所在。MBR 工艺和常规活性污泥法的对比见表 7-7。

表 7-7　MBR 工艺和常规活性污泥法的对比

比较项目	MBR 工艺	活性污泥法
MLSS 浓度	8000～12000 mg/L，可根据生化处理需要进行调整，确保污泥的高浓度和高活性，有效抑制丝状菌膨胀，控制污泥膨胀和生化池泡沫	3000～5000 mg/L，受二沉池表面负荷的限制，污泥浓度不能过高，常出现丝状菌膨胀、污泥上浮和生化池泡沫的现象

比较项目	MBR工艺	活性污泥法
生物种群	由于采用膜分离，几乎所有微生物均被截留在生化池中，生物种群非常丰富，生化处理效率高	由于采用重力沉淀分离，一些弱势微生物或世代周期长的微生物很难存留，导致处理效率不高
生化处理效果	传质效率高，微生物浓度高，处理效率高达95%以上，出水效果好	微生物易流失，处理效率一般为85%，出水效果一般，若要达到更高的出水效果，必须增加深度处理设施
抗负荷冲击能力	较高的MLSS浓度及丰富的生物种群保证了系统强的抗负荷冲击能力	很容易受外界条件变化的影响，抗负荷冲击能力差
占地面积及运行费用	处理设施紧凑，占地面积小，曝气量大，运行费用较高	处理设施多，占地面积大，运行费用较低
自动化水平及运行管理要求	自动化程度高，但运行管理要求也较高	应用广泛，具有成熟的运行管理经验，但实际操作效果受操作人员影响较大

一、MBR 的分类

MBR 分类的方法有很多种，主要的分类依据有膜孔径大小、膜组件类型、膜组件安装位置、膜材质、用途等。最常用的分类方式是按膜组件与生物反应器的组合方式，分为一体式和分置式。MBR 常见的分类方式见表7-8。

表7-8　MBR 常见的分类方式

分类方式	分类
膜组件与生物反应器的组合方式	一体式（浸没式，iMBR）、分置式（sMBR）
是否向膜生物反应器供氧	好氧（MBR）、厌氧（AMBR）
膜材料	聚偏氟乙烯（PVDF）、聚醚砜（PES）、聚乙烯（PE）、聚丙烯（PP）、聚氯乙烯（PVC）
膜孔径大小	微滤（MF）、超滤（UF）、纳滤（NF）、反渗透（RO）
膜结构	中空纤维（HF）、平板式（FS）、多管式（MT）、卷式（SW）、毛细管式（CT）、折叠滤筒式（FC）
用途	散式（DMBR）、固液分离（BSMBR）、扩散萃取式（EMBR）

按膜过滤元件的孔径，可把用于 MBR 的膜元件分为 MF 膜（Micro Filter，精密过滤/微滤）和 UF 膜（Ultra Filter，超滤）两类。其中，MF 膜可以隔离细菌和 SS，主要用于膜分离活性污泥法，而 UF 膜主要用于自来水厂、海水淡化前处理和 MBR + RO 的回收利用等。图7-26 是 MF 膜和 UF 膜的孔径分布和分离对象。

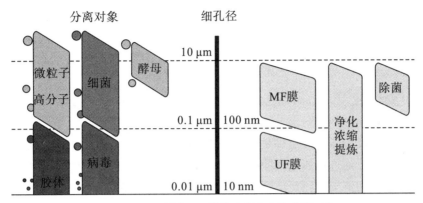

图 7 - 26　MF 膜和 UF 膜的孔径分布和分离对象

（资料来源：三菱化学 Mitsubishi Chemical）

1. 一体式膜生物反应器

一体式膜生物反应器是目前 MBR 的主流工艺，其特点是将膜组件浸没在生物反应器内部，被反应器内混合液浸没，在膜片下方设有曝气装置，通常采用穿孔管曝气，在充氧曝气的同时，利用气流扰动对膜表面进行冲刷，并产生振动，利用气流和水流的剪切作用，使膜表面截留的污泥层脱落，回流到混合液中，以减少膜的污染。处理后的污水在抽吸泵的作用下透过膜上的微孔排出，获得水质优良的出水。图 7 - 27 是一体式 MBR 示意图。

从结构上看，一体式膜生物反应器常用的型式有帘式和平板式两种。该种方式膜组件完全浸没在混合液中，不需要承受压力的外壳，同时清洗方便、造价较低，结构紧凑，占地面积小，工作压力低，一般只需要 0.003 ~ 0.03 MPa，采用普通的自吸泵即可达到所需压力。与外置式 MBR 相比，一体式 MBR 不需要对池内的混合液加压循环，动力消耗大大降低，处理吨污水电耗仅需 0.2 ~ 0.4 kW·h，仅为外置式 MBR 的 1/10 ~ 1/5，在污水提标升级改造中优势明显。

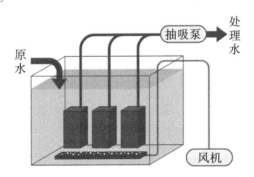

图 7 - 27　一体式 MBR 示意图

在一体式 MBR 中，常见的膜元件有中空纤维膜和平板式膜两种，中空纤维膜又分为帘式膜和束状膜。中空纤维膜与平板式膜相比，具有以下优点：

（1）膜通量大。相同处理量，其膜组件所需的数量少，所需要的投影面积小。

（2）抗拉强度高。中空纤维膜的膜丝呈中空圆柱状，相同压强下，比平板膜受到的压力小若干倍，故不易破损。部分厂家的中空纤维膜产品加有支撑层，其强度大大提高，如

Mitsubishi Chemical 膜丝采用特殊设计的支撑层，正常工作条件下基本不需要考虑断丝的问题。

（3）化学稳定性高，清洗效果好。在操作正常的情况下，可通过在线清洗恢复膜通量。

（4）建设成本低。中空纤维膜的投资成本较平板膜成本低 1/3～1/2。

2. 外置式膜生物反应器

外置式膜生物反应器的膜组件是置于生物反应器外，膜组件具备承受外压的外壳，生物反应器中的混合液通过加压泵入膜组件中，透过膜孔的清水直接排出，而富含污泥和大分子物质的浓缩液回流至生物反应器。图 7-28 是外置式 MBR 示意图。

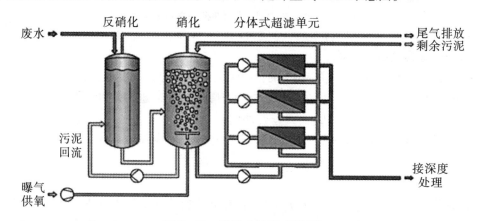

图 7-28　外置式 MBR 示意图

外置式膜生物反应器常采用管式膜和平板膜，在工作时用加压泵将混合液加压至 0.1～0.5 MPa，工作压力远远高于一体式膜生物反应器，故拥有较高的膜通量。另外，由于外置式 MBR 依靠加压后的混合液在膜表面产生的高速错流来对膜表面进行冲刷，其速度远远高于一体式 MBR 依靠曝气产生的向上流动的气液混合流的错流速度，故外置式 MBR 的膜组件水力条件好，膜污染较轻，但使用时需要注意当混合液中污泥浓度太高时，管式膜组件依然容易堵塞的问题。同时，外置式的膜组件在安装、清洗、维护维修等方面较一体式 MBR 的膜组件方便并易于控制。外置式 MBR 的最大缺点是能耗和运行费用高。

二、中空纤维膜丝及膜组件结构

1. 中空纤维膜丝结构

MBR 工艺对作为核心分离材料的中空纤维膜要求苛刻，不仅要具有优良的分离性能，而且要能承受 MBR 运行的恶劣环境以及分离体系运行和反洗过程中因流体（液体或气体）产生的各种脉动或冲击作用。采用传统的溶液相转化法制备的单质中空纤维膜具有工艺成熟、膜分离精度高（平均孔径小且分布窄）等特点，但其力学性能差，在实际使用过程中膜丝要经受长时间高压水流的脉动或冲击扰动，高速水流甚至气流以及频繁的清洗均对膜丝产生较大的损伤，断丝已成为中空纤维膜使用过程中的常见现象。该缺点不但影响设备运行中出水水质的稳定性,而且会增加工程运营的成本,成为制约 MBR 技术发展的因素之一。

目前,提高中空纤维膜的力学性能主要通过复合法制备增强型中空纤维膜,即通过增强体提高中空纤维膜的力学强度。根据增强体的形态,增强型中空纤维膜可分为纤维增强型中空纤维膜和多孔基膜增强型中空纤维膜,其中纤维增强型中空纤维膜又可分为连续纤维增强型中空纤维膜和编织管增强型中空纤维膜。连续纤维增强型中空纤维膜是通过中空纤维喷丝组件的设计,将连续纤维束与成膜聚合物溶液同时挤出,进入凝固浴后聚合物溶液固化,在中空纤维膜成形过程中将连续纤维束固定在中空纤维膜内部而制得的。连续纤维增强型中空纤维膜对中空纤维膜力学性能的提高是有限的,连续纤维增强型中空纤维膜以不同方式增强了中空纤维膜的爆破强度或拉伸强度,但无法同时兼顾两种强度。同时,连续纤维增强型中空纤维膜在使用过程中两相界面处易发生界面相分离(剥离)而导致中空纤维膜物理损伤和膜分离系统失效。

编织管增强型中空纤维膜是根据化学纤维皮/芯复合纺丝技术,通过喷丝头设计,将成膜聚合物溶液与预先编织好的中空编织管在喷丝头处复合,通过非溶剂致相转化法(NIPS)或热致相分离法(TIPS)使成膜聚合物与中空编织管成为一体而制得的,可兼顾爆破强度和拉伸强度,同时提高异质增强型中空纤维膜界面结合性能。

增强型中空纤维膜通常由支撑层和膜面层组成。图 7-29 是常见的中空纤维膜外观及过滤原理图。

为增强中空纤维膜的强度,很多厂家都纷纷推出带有连续纤维增强型中空纤维膜结构的产品或采用编织管增强型中空纤维膜结构支撑层的中空纤维膜产品。例如,Mitsubishi Chemical 推出的 STERAPORESADF™系列膜片,采用独特的三层复合结构,即双层 PVDF + 内衬编织层,使得膜丝表面成孔率高且分布均匀,通量比同类产品高出 30% ~ 60%;膜丝为三层复合型结构,形成独有的内衬技术,与同类膜的内衬构造不同,表皮有擦伤时,会自我修复闭塞;处理同量的污水时使用膜的片数更少,可大大减少占地面积;使用寿命更长,生活污水质保 5 年,运行维护得当可使用更长时间。图 7-30 是 STERAPORESADF™ 膜丝的结构。

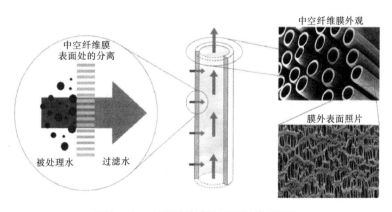

图 7-29 中空纤维膜外观及过滤原理图

(资料来源:三菱化学 Mitsubishi Chemical)

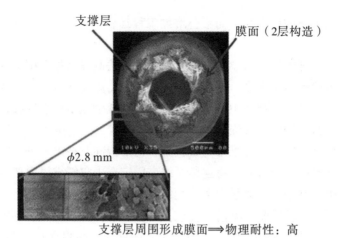

支撑层

膜面（2层构造）

$\phi 2.8$ mm

支撑层周围形成膜面⟹物理耐性：高

图 7-30 STERAPORESADF™膜丝的结构

（资料来源：三菱化学 Mitsubishi Chemical）

2. MBR 膜组件

应用于 MBR 的膜组件形式主要有管式、平板式、卷式、微管式以及中空纤维膜，在分置式 MBR 工艺中，应用较多的是管式膜和平板式膜组件，而在一体式 MBR 中多采用中空纤维膜和平板式膜组件。MBR 膜组件的设计宗旨是考虑如何使膜抗堵塞，从而维持长久的寿命。现在，在日本的 MBR 工艺中采用的最新的形式是以中空纤维膜制成膜块和膜堆，整齐排列浸没在污水中。膜和集水管相连，通过抽吸作用出水。这种形式可以有效地防止膜内部的阻塞，MBR 膜组件的外形及工作原理如图 7-31 所示。

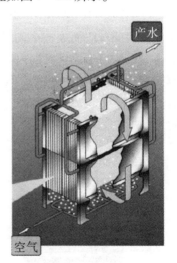

（a）MBR 膜组件的外形　　　　　（b）MBR 膜组件的工作原理

图 7-31 MBR 膜组件的外形及工作原理

（资料来源：三菱化学 Mitsubishi Chemical）

表 7-9 列出了不同形式膜组件的性能比较。

表7-9　不同形式膜组件的性能比较

膜组件形式	膜填充面积($m^2 \cdot m^{-3}$)	投资费用	操作费用	运行稳定性	膜清洗难易程度
管式	20~50	高	高	好	容易
平板式	400~600	高	低	较好	难
卷式	800~1000	很低	低	不好	难
微管式	600~1200	低	低	好	容易
中空纤维膜	8000~15000	低	低	不好	难

三、好氧MBR的运行参数及影响

目前，MBR技术的应用已经非常广泛，大、中、小型污水处理厂都有应用，特别是近年来在全国各地的污水处理厂的提标改造工程中应用广泛。实践表明，其处理效果稳定，主要污染物的浓度都能稳定达到《城镇污水处理厂污染物排放标准》（GB 18918—2002）规定的一级A标准，甚至主要指标达到地表水Ⅳ类标准。其他污染物的指标也能够达到回用水的标准。

正因为MBR技术在大、中、小型城市污水处理厂的广泛应用，基于好氧MBR的运行参数及其影响得到了广泛的研究。总体来说，好氧MBR的运行参数主要有：

（1）容积负荷率（N_v）。在市政污水处理工程中，好氧MBR的容积负荷率一般取1.2~3.2 kgCOD/（$m^3 \cdot d$），而按BOD容积负荷设计时，其容积负荷率一般取0.05~0.66 kgBOD$_5$/（$m^3 \cdot d$），处理后的COD去除率达90%以上，而BOD$_5$去除率大于97%。在工业污水处理中，好氧MBR的COD容积负荷率可达0.25~16 kgCOD/（$m^3 \cdot d$），远高于市政污水，相应的COD去除率为90%~99.8%。

（2）混合液污泥（MLSS）浓度。较高的混合液污泥浓度是MBR处理效果好的主要原因，在MBR的生化池内，其混合液污泥浓度可比普通活性污泥法高3~5倍，一般工程设计中取8000~12000 mg/L，当MLSS浓度高于该限值时，会加快膜污染和降低氧转移效率，影响MBR的处理效果。

（3）水力停留时间（HRT）和污泥龄（SRT）。好氧MBR处理市政污水时，一般设计HRT取2~12 h，COD去除效率可达到90%以上。SRT一般取5~30 d，当SRT高于30 d以后，再增加SRT对COD去除率的提高效果甚微。用于工业废水处理时，其HRT要比处理市政污水大很多，一般为1.5~5 d，而同时SRT可达6~300 d。

（4）膜通量（η）。膜通量（或称透过速率）是膜分离过程的一个重要的工艺运行参数，是指单位时间内通过单位膜面积上的流体量，单位为m^3/浓度（$m^2 \cdot d$浓度）或L/浓度（$m^2 \cdot h$浓度）。工程应用中，MBR的膜通量的取值范围为0.12~7.2 m^3/浓度（$m^2 \cdot d$浓度），外置式MBR的膜通量一般比一体式MBR的膜通量大得多，但其膜通量的衰减也较快。平板式膜通量高于中空纤维膜，一体式MBR平板式膜的膜孔径为0.4 μm时，标准设计通量为0.5 m^3/浓度（$m^2 \cdot d$浓度）；中空纤维膜的膜孔径为0.4 μm时，标准设计通量为0.36~0.6 m^3/浓度（$m^2 \cdot d$浓度）。在设计中，取较大的膜通量可减小所需的膜面积，减少投资成本，但会加快膜污染的进程，增加运行维护费用，并增大出水不能稳定达标的风险。

（5）膜的操作压力。一体式 MBR 的操作压力较低，故其膜通量较小，可保持较长时间内膜通量的稳定。而外置式 MBR 的操作压力较高，膜通量大，膜污染也更严重，若堵塞时造成泵出口压力升高，则易发生膜被击穿的事故。

（6）曝气量。外置式 MBR 一般不需要曝气，而一体式 MBR 中，曝气有两个重要的作用：一是提供活性污泥中微生物降解有机物和硝化菌硝化作用所需的氧气；二是使混合液形成湍流，利用气流和液流对膜表面的剪切力，清洗膜表面的污泥层，控制膜污染。一般来说，控制膜污染所需的曝气量大于微生物所需的曝气量，平板膜所需曝气量高于中空纤维膜。

（7）抽停比。为了减缓膜污染的进程，提高膜的使用寿命，一体式 MBR 一般采用间歇出水的方式运行，以便在出水停止时，利用连续曝气的紊动作用以及气流和液流的冲刷作用，去除膜表面的污泥层，减轻膜污染的程度。间歇出水有利于提高长期运行过程中膜的透水量，减少膜组件的膜面积。膜组件出水间歇时间的延长有利于提高出水时的透水量，但过长的间歇时间对透水量的提高贡献不大。因此，控制抽吸泵的抽停比是控制膜污染、提高膜的透水量的有效手段。对于不同的 MBR 膜，需要通过试验确定其最佳抽停比。工程中，一般采用抽吸泵开机 8～12 min、停机 1～3min 的方式循环进行。需要注意的是，在抽吸泵停机时，不能停止曝气。

（8）反洗频率。在 MBR 运行过程中，曝气清洗不能洗净的污染物，考虑用药物来清洗。反清洗可采用定期清洗或做压差异常上升时进行（如当初期压差相比发生 −15 kPa 变化时）。

四、MBR 膜污染的影响因素

由于混合液中污泥絮体、悬浮固体、胶体粒子、有机物等吸附沉积在膜表面或膜孔中，使膜阻力增大，膜通量减小，即使对膜反复清洗后，其通量仍无法恢复到先前的水平，这种现象称为膜污染。膜污染的影响因素一般有：

（1）膜的物化性质和膜的结构。一般认为，由于亲水性膜的表面性能比疏水性膜高，从而易于被水浸润，所以亲水性膜抗污染能力比疏水性膜强，不容易被污染。具有结构对称的微滤膜比非对称结构膜容易堵塞，所以非对称结构的微滤膜的抗污能力较强。膜孔径为 $0.1～0.4\ \mu m$ 的膜，其膜阻力较小，膜污染较轻，它的通量衰减慢。膜表面光滑，污染物不易沉积，膜污染较小，反之则易污染。

（2）膜通量的影响。在膜分离过程中，污染组分向膜面的转移速度直接与膜通量有关，当达到某一膜通量时，污染组分开始在膜面上沉积，该膜通量称为临界通量。为了防止污染组分沉积在膜面上，运行时膜通量应小于临界通量，一般为临界通量的 1/2，此时膜面不易形成沉积层，膜污染较小，操作稳定。一体式 MBR 通常在较低的膜通量下运行。

（3）操作压力的影响。操作压力较小，膜面上沉积物少，提高膜面流速较容易将其洗去。

（4）抽吸时间。透过液抽吸泵间歇运行，每次抽吸泵抽吸透过液的时间为抽吸泵抽吸时间。抽吸时间对膜面污染速度有显著影响，这是因为在抽吸时间内，MBR 中混合液在膜面以错流形式流动，由于错流不利于活性污泥在膜面上沉积，因此增大混合液相对于膜面的流速，会使膜面受到的剪切力加大，有利于降低膜表面沉积层和浓差极化的形成，使膜阻力下降。但若抽吸时间太长，反而会使膜阻力迅速上升。因此，应通过试验确定合适的抽吸时间。

（5）混合液性质的影响。MBR 中混合液的微生物絮体由于沉积在膜表面上，会产生膜的污染，但基本上不会在膜孔内堵塞及其在内表面吸附与沉积。MBR 中污泥浓度越高，膜的阻力越大，膜通量越小。研究表明，膜通量的下降与污泥浓度的增加呈对数关系，同时，污泥颗粒大小和表面负荷等对膜阻力的影响也很大。

第四节　活性污泥法处理装置的运行管理

一、活性污泥法处理装置的投产

活性污泥法处理装置在建成投产之前，需进行验收工作。在验收中，用清水进行试运行是必要的，这样可以提高验收质量，对发现的问题进行最后修整。同时，还可以做一次脱氧清水的曝气设备性能测定，为运行提供资料。

在处理装置开始准备投产之时，运行管理人员不仅要熟悉处理设备的构造与功能，而且要深入掌握设计内容和设计意图。

对于城市污水和性质与之相类似的工业废水，投产时需要进行培养活性污泥；对于其他工业废水，除培养活性污泥外，还需要使活性污泥适应所处理污水的特点，对其进行驯化。

当活性污泥的培养和驯化结束后，还应进行以确定最佳条件为目的的试运行工作。

（一）活性污泥的培养与驯化

培养活性污泥需要菌种和菌种所需要的营养物。对于城市污水，其中菌种和营养物都具备，因此可直接用城市污水进行培养。方法是先将污水引入曝气池进行充分曝气，并开动污泥回流设备，使曝气池和二沉池接通循环。经 1~2 d 曝气后，曝气池内就会出现模糊不清的絮体。为补充营养和排除对微生物增长有害的代谢产物，要及时换水，即将污水再次放入曝气池，并顶替原有的一部分培养液经二沉池沉淀后排走，换水可间歇进行，也可连续进行。

间歇换水一般适用于生活污水所占比重不太大的城市污水处理厂，每天换水 1~2 次。当第一次进水曝气并出现模糊的活性污泥绒絮后，就可将曝气池停止曝气，使混合液静止沉淀 1~1.5 h 后排放澄清液，所排放的澄清液可占总体积的 60%~70%，然后将污水引入曝气池重新曝气，重复上述操作，直至混合液在 30 min 的沉降比为 15%~20% 时为止。在一般的污水浓度和水温 15℃ 以上的条件下，经过 7~10 d 便可大致达到上述状态。成熟的活性污泥具有良好的凝聚沉淀性能，污泥内含有大量的菌胶团和纤毛虫原生动物，如钟虫、等枝虫、盖纤虫等，并可使 BOD 去除率达 90% 左右。当进入的污水浓度很低时，为使培养期不致过长，可将初次沉淀池的污泥引入曝气池或不经初次沉淀池将污水直接引入曝气池。对于性质类似的工业废水，也可按上述方法培养，不过在培养开始时，宜投入一部分作为菌种的粪便水。

间歇操作在每次换水时，以停止曝气—沉淀—重新曝气的顺序进行，总的时间不宜超过 2 h。连续换水是指进水、出水回流同时进行的方式培养活性污泥。连续换水适用于以生活污水为主的城市污水或纯生活污水。

对于工业废水或以工业废水为主的城市污水，由于其中缺乏专性菌种和足够的营养，因此在投产时除了用一般菌种和所需营养培养足量的活性污泥外，还应对所培养的活性污泥进行驯化，使活性污泥微生物群体逐渐形成具有代谢特定工业废水的酶系统，具有某种专性。

活性污泥的培养和驯化可归纳为异步培驯法、同步培驯法和接种培驯法。异步培驯法是指先培养后驯化；同步培驯法是指培养和驯化同时进行或交替进行；接种培驯法是指利用其他污水厂的剩余污泥，再进行适当培驯。

在工业废水处理站，先可用粪便水或生活污水培养活性污泥。因为这类污水中细菌种类繁多，本身所含营养也丰富，细菌易于繁殖。当缺乏这类污水时，可用化粪池和排泥沟的污泥、初次沉淀池或消化池的污泥等。采用粪便水培养时，先将浓粪便水过滤后投入曝气池，再用自来水稀释，使 BOD_5 控制在 500 mg/L 左右，进行静态(闷曝)培养。同样经过 1~2 d 后，为补充营养和排除代谢产物，需及时换水。对于生产性曝气池，由于培养液量大，收集比较困难，一般采用间歇换水方式或先间歇换水后连续换水。粪便水的投加量应根据曝气池内已有的污泥量在适当的 N_s 值范围内进行调节(即随行泥量的增加而相应增加粪便水量)。

连续换水仅用于就地有生活污水来源的处理站。在第一次投料曝气或经数次闷曝而间歇换水后，就不断地往曝气池投加生活污水，并不断将出水排入二沉池，将污泥回流至曝气池。随着污泥培养的进展，应逐渐增加生活污水量，使 N_s 值调节在适宜的范围内。此外，污泥回流量应比设计值稍大些。

当活性污泥培养成熟后，即可在进水中加入并逐渐增加工业废水的比重，使微生物在逐渐适应新的生活条件下得到驯化。开始时，工业废水可按设计流量的 10%~20% 加入，达到较好的处理效果后，再继续增加比重。每次增加的百分比以设计流量的 10%~20% 为宜，并待微生物适应巩固后再继续增加，直至满负荷为止。在驯化过程中，能分解工业废水的微生物得到发展繁殖，不能适应的微生物逐渐淘汰，从而使驯化过的活性污泥具有处理该种工业废水的能力。

上述先培养后驯化的方法即所谓的异步培驯法。为了缩短培养和驯化的时间，也可以把培养和驯化这两个阶段合并进行，即在培养开始就加入少量工业废水，并在培养过程中逐渐增加比重，使活性污泥在增长的过程中，逐渐适应工业废水并具有处理它的能力，这就是所谓的同步培驯法。这种做法的缺点是在缺乏经验的情况下不够稳定可靠，出现问题时不易确定是培养上的问题还是驯化上的问题。

在有条件的地方，可直接从附近污水厂引来剩余污泥，作为接种污泥进行曝气培养，这样可以缩短培养时间。如果能从性质类似的工业生产污水处理站引来剩余污泥，则更能提高驯化效果，缩短培驯时间，这种做法即所谓的接种培驯法。

工业生产污水中，如果缺氮、磷等养料，则在驯化过程中应把这些物质逐渐加入曝气池中。实际上，培养和驯化这两个阶段不能截然分开，间歇换水与连续换水也常结合进行，具体到培养和驯化时应依据净化机理和实际情况灵活进行。

（二）试运行

活性污泥培养成熟后，就开始试运行。试运行的目的是为了确定最佳的运行条件。在活性污泥系统的运行中，主要考虑的因素有混合液污泥（MLSS）浓度、空气量、污水注入的方式等；如果采用生物吸附法，则还要考虑污泥再生时间和吸附时间之比值；如果采用曝气沉淀池，则还要考虑回流窗孔升启高度；如果工业废水养料不足，则还要考虑氮、磷的用量等。将这些因素组合成几种运行条件，分阶段进行试验，观察各种条件的处理效果，并确定最佳的运行条件，这就是试运行的任务。

活性污泥法要求在曝气池内保持适宜的营养物与微生物的比值，供给所需要的氧，使微生物很好地与有机物相接触，整体均匀地保持适当的接触时间等。营养物与微生物的比值一般用污泥负荷率加以控制，其中营养物数量由流入污水量和浓度决定，因此应通过控制活性污泥数量来维持适宜的污泥负荷率。不同的运行方式有不同的污泥负荷率，运行时的混合液污泥浓度就是以其运行方式的适宜污泥负荷率作为基础规定的，并在试运行过程中获得最佳条件下的 N_s 值和 MLSS 值。

MLSS 值最好每天都能够测定，当污泥沉降比（$SV\%$）值比较稳定时，也可用 $SV\%$ 值暂时代替 MLSS 值的测定。根据测定的 MLSS 值或 $SV\%$ 值，便可控制污泥回流量和剩余污泥量，并获得这方面的运行规律。此外，剩余污泥量也可以通过相应的污泥龄加以控制。

关于空气量，应满足供氧和搅拌这两者的要求。在供氧上应使最高负荷时混合液溶解氧含量保持为 $1 \sim 2$ mg/L。搅拌的作用是使污水与污泥充分混合，因此搅拌程度应通过测定曝气池表面、中间和池底各点的污泥浓度是否均匀而定。

活性污泥处理装置的进水方式，一般设计得比较灵活，既可按传统法，也可按阶段曝气法或生物吸附法运行。在这种情况下，必须通过试运行加以比较观察，然后得出最佳效果的运行方式。如果按生物吸附法运行，则还应得出吸附和再生时间的最佳比值。

二、活性污泥法处理装置运行

试运行确定最佳条件后，即可转入正常运行。为了保持良好的处理效果，及时发现问题，采取有效对策，积累生产经验，需对处理情况定期进行检测。经常性检测项目分述如下：

（1）反映处理效果的项目：进出水总的和溶解性的 BOD、COD，进出水总的和挥发性的 SS，进出水的有毒物质（对应工业废水）。

（2）反映污泥情况的项目：污泥沉降比（$SV\%$）、MLSS、MLVSS、SVI、溶解氧（DO）、微生物观察等。

（3）反映污泥营养和环境条件的项目：氮、磷、pH 值、水温等。

一般 $SV\%$ 和 DO 最好 $2 \sim 4$ h 测定一次，至少每 8 h 一次，以便及时调节回流污泥量和空气量。微生物观察最好每 8 h 一次，以预示污泥异常现象。除了氮、磷、MLSS、MLVSS、SV% 可定期测定外，其他各项应每天测一次。水样除了测 DO 外，均取混合水样。

此外，每天要记录进水量、回流污泥量、剩余污泥量，还要记录剩余污泥的排放规律、曝气设备的工作情况以及空气量和电耗等，剩余污泥（或回流污泥）浓度也要定期测定。上述检测项目如有条件，应尽可能进行自动检测和自动控制。

三、活性污泥法运行中的异常现象及其防止措施

在运行中，有时会出现异常情况，使污泥随二沉池出水流失，处理效果降低。下面介绍运行中可能出现的几种主要异常现象及其防止措施。

（一）污泥膨胀

正常的活性污泥沉降性能良好，含水率一般在 99% 左右。当污泥变质时，污泥就不易沉降，含水率上升，体积膨胀，澄清液减少，这种现象称为污泥膨胀。污泥膨胀主要是大量丝状菌（特别是球衣菌）在污泥内繁殖，使污泥松散、密度降低所致。另外，真菌的繁殖会引起污泥膨胀，污泥中结合水异常增多也会导致污泥膨胀。

活性污泥的主体是菌胶团。与菌胶团相比，丝状菌和真菌生长时需较多的碳素，对氮、磷的要求则较低。它们对氧的要求也和菌胶团不同，菌胶团要求较多的氧（至少 0.5 mg/L）才能很好地生长，而真菌和丝状菌（如球衣菌）在低于 0.1 mg/L 的微氧环境中才能较好地生长。所以在供氧不足时，菌胶团将减少，丝状菌、真菌则大量繁殖。对于毒物的抵抗力，丝状菌和菌胶团也有差别，如对氯的抵抗力，丝状菌不及菌胶团。菌胶团生长适宜的 pH 值范围为 6~8，而真菌则在 pH 值为 4.2~6.5 时生长良好，所以 pH 值稍低时，菌胶团生长受到抑制，而真菌的数量则可能大大增加。根据上海城市污水厂的经验，水温也是影响污泥膨胀的重要因素。丝状菌在高温季节（水温在 25℃ 以上）宜于生长繁殖，可引起污泥膨胀。因此，污水中如碳水化合物较多，溶解氧不足，缺乏氮、磷等养料，水温高或 pH 值较低等，均易引起污泥膨胀。此外，超负荷、污泥龄过长或有机物浓度梯度小等，也会引起污泥膨胀。如果排泥不畅，则易引起结合水性污泥膨胀。

由此可见，为防止污泥膨胀，应加强操作管理，经常检测污水水质，曝气池内的 DO、SV%、SVI，并进行显微镜观察等，一旦发现不正常现象（如 SV% 突增），应及时采取预防措施。一般可调整、加大空气量，及时排泥。有时可以采用分段进水，以免发生污泥膨胀。

当发生污泥膨胀后，解决的办法可针对引起膨胀的原因采取措施。如果缺氧、水温高等，可加大曝气量，或降低水温，减轻负荷，或适当降低 MLSS 值，使需氧量减少等；如果污泥负荷率过高，可适当提高 MLSS 值，以调整负荷，必要时还要停止进水，"闷曝"一段时间；如果缺氮、磷等养料，可投加硝化污泥液或氮、磷等成分；如果 pH 值过低，可投加石灰等调节 pH 值；如果污泥大量流失，可投加 2~10 mg/L 氯化铁，促进凝聚，刺激菌胶团生长，也可投加漂白粉或液氯（按干污泥的 0.3%~0.6% 投加），抑制丝状菌繁殖，对控制结合水性污泥膨胀特别有效。此外，投加活性炭粉末、硅藻土、黏土等物质

也有一定效果。

污泥膨胀是活性污泥法处理装置运行中一个较难解决的问题，污泥膨胀的原因很多，甚至有些原因还未认识，尚待研究。

(二)污泥解体

处理水质浑浊、污泥絮凝体微细化、处理效果变坏等属于污泥解体现象。导致这种异常现象的原因有运行中的问题，也有由于污水中混入了有毒物质所致。

运行不当(如曝气过量)，会使活性污泥生物营养的平衡遭到破坏，使微生物量减少且失去活性，吸附能力降低，絮凝体缩小质密，一部分成为不易沉淀的羽毛状污泥，处理水质混浊，$SV\%$ 值降低等。当污水中存在有毒物质时，微生物会受到抑制或伤害，净化能力下降，或完全停止，从而使污泥失去活性。一般可通过显微镜观察来判别产生的原因。当鉴别出是运行方面的问题时，应对污水量、回流污泥量、空气量和排泥状态以及 $SV\%$ 、MLSS、DO、N_s 等多项指标进行检查，加以调整。当确定是污水中混入有毒物质时，应考虑是否是新的工业废水混入的结果，需查明来源，并按国家排放标准加以局部处理。

(三)污泥脱氮(反硝化)

污泥在二沉池呈块状上浮的现象，并不是腐败所造成的，而是由于在曝气池内污泥龄过长，硝化过程进行充分($NO_3^- > 5\ mg/L$)，在沉淀池内产生反硝化。所谓反硝化，是指硝酸盐被反硝化菌还原成氮气的过程。硝酸盐的氧被利用，氮呈气体脱出附于污泥上，从而比重降低，整块上浮。反硝化作用一般在溶解氧低于 $0.5\ mg/L$ 时发生。试验表明，如果让硝酸盐含量高的混合液静止沉淀，在开始的 $30 \sim 90\ min$ 污泥可以沉淀得很好，但不久就可以看到，由于反硝化作用所产生的氮气在泥中形成小气泡，使污泥整块地浮至水面。在做污泥沉降比试验时，只检查污泥 $30\ min$ 的沉降性能。因此，往往会忽视污泥的反硝化作用，这是在活性污泥法的运行中应当注意的现象。为防止这一异常现象的发生，应采取增加污泥回流量，及时排除剩余污泥，或降低混合液污泥浓度，缩短污泥龄和降低溶解氧浓度等措施，使之不进行到硝化阶段。

(四)污泥腐化

在二沉池有可能由于污泥长期滞留而进行厌氧发酵，生成气体(如 H_2S，CH_4 等)，从而发生大块污泥上浮的现象。它与污泥脱氮上浮所不同的是，污泥腐败变黑，产生恶臭。此时也不是全部污泥上浮，大部分污泥都是正常地排出或回流，只有沉积在死角长期滞留的污泥才腐化上浮。防止的措施有：①安设不使污泥外溢的浮渣设备；②消除沉淀池的死角；③加大池底坡度或改进池底刮泥设备，使污泥不滞留于池底。

此外，如果曝气池内曝气过度，使污泥搅拌过于激烈，生成大量小气泡附聚于絮凝体上，也容易引起污泥上浮，这种情况机械曝气较鼓风曝气多。另外，当流入大量脂肪和油时，也容易产生这种现象。防止措施是将供气控制在搅拌所需的限度内，而脂肪和油则应在进入曝气池之前加以去除。

（五）泡沫问题

曝气池中产生泡沫的主要原因是污水中含有大量合成洗涤剂或其他起泡物质。泡沫会给生产操作带来一定困难，如影响操作环境，带走大量污泥。当采用机械曝气时，还会影响叶轮的充氧能力。消除泡沫的措施有分段注水以提高混合液浓度、进行喷水或投加除沫剂等。据国外一些城市污水厂的报道，消泡剂（如机油、煤油等）的用量为 0.2 ~ 1.5 mg/L，但过多的油类物质将污染水体。因此，为了节约油的用量和减少油类进入水体污染水质，应尽量少投加油类物质。

思考题

1. 试述活性污泥法的基本概念与基本流程。
2. 常用活性污泥法曝气池的基本形式有哪些？
3. 活性污泥法的主要运行方式有哪些？各自有什么特点？
4. 何谓污泥泥龄？它在废水处理运行及管理中有何作用？
5. 影响活性污泥法运行的主要因素有哪些？这些因素的作用是什么？
6. 曝气池设计的主要方法有哪些？各有何特点？
7. 二沉池的功能与构造与一般沉淀池有何不同？在二沉池中设置斜板或斜管为什么不能取得理想的效果？
8. 产生活性污泥膨胀的主要原因是什么？可以采用哪些措施加以控制？
9. 某城市计划新建一座以活性污泥法二级处理为主体的污水处理厂，日污水量为 50000 m^3，进入曝气池的 BOD_5 为 180 mg/L，时变化系数为 1.35，要求处理后出水的 BOD_5 为 20 mg/L，试设计活性污泥处理系统中的曝气池及其曝气系统。

第八章 生物膜法处理工艺及设备

19 世纪末，在研究土壤净化污水的过滤田基础上，创造了生物过滤法，并应用于生产。相比于其后出现的活性污泥法，生物过滤法的体积负荷和 BOD 去除率都较低，环境卫生条件较差，处理构筑物也易堵，于是在 20 世纪 40 年代至 60 年代有逐渐被活性污泥法代替的趋势。但到了 60 年代，由于新型合成材料的大量生产和环境保护对水质要求的进一步提高，生物膜法又获得了新的发展。近年来，属于生物膜法的塔式生物滤池、生物转盘、生物接触氧化法和生物流化床得到了较多的研究和应用。这些新工艺与原有的以碎石为填料的生物滤池相比，具有以下优点：

（1）供氧充分，传质条件好。

（2）采用轻质塑料填料后，构筑物轻巧，填料比表面积大。

（3）设备处理能力大，处理效果好。

（4）不生长滤池蝇，气味小，卫生条件好。

生物膜法与活性污泥法的主要区别在于生物膜固定生长或附着生长于固体填料（或称载体）的表面，而活性污泥则以絮体方式悬浮生长于处理构筑物中。

第一节 生物滤池

生物滤池是以土壤自净原理为依据，在污水灌溉的实践基础上经间歇砂滤池和接触滤池发展起来的生物处理设备。

采用生物滤池处理的污水，必须进行预处理，以去除悬浮物、油脂等会堵塞滤料的物质，并对 pH、氮、磷等加以调控。一般在生物滤池前设初次沉淀池或其他预处理设备。生物滤池后设二次沉淀池，以截留随处理水带出的脱落生物膜，保证出水水质。

生物滤池按其构造特征和净化功能，可分为普通生物滤池、高负荷生物滤池和塔式生物滤池。

一、普通生物滤池

普通生物滤池（又称滴滤池）是早期出现的第一代生物滤池，它主要由一个用碎石铺成的滤床及沉淀池组成。滤床高度在 1～6 m 之间，一般为 2 m，石块直径在 3～10 cm 之间，从剖面上来看，下层为承托层，石块可稍大，以免上层脱落的生物膜累积而造成堵塞。石块大小的选择还要根据滤池单位体积的有机负荷来决定，若负荷高，则要选择较大的石块，否则会由于营养物浓度高、微生物生长快而将空隙堵塞。

废水通过布水系统，从滤池顶部喷洒下来。为了保证空气在布水的间隙进入滤料，早期都采用间歇喷洒的布水系统，包括投配池、配水管网及喷嘴三部分，通过投配池的虹吸作用，使废水每隔 5 ~ 15 min 从固定埋于滤池中的喷嘴中喷出，喷嘴距地面约 0.15 ~ 0.31 m。现大多采用旋转式布水器，废水从滤池上方慢速旋转的布水横管中流出，布水管高度离滤池表面约 0.46 m，水流太高会受风影响，水流太低则生物膜起不到冲刷作用。普通生物滤池的结构如图 8 - 1 所示。

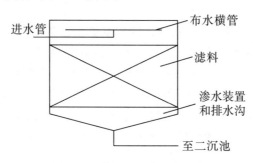

图 8 - 1　普通生物滤池的结构

废水通过滤池时，滤料截留了废水中的悬浮物质，使微生物很快繁殖起来，微生物又进一步吸附了废水中溶解性和胶体有机物，逐渐增长并形成生物膜。生物滤池就是依靠滤料表面的生物膜对废水中有机物的吸附和氧化分解作用，使废水得以净化。

图 8 - 2 为一小块滤膜放大的示意图。由于生物膜的吸附作用，它表面有一层附着水，附着水中的有机物大多已被生物膜氧化，因此当废水进入滤池，在滤池表面流动时，有机物会从流动着的废水中转移到附着水中，并进一步被生物膜吸附。空气中的氧也通过液相进入生物膜。膜内的微生物在氧的参与下将有机物氧化分解成无机物，产生的无机物及 CO_2 会沿反方向透过生物膜进入空气或随流动水被排放。

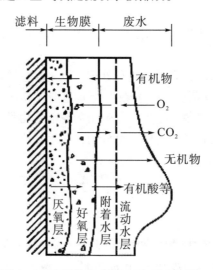

图 8 - 2　滤膜放大示意图(物质交换情况)

当生物膜较厚或废水中有机物浓度较大时，空气中的氧很快被膜表层的微生物所耗尽，使内层滋生大量厌氧微生物。膜内层微生物不断死亡并解体，降低了膜同滤料的黏附力，厌氧微生物发酵所产生的气体也可减小膜同滤料的黏附力。这时，过厚的生物膜在本身重力及废水流动的冲刷力作用下脱落下来，膜脱落后的滤料表面又开始了新生物膜的形成过程，这是生物膜正常的更新过程。此外，生物膜中还有大量以生物膜为食料的噬膜微型动物，它们的活动也可导致膜的脱落或更新。

若滤料间空隙过小，滤池负荷过高，使生物膜增长过多，会造成滤池的堵塞。这时堵塞处得不到废水，不堵处流量过大，造成短流现象，使出水水质大大下降，严重时整个滤池的工作都会停顿下来。

流经滤料的水(已被净化)，通过滤池下方的渗水装置、集水沟及排水渠，最后进入二沉池。

普通生物滤池适用于处理每日污水量不大于 $1000\ m^3$ 的小城镇污水和有机工业废水，具有处理效果好、运行稳定、易于管理和节省能源的特点，但负荷低，水力负荷仅 $1\sim 4\ m^3/(m^2\cdot d)$，占地面积大，滤料容易堵塞，且卫生条件差，因此其应用受到了一定的限制。

二、高负荷生物滤池

(一)高负荷生物滤池的构造

高负荷生物滤池是为解决普通生物滤池在净化功能和运行中存在的实际弊端开发出来的第二代生物滤池，它由滤床、布水设备和排水系统三部分组成，其构造如图 8-3 所示。

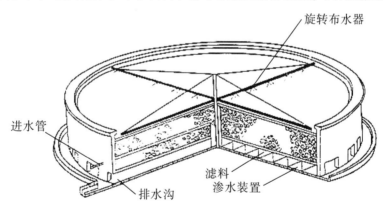

图 8-3　高负荷生物滤池的构造

(二)高负荷生物滤池的设计

1. 滤床的设计

滤床由滤料和池壁组成。滤料是滤池的核心，要求单位体积滤料的表面积和空隙率都比较大，且具有质坚、高强度、耐腐蚀以及价廉易得等特点。滤料粒径一般为 40~100 mm，滤料层厚度多控制在 2 m 以内(超过 2 m 一般要采用人工通风)，分上、下两层充填，上层(工作层)用粒径 40~70 mm 的滤料，层厚为 1.8 m；下层(承托层)用粒径为 70~100 mm 的滤料，层厚为 0.2 m。常用的滤料有卵石、石英石、花岗石及人工塑料滤料等。

高负荷生物滤池平面形状多设计为圆形，池壁常用砖、石或混凝土块砌筑，以围护滤料，减少污水飞溅。为了防止风力对池表面均匀布水的影响，池壁一般应高出滤料表面 0.2~0.9 m。

高负荷生物滤池进水 BOD_5 值必须小于 200 mg/L，否则应采取处理水回流措施，经处理水回流稀释后进入滤池的污水的 BOD_5 值按下式计算：

$$L_a = \alpha L_e \tag{8-1}$$

式中，L_a——经处理水回流稀释后，进入滤池待处理污水的 BOD_5 值，mg/L；

L_e——滤池处理水的 BOD_5 值，mg/L；

α——系数，按表 8-1 所列数据选用。

表 8-1 系数 α 值

冬季平均污水温度(℃)	年平均气温(℃)	滤料层高度 H(m)				
		2.0	2.5	3.0	3.5	4.0
8~10	<3	2.5	3.3	4.4	5.7	7.5
10~14	3~6	3.3	4.4	5.7	7.5	9.6
>14	>6	4.4	5.7	7.5	9.6	12

回流稀释倍数 (n) 由下式确定：

$$n = \frac{L_0 - L_a}{L_a - L_e} \tag{8-2}$$

式中，L_0——原污水的 BOD_5 值，mg/L。

滤床计算实质内容是确定所需要的滤料容积，决定滤池深度和计算滤池表面面积。下面简单介绍基于负荷的计算方法。

在计算高负荷生物滤池时，常用负荷有容积负荷、面积负荷和水力负荷。设计中，通常选用其中一种负荷进行设计计算，然后用其他两种负荷加以校核。

（1）按容积负荷计算。

滤料容积(m^3)：
$$V = \frac{Q(1+n)L_a}{N_V} \tag{8-3}$$

式中，Q——原污水日平均流量，m^3/d；

N_V——容积负荷，以 $gBOD_5/(m^3滤料·d)$ 计，即每 m^3 滤料每日所能够接受的 BOD_5 克数，此值一般不宜大于 1200 $gBOD_5/(m^3滤料·d)$。

滤池面积(m^2)：
$$A = \frac{V}{H} \tag{8-4}$$

式中，H——滤料层高度，常取 $H=2$ m。

（2）按面积负荷计算。

滤池面积(m^2)：
$$A = \frac{Q(n+1)L_a}{N_A} \tag{8-5}$$

式中，N_A——面积负荷，以 $gBOD_5/(m^2滤料·d)$ 计，即每平方米滤池表面每日所能够接受的 BOD_5 克数，一般取值介于 1100~1200 之间。

滤料容积(m^3)：
$$V = AH \tag{8-6}$$

(3)按水力负荷计算。

滤池面积：
$$A = \frac{Q(n+1)}{N_q} \tag{8-7}$$

式中，N_q——水力负荷，以 m^3 污水/(m^2 滤池表面·d)计，即每平方米滤池表面积每日所能接受的污水量，此值一般介于 $10 \sim 30$ 之间。

滤料容积计算同式(8-6)。

2. 布水设备的设计

布水设备的任务是向滤池表面均匀地布水，高负荷生物滤池布水设备多用旋转布水器，其构造如图 8-4 所示。旋转布水器的设计内容主要包括确定每根支管上的小孔数、各孔口距滤池中心的距离、布水所需要的工作水头、布水器的旋转速度等。

在设计计算之前，先根据滤池的大小决定布水横管的根数、管径及布水孔的孔径。布水横管一般为 $2 \sim 4$ 根，管径可按管内平均流速 $1\ \text{m/s}$ 确定，孔径按水流出孔速度不小于 $2\ \text{m/s}$ 决定。

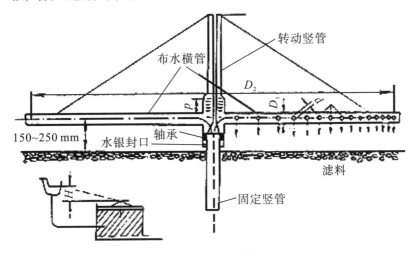

图 8-4　旋转布水器的构造

(1)每根布水横管上的小孔数为
$$m = \frac{1}{1 - \left(1 - \dfrac{a}{D'}\right)^2} \tag{8-8}$$

式中，a——离中心最远的两个小孔间距的 2 倍，常取 $a = 80\ \text{mm}$；

D'——布水器直径，mm，$D' = D - 200$（D 为滤池内径）。

(2)任一孔口距滤池中心的距离为
$$L_1 = R' \times \sqrt{\frac{i}{m}} \tag{8-9}$$

式中，R'——布水器的半径，$R' = D'/2$；

i——从池中心算起，任一孔口布水器横管上的排列顺序。

(3)所需要的工作水头为
$$H = q^2\left(\frac{294}{K^2 \times 10^3}D' + \frac{256 \times 1000^2}{m^2 d^4} - \frac{81 \times 1000^2}{D_0^4}\right) \tag{8-10}$$

式中，q——每根布水横管的污水流量，L/s；

  d——布水孔口直径，mm；

  D_0——布水横管直径，mm；

  K——流量模数，可从表 8-2 查得。

表 8-2 不同直径布水横管的流量模数

$D_0(mm)$	50	63	75	100	125	150	175	200	250
流量模数 $K(L/s)$	6	11.5	19	43	86.5	134	209	300	560
K^2	36	132	361	1849	6500	18000	43680	90000	311000

对于小口径布水管，K 值可按下式计算：

$$K = \frac{1}{4}\pi D_0^2 C \sqrt{R} \qquad (8-11)$$

式中，R——布水横管的水力半径；

  C——射水系数，按下式计算：

$$C = \frac{1}{n}R^{\frac{1}{6}} \qquad (8-12)$$

(4)布水器转速为

$$n = \frac{34.78q \times 10^6}{md^2 D'} \qquad (8-13)$$

布水横管可用钢管或塑料管制作，每根布水横管的布水孔口开在横管的同一侧，两根对称的布水横管的开口方向相反，可利用污水从孔口喷出所产生的反作用力使布水器按与喷水相反的方向旋转，也可以利用电力驱动。布水横管的安装高度约高出滤料层表面 0.12~0.25 m。

3. 排水系统的设计

滤池的排水系统设于滤床的底部，其作用有三：一是排出处理后的污水；二是保证滤池通风良好；三是支撑滤料。排水系统包括渗水装置、汇水沟和总排水沟等。

渗水装置形式很多，图 8-5 是使用比较广泛的混凝土板式的渗水装置。为了保证滤池通风良好，渗水装置上排水孔的总面积不得小于滤池表面积的 20%，与池底距离不得小于 0.4 m。

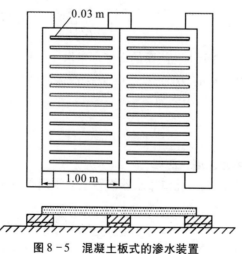

图 8-5 混凝土板式的渗水装置

池底以 1% ~ 2% 的坡度坡向汇水沟，汇水沟宽 0.15 m，间距 2.2 ~ 4.0 m，并以 0.5% ~ 1.0% 的坡度坡向总排水沟，总排水沟的坡度不应小于 0.5%。为了通风良好，总排水沟的过水断面积应小于其总断面的 50%，沟内流速应大于 0.7 m/s，以免发生沉积和堵塞现象。

在滤池底部四周设通风孔，其总面积不得小于滤池表面积的 1%。

三、塔式生物滤池

塔式生物滤池是 20 世纪 50 年代初期，在普通生物滤池的基础上，参照化学工业中的填料塔方式，建造的直径与高度比为 1：6 ~ 1：8，高达 8 ~ 24 m 的滤池。由于它的直径小、高度大、形状如塔，因此称为塔式生物滤池，简称"塔滤"。塔式生物滤池也是利用好氧微生物处理污水的一种构筑物，是生物膜法处理生活污水和有机工业污水的一种基本方法，目前已在石油化工、焦化、化纤、造纸、冶金等行业的污水处理方面得到了应用。近几年的实践表明，塔式生物滤池处理含氰、酚、腈、醛等有毒污水的效果较好，处理出水能符合要求，因而得到了较为广泛的应用。

塔式生物滤池的优点是结构简单，占地面积小，施工方便，运行操作简单，经常性维护费用低，对水质、水量变化的适应性强；缺点是对入流的悬浮物以及油等要求含量不能太高，处理效果较其他生物滤池略低。

(一)塔式生物滤池的主要特征

(1)塔式生物滤池水力负荷比高负荷生物滤池高 2 ~ 10 倍，达 30 ~ 200 $m^3/(m^2 \cdot d)$，BOD 负荷高达 2000 ~ 3000 $g/(m^3 \cdot d)$，进水 BOD 浓度可以提高到 500 mg/L。

(2)塔式生物滤池高为 8 ~ 24 m，直径为 1 ~ 3.5 m，直径与高度比介于 1：6 ~ 1：8 之间，这使滤池内部形成较强烈的拔风状态，因此通风良好。此外，由于高度大，水力负荷高，使池内水流紊流强烈，污水与空气及生物膜的接触非常充分，很高的 BOD 负荷使生物膜生长迅速，但较高的水力负荷又使生物膜受到强烈的水力冲刷，从而使生物膜不断脱落、更新。以上这些特征都有助于微生物的代谢、繁殖，有利于有机污染物的降解。

(二)塔式生物滤池的构造

塔式生物滤池采用增加滤层的高度来提高滤池的处理能力。一般滤层高度为 8 ~ 16 m，甚至大于 16 m。在平面上，一般呈矩形或圆形，它的主要部分包括塔身、滤料、布水器、通风装置和排水系统，如图 8 - 6 所示。

1. 塔身

塔身起围挡滤料的作用，采用砖结构、钢结构、钢筋混凝土结构或钢框架和塑料板面的混合结构。在整个塔身上，沿高度方向用格栅分成数层，以支承滤料和生物膜。每层滤料充填高度以不大于 2 m 为宜，以免压碎滤料。

2. 滤料

滤料的种类、强度、耐腐蚀等的要求与普通生物滤池基本相同。由于塔身高，滤料如果很重，塔体必须加固承重结构，这不仅增加了造价，而且施工安装也比较复杂，因此，还要求滤料容重要小。另外，塔滤的负荷较高，生物膜增长快，需氧量大，对滤料除要求有大的表面积外，还要求有大的空隙率，以利于通风和排出脱落的生物膜。目前国内研究出一种玻璃布蜂窝填料和大孔径波纹塑料板滤料，兼具上面两个优点，获得了广泛应用。目前国内塔式滤池试验中采用的滤料有纸蜂窝滤料、斜交错塑料波纹板滤料、焦炭、炉渣、陶粒滤料等。

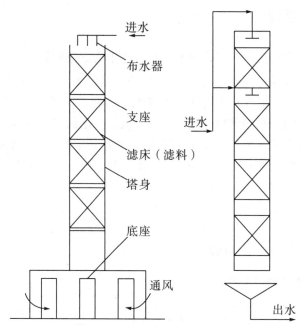

图 8-6　塔式生物滤池的构造

下面对各种滤料的特性进行比较。

（1）纸蜂窝滤料。具有较大的表面积，结构均匀，有利于空气的分布，且比重较轻，不会增加塔身的负担。垂直的蜂窝有利于脱落下来的生物膜的排泄，并且由于蜂窝表面较粗糙，生物膜容易附着，在培养阶段能很快形成生物膜，但污水自上而下流动时，容易在某些地方造成短路，影响污水处理效率，因此需注意布水的均匀性。采用纸蜂窝滤料，处理效果一般比较稳定。若管理得好，运行两三年后，垂直强度虽略有降低，但尚可使用。

（2）斜交错塑料波纹板滤料。此种滤料的表面积比纸蜂窝小，且板上波纹做成45°斜交角，不太适宜，影响布水性能，水流沿波纹流动遇到池壁，容易形成积水，造成短路，同时在此交角处被冲刷下来的生物膜聚集，形成严重堵塞，表面积利用率随之降低，通风不良，易形成厌气，使处理效果变差。

（3）焦炭、炉渣、陶粒滤料。这类滤料具有很大的比表面积，布水较均匀，但空隙较小，当生物膜增长迅速时，易于堵塞，影响充氧。滤料的重量大，增加塔身自重，但炉渣与焦炭来源较易，价格便宜，可以就地取材，对处理有机负荷低、生物膜增长慢的污水较为适宜。

3．布水器、通风装置和排水系统

塔滤的布水器、通风装置和排水系统与普通生物滤池或高负荷生物滤池基本相同。塔滤一般采用自然通风,当自然通风供氧不足、出现厌氧状态时,就必须采用机械通风。机械通风的风量一般可按气水比(100~150)∶1来选择风机,抑或用需氧量来计算,氧的利用率不大于8%。

(三)塔式生物滤池的设计

1. 塔式生物滤池的设计要点

为了充分发挥塔式生物滤池的净化功能,设计时应把握以下要点:

(1)塔式生物滤池处理废水时必备的设备与构筑物。

①当用于处理含有有毒物质的工业废水,且入流水质不均匀时,应设置均质池,以免入流浓度太低时滤池填料体积不能充分利用,同时又能防止浓度过高,超过微生物的分解能力和对有毒物的承受能力,致使出流有毒物浓度过高,或防止微生物因有毒物浓度太高而被毒死。

②在塔式生物滤池后设置二次沉淀池,分离生物膜和水。

③当单级塔滤处理尚不能达到排放要求时,可考虑塔滤与其他生物处理构筑物串联或多级塔滤串联的方案,以保证一定的处理效果。

(2)控制入流水质。

对入流水质,一般要求悬浮物的含量不能太高。

(3)选择适当的填料。

选择的填料要求比表面积大,孔隙率大,不易堵塞。目前可供选择的填料:粒状的,如焦炭、陶粒等;片状的,如波纹板等;立体状的,如纸蜂窝、玻璃布蜂窝和塑料蜂窝等。

(4)挥发物的净化。

当用于处理工业废水,且废水中含有易挥发的有毒物质时,应考虑挥发物的净化,以免有毒物质挥发造成二次污染。

挥发物的净化方法有以下两种:

①在塔顶加一段填料,以清水或处理后的水淋洒吸收挥发的有毒物质。此法在采用任何通风的塔滤中均可应用,如图8-7(a)所示。

②设一只充有塔滤的气体净化器,用引风机或反装的鼓风机从塔体抽风送入净化器,使有毒气体与水逆流接触,其方式如图8-7(b)所示。

气体净化器的喷淋水可用清水或处理后的水,根据经验,喷淋流量是废水量的1/12~1/5。净化器填料体积应大于等于塔体填料体积的5%。

(5)入流方式。

塔式生物滤池的入流方式为在顶部一次进水或分级进水。分级进水有利于滤料充分利用,使生物膜生长均匀。顶部一次进水,塔上层微生物膜厚,中、下层较差,但进水管路比分级进水简单。

(6)选择适宜的入流负荷。

入流的负荷包括有机负荷及水量负荷。有机负荷(或有毒物负荷)是指单位体积滤料每日所能承担入流的有机物量;水量负荷是指单位体积滤料每日所能承担的处理水量。

水量负荷与有机负荷相对应,根据水量负荷及入流浓度所计算出的有机负荷不应大于设计所选用的有机负荷。

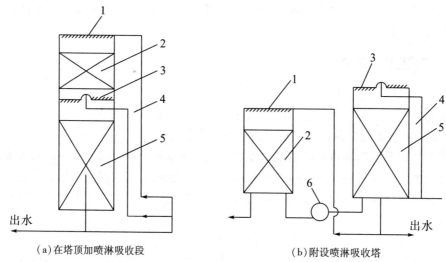

（a）在塔顶加喷淋吸收段　　　　　　（b）附设喷淋吸收塔

1—喷淋水；2—喷淋吸收段填料；3—旋转布水器；4—要处理的水；5—塔本体填料；6—鼓风机

图8－7　气体净化的两种做法

（7）通风条件。

塔式生物滤池既可采用自然通风，也可采用人工通风。

（8）布水方式。

布水的均匀程度将会影响填料的利用程度。不均匀的布水会使某些填料局部负荷过高，不利于提高处理效果。

布水方式有固定布水器布水和旋转布水器布水，旋转布水器的效果比较好，应用广泛。

（9）设置观察孔。

在设计塔式生物滤池时，要在塔身不同的高度开观察孔，观察孔应利于启闭，并有防漏水、漏风措施。由于塔身较高，应设置上下联系的梯与平台，以便于检修、观察。

2. 塔式生物滤池的设计计算

（1）填料体积的确定。

①根据水量负荷：

$$V = \frac{Q}{N_{水}} \qquad (8-14)$$

式中，Q——平均日流量，t/d，当有气体净化器时，此流量应包括气体净化器的淋水量，即 $Q = Q_1 + Q_2$；

　　　Q_1——废水量，t/d；

　　　Q_2——淋水量，t/d，$Q_2 = \left(\frac{1}{12} \sim \frac{1}{5}\right) Q$；

　　　$N_{水}$——水力负荷，$t/(m^3 \cdot d)$。

②按有机负荷复核（或按有毒物负荷复核）：

$$V' = \frac{Q \times L_a}{N_{有机}} \qquad (8-15)$$

式中，V'——按有机负荷计算的滤料体积，m^3；

Q——平均日流量，t/d，$Q = Q_1 + Q_2$；

L_a——进水 BOD_5（或 BOD_{20}）值，g/m^3；

$N_{有机}$——有机负荷，$kg/(m^3 \cdot d)$。

应当使 $V \approx V'$，否则需重新计算。

（2）塔体总高 H 的确定。

塔体总高包括填料高度 h_1、格栅高度 h_2、布水器高度 h_3、有毒气体净化器高度 h_4 和塔底通风口高度 h_5。

①填料高度 h_1：填料高度与处理效率有关，因为塔高加大，可增加水与微生物新陈代谢及有毒物质的氧化降解。根据国外文献介绍，塔滤中填料的高度与进水有机物浓度（BOD_{20}）呈线性关系，可用下式表示：

$$h_1 = 0.04\, BOD_{20} - 2 \qquad (8-16)$$

式中，BOD_{20}—— 20 天的生化需氧量，mg/L。

②格栅高度 h_2：填料是分层装入的，为了防止上层填料压碎底层填料，各层间有格栅以支承上层填料。h_2 是根据填料高、分层数以及格栅的具体形式而定的，一般取 $0.25 \sim 0.4\ m$。

③布水器高度 h_3：布水器的高度是根据所选用布水器的形式而定的，一般可取 $0.5\ m$。

④有毒气体净化器高度 h_4：净化器内填料体积可按塔体本身填料的体积的 5% 计算，如果塔径为 D，则 h_4 为

$$h_4 = \frac{4V \times 0.05}{\pi D^2} \qquad (8-17)$$

式中，V——填料体积，m^3；

D——塔径，m。

⑤塔底通风口高度 h_5：为了减少空气进塔阻力，通风口风速不宜过大，可与塔内风速相同，因而设计时取通风口总面积 $A \geqslant \pi D^2/4$（塔的截面积），即

$$h_5 \geqslant \frac{A}{nB} \geqslant \frac{\pi D^2}{4nB} \qquad (8-18)$$

式中，n——通风口个数；

B——通风口宽度。

则取

$$h_5 = \frac{\pi D^2}{4nB} \qquad (8-19)$$

综上，塔体的总高为

$$H = h_1 + h_2 + h_3 + h_4 + h_5 \qquad (8-20)$$

（3）塔径 D 的确定：

$$D = \sqrt{\frac{4V}{\pi h_1}} \qquad (8-21)$$

式中，V——填料体积，m^3；

h_1——填料高度，m。

当塔高与塔径确定后，再按高径比 $H:D \geqslant 3 \sim 8$ 复核。

【例 8 - 1】上海某化纤厂产生含丙烯腈废水 20 m³/h，丙烯腈浓度为 150 mg/L，BOD_5 为 300 mg/L，水温小于 35℃，拟采用塔式生物滤池进行处理，处理效果要求达到 $BOD_5 < 30$ mg/L，丙烯腈浓度小于 2 mg/L。经试验取得如下设计数据：有机负荷为 2.5 kg/(m³·d)，水量负荷为 10 m³/(m³·d)，塔顶喷淋水量为原水量的 20%，试设计塔式生物滤池。

【解】(1)填料体积的确定。

①根据水量负荷进行设计：

$$V = \frac{Q}{N_{水}} = \frac{Q_1 + Q_2}{N_{水}} = \frac{(20 + 20 \times 20\%) \times 24}{10} = 57.6 \ (m^3)$$

②按有机负荷复核：

$$V' = \frac{QL_a}{N_{有机}}$$

$$L_a = \frac{Q_1 L_0 + Q_2 L_e}{Q_1 + Q_2} = \frac{20 \times 24 \times 300 + 4 \times 24 \times 30}{20 \times 24 + 4 \times 24} = 255 \ (mg/L)$$

则

$$V' = \frac{576 \times 0.255}{2.5} = 58.752 \ (m^3)$$

因 $V \approx V'$，可以取 V' 为设计依据。

(2)塔体总高度的计算。

①填料高度 h_1：

入流 $BOD_5 \leqslant 300$ mg/L，$h_1 = 0.04 BOD_{20} - 2$，填料高度可定为 12 m，分四层设置，每层填料高度为 3 m。塔的直径为

$$D = \sqrt{\frac{4V}{\pi h_1}} = \sqrt{\frac{4 \times 58.752}{3.14 \times 12}} = 2.49 \ (m)$$

采用 $d = 25$ mm 蜂窝填料，取 $D = 2.5$ m，则最终确定 $V = 58.9$ m³。

②有毒气体净化器高度 h_4：

$$h_4 = \frac{4V \times 0.05}{\pi D^2} = \frac{4 \times 58.9 \times 0.05}{\pi \times 2.5^2} = 0.6 \ (m)$$

喷淋段填料采用 $d = 25$ mm 的蜂窝。

③塔底通风口高度 h_5：

取通风口总面积 $\geqslant$ 塔平面面积，设通风口数 $n = 8$，通风口宽度 $B = 0.75$ m，则有

$$h_5 = \frac{\pi D^2}{4nB} = \frac{\pi \times 2.5^2}{4 \times 8 \times 0.75} = 0.818 \ (m)$$

取 $h_5 = 0.85$ m。

④格栅高度 h_2：

取 $h_2' = 0.25$ m，最下一层及喷淋填料格栅高度 h_2'' 各取 0.1 m，则有

$$h_2 = 3 \times 0.35 + 2 \times 0.1 = 0.95 \ (m)$$

⑤塔的总高度 H：

$$H = h_1 + h_2 + h_3 + h_4 + h_5$$
$$= 12(填料高度) + 0.95(格栅高度) + 0.5(布水器高度) +$$
$$0.6(有毒气体净化器高度) + 0.85(塔底通风口高度)$$
$$= 14.9 \ (m)$$

校核：$H : D = 14.9 : 2.5 = 5.96 : 1$，符合要求。

（3）塔体构造设计。

①塔身设 4 个观察窗，每个窗的尺寸为 0.4 m × 0.85 m，窗口上边缘离塔底高度分别为：3.6 m，6.85 m，10.10 m，13.85 m。

②塔外设有回转上升的铁梯。

③塔顶设宽 0.6 m 的平台，平台栏杆高 1.2 m。

④塔内塔料分层用格栅支承，各层距塔底高度分别为：

第一层：0.95 m。

第二层：4.2 m。

第三层：7.45 m。

第四层：10.70 m。

以上各层均设有塔本体填料格栅。

第五层：13.7 m。

第六层：14.3 m。

喷淋段填料支承格栅。

（4）旋转布水器。

①经旋转布水器分布的流量 $Q = 20 \ m^3/h = 5.6 \ L/s$。

②旋转布水器共设四根支管，管内起端流速约为 1.0 m/s，取管径为 50 mm，每根支管流量：$\dfrac{1}{4} \times 5.6 = 1.4 \ L/s$。

③按孔口流速速约 2 m/s 计，则孔口总面积：$1.4 \times 10^{-3}/2 = 0.700 \times 10^{-3} \ m^2$。

④每根支管上的总孔 m：

$$m = \cfrac{1}{1 - \left(1 - \dfrac{a}{D'}\right)^2} = \cfrac{1}{1 - \left(1 - \dfrac{80}{2500 - 200}\right)^2} \approx 15$$

⑤每孔面积：总面积/m = $0.700 \times 10^{-3}/15 = 4.66 \times 10^{-5} \ m^2$。

⑥每个小孔直径：

$$d = \sqrt{\dfrac{4A}{\pi}} = \sqrt{\dfrac{4 \times 4.66 \times 10^{-5}}{\pi}} = 7.7 \times 10^{-3} \ (m)$$

取 $d = 8 \ mm$。

⑦ 所需的工作水头 h：

$$h = q^2 \left(\dfrac{294}{K^2 \times 10^3} D' + \dfrac{256 \times 1000^2}{m^2 d^4} - \dfrac{81 \times 1000^2}{D_0^4} \right)$$

$$= 1.4^2 \left(\dfrac{294 \times 2300}{6^2 \times 10^3} + \dfrac{256 \times 1000^2}{15^2 \times 8^4} - \dfrac{81 \times 1000^2}{50^4} \right)$$

$$= 1.96(18.78 + 277.7 - 12.96)$$
$$= 555.7(\text{mm 水柱}) = 5.446(\text{kPa})$$

⑧设水泵轴与布水器中心线距离为 16.5 m，泵轴距吸水井水面 1.0 m，如忽略沿途距离（泵安装于塔下，距离较短），并估计总水头损失小于 2.0 m，则水泵所需的扬程为

$$16.5 + 2.0 + 1 = 19.5(\text{m})$$

取扬程为 20 m。

根据流量 $Q = 20$ m³/h，扬程 20 m，选用 3BA-9 型水泵 2 台，其中 1 台备用。

⑨ 小孔的布置（距中心距离）L_1：

$$L_1 = R'\sqrt{\frac{i}{m}}$$

$$R' = \frac{1}{2}D' = \frac{1}{2}(2500 - 200) = 1150(\text{mm})$$

小孔与中心的距离的计算结果见表 8-3。

⑩转速 n：

$$n = \frac{34.78q \times 1000^2}{md^2D'} = \frac{34.78 \times 1.4 \times 1000^2}{15 \times 8^2 \times 2300} = 22(\text{r/min})$$

表 8-3　小孔与中心的距离的计算结果

自中心算起小孔的次序	1	2	3	4	5	6	7	8	9	10	11	12	13	14	15
与中心的距离(mm)	299	425	518	587	656	736	782	839	897	932	977	1012	1069	1116	1150

⑪净化部分布水装置：净化部分的布水采用喷淋装置，共设 24 只喷口，喷口型号为 Y-1 型，为保证水由喷口喷出时有一定的压力，因此选用 2BA-6 型泵。喷口的布置如图 8-8 所示。

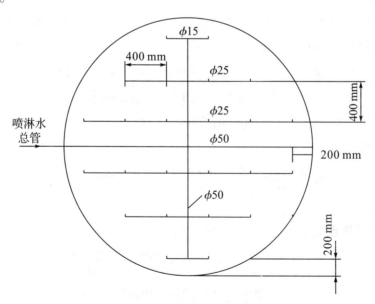

图 8-8　喷淋水出流的喷口布置

四、生物滤池的运行管理

（一）生物滤池的投产

生物滤池投入运行之前，先要检查各项机械设备（水泵、布水器等）和管道，然后用清水代替污水进行试运行，发现问题时须做必要的整修。

生物滤池的投产与活性污泥处理装置投产相类似，有一个生物膜的培养与驯化的阶段，一方面是使微生物生长、繁殖，直到滤料表面长满生物膜，微生物的数量满足污水处理的要求；另一方面是使微生物能逐渐适应所处理的污水水质，即驯化微生物。可先将生活污水投入滤池，待生物膜形成后（夏季时约2～3周即达成熟）再逐渐加入工业废水，或直接将生活污水与工业废水的混合液投配入滤池，或向滤池投配其他废水处理厂的生物膜或活性污泥等。当处理工业废水时，通常先投配20%的工业废水量和80%的生活污水量来培养生物膜。当观察到有一定的处理效果时，逐渐加大工业废水量和生活污水量的比值，直到全部是工业废水时为止。当生物膜的培养与驯化结束后，生物滤池便可按设计方案正常运行。

（二）生物滤池运行中异常问题及其处理措施

在污水生物处理设备中，虽然生物滤池的运转故障是很少的，但仍有产生故障的可能性。下面介绍一些常见问题及处理措施。

1. 滤池积水

滤池积水的原因：①滤料的粒径太小或不够均匀；②由于温度的骤变使滤料破裂以致堵塞孔隙；③初级处理设备运转不正常，导致滤池进水中的悬浮物浓度过高；④生物膜的过度脱落堵塞了滤料间的孔隙；⑤滤池的有机负荷过高。

滤池积水的预防和补救措施：①松动滤池表面的滤料；②用高压水流冲洗滤料表面；③停止运行积水面积上的布水器，让连续的废水流将滤料上的生物膜冲走；④向滤池进水中投加一定量的游离氯（15 mg/L），历时数小时，隔周投配，投配时间可选择晚间低流量时期，以减小氯的需要量；⑤停运滤池一天或更长一些时间，以便使积水滤干；⑥对于有水封墙和可以封住排水渠的滤池，可用污水淹没滤池并持续至少一天的时间；⑦如果以上方法均无效，则可以更换滤料，这样做可能比清洗旧滤料更经济。

2. 滤池蝇问题

滤池蝇是一种小型昆虫，幼虫在滤池的生物膜上滋生，成体蝇在池周围飞翔，可飞越普通的窗纱，进入人体的眼、耳、口、鼻等处，它的飞翔能力仅为方圆数百米，但可随风飞得更远。滤池蝇的生长周期随气温的上升而缩短，从15℃的22天到29℃的7天不等。在环境干湿交替条件下数量最多。滤池蝇的危害主要是影响环境卫生。

防治滤池蝇的方法：①使滤池连续进水不间断；②按照与减少积水相类似的方法减少过量的生物膜；③每周或隔周用污水淹没滤池一天；④彻底冲淋滤池暴露部分的内壁，如尽可能延长布水横管，使废水能洒布于壁上，若池壁保持潮湿，则滤池蝇不能生存；⑤在厂区内消除滤池蝇的避难所；⑥在进水中加氯，使余氯量为0.2～1 mg/L，加药周期为

1~2周，以避免滤池蝇完成生命周期；⑦在滤池壁表面施杀虫剂，以杀灭欲进入滤池的成蝇，施药周期4~6周，即可控制滤池蝇，但在施药前应考虑杀虫剂对受纳水体的影响。

3. 臭味

滤池是好氧的，一般不会有严重的臭味，若有臭皮蛋味，则表明有厌气条件。

臭味的防治措施：①维持所有设备（包括沉淀池和废水系统）均为好氧状态；②降低污泥和生物膜的累积量；③当流量低时向滤池进水中短期加氯；④出水回流；⑤保持整个污水厂的清洁；⑥清洗出现堵塞的下水系统；⑦清洗所有滤池通风孔；⑧将空气压入滤池的排水系统以加大通风量；⑨避免高负荷冲击，如避免牛奶加工厂、罐头厂等高浓度废水的进入，以免引起污泥的积累；⑩在滤池上加盖并对排放气体除臭。此外，美国曾用加过氧化氢到初级塑料滤池出水的方法除臭，丹麦曾用塑料球浮盖在滤池表面上来除臭等。

4. 滤池表面结冰问题

滤池在冬天不仅处理效率低，有时还可能结冰，使其完全失效。

防止滤池结冰的措施：①减少出水回流倍数，有时可完全不回流，直至气候暖和为止；②调节喷嘴，使之布水均匀；③在上风向设置挡风屏；④及时清除滤池表面出现的冰块；⑤当采用二级滤池时，可使其并联运行，减少回流量或不回流，直至气候转暖。

5. 布水管及喷嘴的堵塞问题

布水管及喷嘴的堵塞使废水在滤料表面上分布不均，结果使进水面积减少，处理效率降低，严重时大部分喷嘴堵塞，会使布水器内压力增高而曝裂。

布水管及喷嘴堵塞的防治措施：清洗所有孔口，提高初次沉淀池对油脂和悬浮物的去除率，维持滤池适当的水力负荷，按规定对布水器进行涂油润滑，等等。

6. 蜗牛、苔藓和蟑螂问题

蜗牛、苔藓和蟑螂等常见于南方地区，可引起滤池积水或其他问题。蜗牛本身无害，但其繁殖快，可在短期内迅速增多，死亡后，其壳可导致某些设备堵塞。防治措施：①在进水中加氯，剂量以维持滤池出水中余氯量0.2~1.0 mg/L数小时为限；②用最大回流量冲洗滤池。

7. 生物膜过厚问题

生物膜内部厌氧层的异常增厚，可发生硫酸盐还原，污泥发黑发臭，导致生物膜活性低下，大块脱落，使滤池局部堵塞，造成布水不均，不堵的部位流量及负荷偏高，出水水质下降。

防止生物膜过厚的措施：①加大回流量，借助水力冲脱过厚的生物膜；②采用两级滤池串联，交替进水；③低频进水，使布水器的转速减慢，从而使生物膜量下降。

第二节　生物活性滤池

生物活性滤池（Biological Active Filters，BAF）可以在好氧或缺氧条件下完成污水的生物处理和悬浮物的去除。BAF中的滤料作为生物生长的场所并起过滤作用，而反冲洗可将BAF内积聚的固体粒子去除。滤料的性质对BAF工艺有直接影响，如BAF的构型与滤料形式有关（淹没滤料或漂浮滤料），而过滤和反冲洗策略则与滤料的比重有关，天然矿物、结构化塑料或随机塑料都可以作为 BAF 的滤料。

BAF 反应器可用于碳氧化、同步去除 BOD 和硝化、反硝化，以及三级处理的硝化和反硝化。污水经过格栅、沉砂和初沉的一级处理后，就可使用 BAF 作为二级处理，或将 BAF 与其他原有二级处理工艺平行运行。将 BAF 作为三级处理的硝化或（和）反硝化是对二级处理升级改造时的常用方法。

根据滤料构形和水流模式，BAF 反应器分为以下几种：①滤料密度大于水的下向流 BAF；②滤料密度大于水的上向流 BAF；③采用漂浮滤料的 BAF；④连续反冲洗滤池；⑤不反冲的淹没型滤池。

一、典型 BAF 工艺

1. 滤料淹没型下向流 BAF

图 8-9 是下向流 BAF 的布置方式。空气由下向流淹没型颗粒（膨胀页岩）滤床的底部注入，这样气液之间的异向流动和气体在滤料间的曲折流动会提高氧的传递效率。污水由颗粒滤料的上部进入，这样在气流和水头损失的作用下，污水会均布在整个滤床。在下向流 BAF 中，大部分大粒径悬浮颗粒会截留在滤床的上部。因为截留的大粒径颗粒会迅速集聚并被反冲水带走，所以这些颗粒不会堵塞位于底部的滤池喷嘴。因此，下向流 BAF 的前面可以不设细格栅。

当滤料开始堵塞时，滤池的水头损失会增加，这样滤床上部的水深随之增加。反向的冲洗可去除滤池截留的固体粒子和过多的生物膜。一般基于水头和时间来控制反冲洗。反冲洗应避免在污水峰值流量到来时进行。

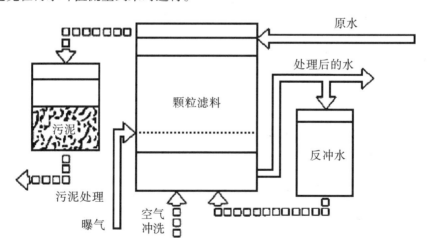

图 8-9　下向流 BAF 的布置方式

随着工程的不断实践，下向流 BAF 反应器的性能逐渐提高，但气、水异向流限制了 BOD 的去除和硝化。夹在滤料表面和上部积聚的固体粒子内的空气会使水头损失不可预见地增加，从而导致滤池不得不进行反冲洗。间歇性地提高曝气强度来松动滤床或采用微冲洗清除滤床表面过多的固体粒子等方式可以应对这样的问题。对于二级处理来说，下向流 BAF 最终会被上向流 BAF 所代替，上向流 BAF 能以更高的水力负荷运行，并能应对更宽的水力变化范围。

2. 滤料淹没型上向流 BAF

图 8-10 是上向流 BAF 的布置方式。在正常操作下，大部分固体粒子会积聚在滤床底部，之后通过提高水力负荷和增加空气擦洗反冲出去。因为反冲是擦洗空气和反冲水的同向流动，因此积聚的固体粒子会穿过滤料，然后从滤床上部离开。

滤料在反应器的底部形成淹没型的固定床，固定床高度一般为 3～4 m，滤床上面一般留有 1 m 高的自由空间。进水是通过滤床底部空间和空气/水喷嘴布置系统来完成的。喷嘴安装在离滤池底板 1 m 高的假底上，为了防止喷嘴堵塞，进水必须经过细格栅。反冲洗的水和气也是通过相同的滤床底部空间和喷嘴进入滤床的。工艺所需的供气则通过进水喷嘴以上的位于滤床里面的空气扩散器来完成。

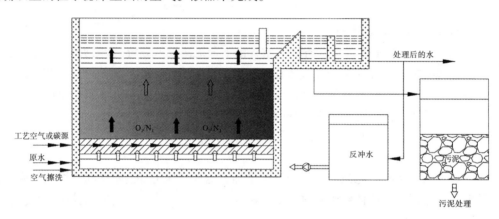

图 8-10 上向流 BAF 的布置方式

为了减少反冲洗用水量和滤料损失的风险，反冲洗的同时就进行排水。排水持续时间与固体粒子积聚的高度有关，也决定了是否需要更强的反冲洗。同向反冲洗由用于松动滤料的空气擦洗、气水同时冲洗和水漂洗三步顺序组成。反冲洗过程中，固体粒子从滤床底部被推动到位于滤床顶部和排水点之间的滤床上部空间，然后排出 BAF。

反冲水会直接排掉，为了把反冲水中的固体粒子浓度降低到允许的排放水平，反冲水的量会是滤床上部自由空间的数倍。排放这些固体粒子对 BAF 的影响与实际的处理目的和 BAF 单元的数量有关。可以在反冲周期的最后增加"初滤水直排"措施，或者加大反冲洗水量以提高反冲后的过滤水质。

淹没型滤料系统反冲洗时的一个关键问题就是"沸腾"是否出现。为了反冲均匀，反冲水必须在 BAF 的平面上均匀分布，因此，反冲时配水系统的水头损失必须大于滤床的水头损失。如果过高的负荷或反冲不足造成滤床堵塞，则滤床的水头损失将会成为控制性因素，反冲水会沿着水头损失最小的路线形成短流。这就造成在水头损失最小的点出现"沸腾"或强烈的喷流。喷嘴堵塞也会出现类似的"沸腾"和短流现象。反冲洗过程中出现"沸腾"会造成滤料的过度损失。

3. 漂浮型滤料上向流 BAF

此类工艺采用漂浮滤料做滤床。这些漂浮滤料不仅起过滤作用，其表面还可供微生物生长。这种工艺首先用于工业过滤和饮用水的反硝化，后来为了加强气、水和微生物的接触，在滤料的底部增加了粗气泡曝气装置。采用非常轻的膨胀聚苯乙烯的 Biostyr 工艺和采用密度稍小于 1 的回收聚丙烯的 Biobead 工艺在英国得到广泛的应用。

法国巴黎威立雅公司的 Biostyr 反应器（如图 8-11 所示）是一个装填小粒径（2~6 mm）聚苯乙烯小珠的反应器。小珠的大小取决于工艺的处理目的。大些的小珠负荷可以高一些，但小些的小珠工艺性能更好。这些小珠的密度小于水，因此会在反应器的上部形成漂浮床。漂浮床的高度一般为 3~4 m，下部有大约 1.5 m 的自由空间。漂浮床的上部有个带滤嘴的顶盖压着床顶，滤嘴可将滤后水均匀地收集起来。只有处理后的水才能进入滤嘴（反冲水不会进入）。洁净球形小珠的比表面积为 1000~1400 m²/m³。进水通过反应器底部基础形成的槽分配到 Biostyr 反应器内。槽的上部覆盖着板子，待处理的水通过板子间的缝隙进入 Biostyr 单元，板子之间的缝隙也可用来收集反冲洗水。Biostyr 不需要在底部设置配水系统，其滤料也不需支承。工艺所需的空气可通过位于反应器底部的扩散器供给，也可通过滤床内的曝气网格供给。如果需要设置缺氧区用以脱氮，则应使用曝气网格供给。反冲洗时空气擦洗和反冲水是异向流动的，固体粒子以最短的路径在反应器底部被去除。

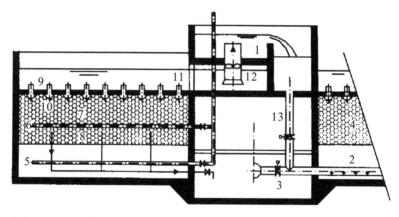

1—配水廊道；2—滤池进水和排泥；3—反冲洗循环闸门；4—填料；5—反冲洗气管；6—工艺空气管；
7—好氧区；8—缺氧区；9—挡板；10—出水滤头；11—处理后水的储存和排出；12—回流泵；13—进水管

图 8-11　Biostyr 反应器

为了防止滤料流失，反应器的顶部附近可固定一个金属格网。工艺空气可由位于滤床内部或下部的配气栅格供给。如果将工艺配气栅格放在滤床内，滤床底部就有可能去除一些固体粒子。因为滤料的密度接近 1，所以反冲洗所需的水头虽然很小，但却很容易去除积聚在滤床的固体粒子。典型的反冲过程包括排水、空气擦洗和反向水冲洗。脏的反冲洗水可通过出水堰或底部排水管排出。反冲洗后需要一段时间滤床才能被重新填充好，在这段时间内滤池对固体粒子的截留效果较差，滤池出水可回流到污水处理厂前端。

上向流漂浮滤料 BAF 可能会需要一些"微反冲"（一般为 4~8 次，极端情况下会超过 10 次）。微反冲用以松动滤床、去除一些固体粒子和降低水头损失，这样反冲周期（两次标准反冲之间的时间间隔）可达到 24~48 h。微反冲和标准反冲会产生大量的反冲废水。

二、BAF 的滤料

滤料是 BAF 工艺的核心，影响滤料选择的因素有密度、硬度、抗磨损性、表面粗糙度、形状、粒径、不均匀系数、可获得性和造价。选择滤料时要考虑处理目的、进水和反冲洗策略以及厂家设备的特殊性等。滤料同时起到保证微生物生长和截留固体粒子的作用。反冲洗时，滤料要能够释放出原来截留的固体粒子和生物量，还要有足够的坚固性，不至于反冲洗时因磨损而破裂。滤料可分为矿物类、结构塑料和随机塑料等，大多数情况下，矿物滤料比水重而塑料滤料比水轻。

1. 矿物滤料

矿物滤料是粒状的。矿物滤料的密度一般大于 1，因此会沉在水里。虽然已有泡沫黏土制成的漂浮滤料，但并没有应用于实际生产。有些膨胀黏土的密度小于水，但比较脆且在使用过程中会吸水。尽管反冲洗时会受到磨损，但滤料应能保持其形式和结构的完整性。大部分矿物滤料能够抵抗一般污水组分的化学侵蚀。

设计时必须考虑滤料的粒径、形状和粒径分布。粒径越小，生物膜生长的可利用面积越大，因此处理水平会相应地提高。但是小粒径滤料之间的水流通道小，会增加滤池的水头损失。如果所有滤料颗粒的大小近似，也就是粒径均匀分布，则滤料颗粒之间的孔隙最大，这样滤床截留的固体粒子就多，滤池的反冲周期也会延长。

矿物滤料经常分级。粗滤料一般放在滤池单元的底部，这样可以防止细滤料进入滤池底部的配水系统。也有采用多级滤料概念的上向流 BAF，底部放置大粒径(40 mm)滤料，其上放置小粒径滤料，BAF 上部 1/3 则放置细滤料(2.5 mm)，这样配置滤料的目的是为了取消初级沉淀池。

2. 随机塑料滤料

滤料漂浮型的 BAF 通常采用珠子状的随机滤料。此类滤料的关键特征就是粒径大小，因为这决定了滤料的表面积。滤料的材质一般是聚丙烯或聚苯乙烯，有时也使用回收的塑料。有时会人为地将小珠子的表面弄得很粗糙，这样可以更好地承载微生物。

由于珠子是制造产品，所以可以控制它的一些性质。珠子越轻就越容易聚集在反应器顶部，这样滤池的水头损失和对固体粒子的去除率都会很大。然而密度接近于水的珠子覆盖上生物膜后，其密度会增加到下沉的程度，这会导致沟流和短流，在向下反冲洗时也会导致滤料的流失。随机塑料滤料的珠子尺寸为 2～6 mm。

对于诸如聚苯乙烯的膨胀滤料，在选择颗粒密度时必须要注意，要使它能经受住过滤周期内的反复挤压。目前没有实验数据表明珠子状塑料滤料会破裂，并且塑料可以承受生活污水中的大部分化学物质的侵蚀，但它们对有机溶剂和汽油比较敏感，而某些工业废水中可能会含有高浓度的此类物质。

3. 模块化塑料滤料

模块化塑料滤料与高负荷滴滤池用的滤料类似，也是在设计上保证有大的孔隙并且水和空气能自由通过。模块化塑料滤料由平板和波纹板粘接在一起形成矩形模块或块状体，其外形为蜂窝状。常用的块状体有垂直流(所有水流通道从顶部到底部)和交叉流(水流通道与垂直方向有偏角)，交叉流常用于 BAF 系统。

模块化塑料滤料可有不同构型，因此可提供不同的表面积。表面积最大的模块化滤料的水流通道最小，一般用于三级处理，特别是硝化。滤料的成本与表面积成比例，因此，当所需的表面积较大时，随机塑料滤料可能更经济。塑料滤料的密度一般比水小，但还要淹没在 BAF 反应器内，为了防止运行和反冲洗时滤料被撞出带走，在 BAF 单元顶部要有能牢固地把模块置于下面的结构。

三、反冲洗

对滤池进行反冲洗能最大限度地延长滤池运行时间和截留固体粒子的能力，反冲洗也能保证良好的出水水质。正确的反冲洗要有滤床膨胀、剧烈冲刷和随后的有效漂洗。滤池冲洗不好会导致滤池的运行周期缩短、固体粒子积聚和滤池性能下降。固体粒子和滤料（泥球）的积聚会产生短流，进而导致滤料过度损失。

BAF 的进水水质和处理目的会对固体粒子产量和反冲洗频率产生影响。悬浮固体浓度高的污水经过 BAF 后会有很大一部分比例被过滤掉。在被反冲洗带走之前，惰性固体粒子会一直待在滤床内。但根据停留时间的不同，生物固体粒子可能会被降解。有时可能会在进水加入铁或铝等无机盐用以除磷，这会在滤床内形成沉淀从而增加反冲洗的频率。三级 BAF 系统的固体粒子产量一般较低，因此反冲洗并不频繁（36～48 h 反冲 1 次）。当固体粒子浓度较低时，由于具有擦洗作用的曝气集中在一个很小的表面，污水中洗涤剂导致的泡沫可能会成为一个问题。泡沫在工艺启动的时候也会是个问题，为防止泡沫被吹得到处都是，建议在 BAF 单元的表面设置格网。

反应器特征和滤料类型会对反冲洗造成影响。越是开放结构的滤料，其捕获的固体粒子越少，这会减少反冲洗频率，但出水的悬浮固体粒子浓度可能更高。诸如石英砂之类的细矿物滤料一般有最好的固体粒子截留能力，但需要更高的反冲洗频率。

增加水流速度，特别是对于上向流 BAF，会使积聚的生物量在反应器内的分布变得更加均匀，由此避免了滤池堵塞和过早的反冲洗。对于漂浮滤料滤池，其滤床的密度接近水的密度，滤床截留固体粒子后会膨胀，这样滤床在持留固体粒子的同时可不增加水头损失。

四、BAF 的设计

有很多因素影响 BAF 的工艺设计。正如之前讨论过的，生物膜内的传质经常影响基质的去除性能，供生物膜吸附的滤料比表面积和基质通量则会影响生物膜反应器的设计，包括氧的可利用性、气流速度、滤速、滤料装填密度和反冲洗效率等内部物理因素也显著影响 BAF 的性能。这些因素都会影响外部传质，并间接影响生物膜内部的传质。另外一个可能的原因是滤料实际比表面积的不确定性，BAF 的性能一般表示为容积负荷而非表面积的函数。

由于生物膜非常复杂且为动态结构，所以基于动力学表达的确定性 BAF 模型是复杂的。模型包括了很多变量，而这些变量会影响溶解性和颗粒性基质扩散、生物量生长速率、生物膜密度、生物膜内微生物的种类和数量等，因此，预测存在着不确定性。水解颗粒的定量问题本来已经很难，但 BAF 具有过滤能力，这使得这个问题在 BAF 系统中比在活性污泥系统或其他下游有固体粒子分离设施的生物工艺中更加重要。尽管生物膜模型还需要发展和校正，但也为评价和开发更加简洁的设计提供了良好工具。控制 BAF 处理效率的参数如下：

(1)基质负荷[容积负荷率，以 kg BOD_5/($m^3 \cdot d$) 或 kg N/($m^3 \cdot d$) 表示]。基质负荷决定了所需的滤料体积。负荷率是污水性质、基质通量、温度和生物膜反应器内的物理条件的函数。设计指南是根据不同 BAF 反应器采用的典型的反冲洗方式、水流方式和滤料而制定的。

(2)滤速。滤速是指单位时间、单位滤料面积所负担的污水总体积[m^3/($m^2 \cdot d$)]。滤速可用以确定滤池表面积。滤速影响系统的水头损失、固体粒子的捕获、气和水在滤料内的分布扩散和停留时间。

(3)纳污能力。纳污能力决定了反冲洗的频率。

污水性质、污水温度、要求的出水水质、可提供的滤料比表面积等因素会影响设计结果。当采用指南推荐的容积负荷率和滤速的典型数值进行设计时，会很难适应这些因素的变化。因此，工艺设计时一般把负荷率标准和厂家的专有模型结合起来。

1. 二级处理 BAF 的设计

(1)BOD 容积负荷。关于二级处理上向流 BAF 的 BOD 容积负荷，文献报道的数值差别很大，为 $1.5 \sim 6$ kg/($m^3 \cdot d$)。一般来说，二级处理 BAF 的 BOD 和 SS 负荷比三级处理 BAF 的高 $2 \sim 3$ 倍。

(2)水力负荷。二级处理系统 BAF 的平均水力负荷和峰值水力负荷一般分别在 $4 \sim 7$ m/h 和 $10 \sim 20$ m/h 之间。二级处理 BAF 一般直接放在初沉池的下游，因此容积质量负荷往往是设计时的限制性因素。对于同时二级处理和硝化的 BAF，低温下碳负荷应小于 2.5 kg BOD/($m^3 \cdot d$)。

(3)反冲洗。二级处理 BAF 的反冲频率与有机负荷、SS 负荷、滤床内颗粒水解发生的程度、污泥产量、滤料截留固体粒子的能力等因素有关。因为二级处理(去除 BOD)BAF 的 SS 负荷较高，其内部的异养菌具有较高的产率系数，因此反冲洗至少应每天一次，更加频繁的反冲会导致颗粒 BOD 水解程度降低，降低氧的需求，反冲洗时也会产生更多的固体量。无论何种 BAF，其最大的限制就是容纳固体的能力。BAF 两次反冲之间可积累的固体量一般为 $2.5 \sim 4$ kg SS/($m^3 \cdot d$)。

BAF 反冲水中的 SS 一般为 $500 \sim 1500$ mg/L，这与处理目的、运行周期和反冲水水质等有关。BOD 去除后由于微生物的生长产生了生物量，这些微生物可以把可降解物质转变为新细胞、二氧化碳和水，这与活性污泥法类似。BAF 的污泥产率一般为去除 1 kg BOD 产生 $0.7 \sim 1.0$ kg 的固体。

2. 设计举例

【例 8-2】设计一个用于二级处理但无硝化的淹没式上向流 BAF 系统。

处理生活污水时要求 BOD_5 和 SS 的去除率至少达到 90%，需确定 BAF 滤料的总体积、BAF 反应器的总过滤面积、BAF 单元的数量，确定 BAF 反冲洗废水的体积和固体浓度。

假定采用以下参数：

(1)进水(包括回流)最大月流量 $Q_0 = 3950$ m^3/h。

（2）进水（包括回流）流量峰值系数 $P.F. = 2.8$。

（3）初沉池出水 BOD_5 的浓度 $C_{BOD_{5t}} = 220$ mg/L。

（4）初沉池出水 SS 浓度 $C_{SS} = 150$ mg/L。

（5）BAF 滤料高度 $H_M = 4$ m。

（6）最大水力负荷为 20 m/h。

（7）BAF 出水作为反冲洗水。

（8）BAF 反冲洗废水回流到污水处理厂前端与其他回流合并均衡。

【解】（1）计算 BAF 系统的 BOD 和 SS 负荷。

BOD_{5t} 负荷 $= 24 \times Q_0 \times C_{BOD_{5t}}/1000 = 24 \times 3950 \times 220/1000 = 20856$（kg/d）

SS 负荷 $= 24 \times Q_0 \times C_{SS}/1000 = 24 \times 3950 \times 150/1000 = 14220$（kg/d）

（2）假定 BAF 的最大容积负荷率。

为达到 90% 的去除率，假定 BOD_{5t} 负荷为 3 kg/d。

为达到 90% 的去除率，假定 SS 负荷为 1.6 kg/d。

（3）计算所需的 BAF 滤料总体积：

$$V_{1BOD} = 20856/3 = 6952（m^3）$$

$$V_{2SS} = 14220/1.6 = 8888（m^3）$$

根据以上计算可知，SS 是控制 BAF 大小的限制性因素。

（4）根据容积负荷计算 BAF 的总过滤面积：

$$A_{vol} = 8888/4 = 2222（m^2）$$

（5）根据最大水力负荷计算 BAF 的总过滤面积：

$$A_{hyd} = 3950 \times P.F./20 = 3950 \times 2.8/20 = 553（m^2）$$

因为 553 m² < 2222 m²，所以总过滤面积取 A_{vol}。

（6）选择 BAF 的大小 A_{cell}。假定厂家提供的 BAF 标准单元的面积为 144 m²。

（7）假定每个 BAF 单元每 24 h 反冲一次，计算所需的 BAF 数量：

$$n = 2222/144 = 15.4$$

$$N = 15.4 + 15.4/24 = 16$$

注意：根据对 BAF 系统的处理能力需求和 BAF 的设计处理能力的比较，设计人员应从可靠性和易维护性两个角度考虑备用 1 个 BAF。

（8）核对 BAF 滤料的固体截留能力。

假定每个周期的固体截留能力为 2.5 kg/m³ 滤料，则

$$滤料的总截留能力 = 2.5 \times 16 \times 144 \times 4 = 23040（kg/周期）$$

$$生物量产率 Y = (0.7 \sim 1)kg\ SS/kg$$

$$固体产量 = Y \times BOD_{5t}负荷 \times E_{BOD} = 1.0 \times 20856 \times 0.90 = 18770（kg/d）= 782（kg/h）$$

$$反冲频率 = 23040/782 = 29（h）$$

（9）校核一个单元反冲洗、一个单元停运时的最大水力负荷率：

$$\frac{Q_0 \times P.F.}{(N-2) \times A_{cell}} = \frac{3950 \times 2.8}{(16-2) \times 144} = 5.5（m/h）< 20（m/h）$$

（10）基于一天反冲一次计算 BAF 反冲水体积和固体浓度。

假定单位滤料体积的反冲洗水量为 $3\ \mathrm{m^3/m^3}$ 滤料，则每次反冲洗产生的污水量 V_{BW} 为

$$V_{BW}=3\times H_M\times A_{cell}=3\times4\times144=1728\ (\mathrm{m^3})$$

反冲洗水的固体浓度 C_{BW} 为

$$C_{BW}=\frac{Y\times \mathrm{BOD}_{5t}\text{负荷}\times E_{BOD}}{N\times V_{BW}}$$

$$=\frac{1.0\times20856\times0.90}{16\times1728}=0.679\ (\mathrm{kg/m})^3=679\ (\mathrm{mg/L})$$

第三节　生物转盘

生物转盘是 20 世纪 60 年代开发的一种生物膜法处理设备，经过多年的完善、改进和发展，已成为净化功能好、处理效果稳定、能源消耗低的生物处理设备。

我国从 20 世纪 70 年代开始进行研究生物转盘，现已在化纤、石化、印染、制革、造纸、煤气站等行业的工业废水处理、医院污水和生活污水处理中开始应用。

一、生物转盘简介

生物转盘的一般构造如图 8 - 12 所示，它是由盘片、转轴、氧化槽和驱动装置四个主体部分组成。盘片上长着生物膜，转轴下部的盘片(约 40% ~45%)浸没在水中，上半部敞露在大气中。工作时，废水流过氧化槽，驱动装置带动盘片缓慢转动(一般线速度为 10~20 m/min)，生物膜与大气和废水交替接触，浸没时吸附废水中的有机物，敞露时吸附大气中的氧气，使吸附在膜上的有机物被微生物降解，随着盘片的不断转动，最终使槽内废水得以净化。

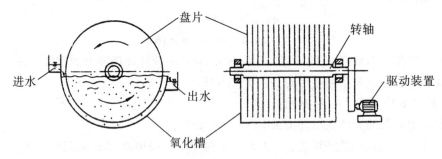

图 8 - 12　生物转盘的一般构造

在处理过程中，盘片上的生物膜不断地生长、增厚，过剩的生物膜靠盘片在废水中不断旋转所产生的剪切力脱落下来，这样就防止了相邻盘片之间空隙的堵塞，脱落下来的絮状生物膜悬浮在氧化槽中，并随出水流出，与活性污泥系统和生物滤池一样，脱落的生物膜在二沉池中被除去，并进一步处置，但不得回流。

与活性污泥法及生物滤池相比，生物转盘具有很多特有的优越性。它不会发生生物滤池中滤料的堵塞现象或活性污泥中污泥膨胀的现象，因此可以用来处理浓度高的有机废

水。废水与盘片上生物膜的接触时间比生物滤池长,可承受负荷的突变。脱落的生物膜比活性污泥易沉淀,管理方便,运行费用也较低。但由于国内塑料价格较贵,所以建设投资费用比较高,占地面积也较大,往往是在废水量小的治理工程中采用生物转盘。

二、生物转盘的设计

(一)生物转盘的构造设计

盘片的材料要求质轻、耐腐蚀、坚硬和不易变形。目前多采用聚乙烯硬质塑料或玻璃钢制作,形状可以是平板或波纹板,直径一般为 2~3 m,最大直径可达 5 m,厚度为 2~10 mm,盘片净间距为 20~30 mm,盘片平行安装在转轴上。为了防止盘片挠曲变形,需支撑加固。

轴长通常小于 7.6 m,当系统要求的盘片面积较大时,可分组安装,一组称为一级,串联运行。

氧化槽可用钢筋混凝土或钢板制作,断面直径比转盘大 20~50 mm,使转盘既可以在槽内转动,脱落的残膜又不会留在槽内。槽内水位应在转轴下约 15 cm,槽底设放空管。

驱动装置通常采用附有减速装置的电动机。根据具体情况,也可采用水力驱动或空气驱动。

(二)生物转盘的工艺设计

生物转盘设计中,最主要的内容是确定转盘总面积。目前主要根据经验公式计算,或根据 BOD 面积负荷(或水量负荷)计算,而 BOD 面积负荷可以选定或通过试验确定。

1. 转盘总面积的确定

(1)勃别尔经验公式计算法。

德国勃别尔在对城市污水进行试验的基础上,提出了下列求转盘总面积的公式:

$$F = 0.01673 f\left(\frac{F}{F_W}\right) f(\eta) f(t, t_s) f(T) Q L_0 \qquad (8-22)$$

式中,$f\left(\frac{F}{F_W}\right)$——盘片总面积与浸没于水下的盘片面积之比;

$f(\eta)$——净化效率函数,$f(\eta) = \frac{\eta^{1.4}}{(2-\eta)^{0.4}}$,$\eta$ 为净化效率;

$f(t, t_s)$——负荷突变函数,$f(t, t_s) = 1 - 1.24 \times 10^{-0.1114t}$,$t$ 为负荷突变持续时间;

$f(T)$——温度影响函数,其值列于表 8-4;

Q——废水的日流量,m^3/d;

L_0——进水中有机物质浓度,mg/L。

盘片总面积与浸没面积之比 $f\left(\frac{F}{F_W}\right)$ 随转轴距水面距离(r)与盘片直径(D)的比值不同

而异，$\dfrac{r}{D}$ 的值一般取 $0.03 \sim 0.1$，以保证盘片浸入水中的面积能够在总面积的 $40\% \sim 45\%$ 之间。

表 8-4　$f(T)$ 值

温度 T	10℃	15℃	20℃	30℃
$f(T)$	0.72	0.48	0.37	0.20

(2)BOD 面积负荷(或水量负荷)计算盘片总面积。

通过 BOD 面积负荷计算盘片总面积是目前使用最多的方法，也是比较可靠的方法。

确定负荷值最适宜的方法是进行模拟试验，当没有条件进行试验时，可以用类似表 8-5 所列的经验值进行计算。

在 BOD 负荷确定后，可根据下列公式求定转盘的总面积：

$$F = \dfrac{24Q(L_a - L_e)}{N_F} \qquad (8-23)$$

式中，N_F——BOD 面积负荷，$g/(m^2 \cdot d)$；

　　　Q——污水量，m^3/h；

　　　L_a——进水 BOD 浓度，g/m^3；

　　　L_e——出水 BOO 浓度，g/m^3。

表 8-5　生物转盘负荷率

废水性质	处理程度 （mg/L）	盘面负荷 $[g/(m^2 \times d)]$	备注
生活污水	出水 BOD≤60 出水 BOD≤30	20~40 10~20	国外资料 国外资料
煮炼废水	出水 BOD≤60	12~16 30~40	益阳、株洲苎麻纺织厂 上海苎麻实验厂
染色废水	出水 BOD≤30	20 128~255	南京织布厂 上海第三印绸厂
生活污水	出水 BOD=10	4 69	国营长空机械厂
	出水 BOD=16	79 164	北京结核病医院

2. 转盘盘片数

$$m = \dfrac{4F}{2\pi D^2} \qquad (8-24)$$

3. 氧化槽有效长度(即转动轴有效长度)

$$L = m(a+b)K \qquad (8-25)$$

式中，a——盘片厚度，m；

　　　b——盘片间净距，m；

K——系数，一般取 1.2。

4. 氧化槽的总有效容积

$$V = (0.294 \sim 0.355) \times (D + 2\delta)^2 L \qquad (8-26)$$

氧化槽的净有效容积

$$V' = (0.294 \sim 0.355) \times (D + 2\delta)^2 (L - ma) \qquad (8-27)$$

式中，δ——盘片与氧化槽内壁净距，一般取 $20 \sim 40$ mm。

当 $\dfrac{r}{D} = 0.1$ 时，系数取 0.294；当 $\dfrac{r}{D} = 0.06$ 时，系数取 0.335。

5. 污水在氧化槽内的停留时间

$$t = \frac{V'}{Q} \qquad (8-28)$$

式中，V'——氧化槽净有效容积。

t 一般为 $0.22 \sim 2.0$ h。

6. 转盘的转速

$$n_0 = \frac{6.37}{D}\left(0.9 - \frac{V'}{Q}\right) \qquad (8-29)$$

7. 电动机功率

$$N_p = \frac{3.85 \times R^4 \times n_0^2}{b \times 10^6} m_1 \times \alpha \times \beta \qquad (8-30)$$

式中，R——转盘半径，m；

$\quad m_1$—— 一根转轴上的盘片数，片；

$\quad \alpha$——同一电机带动的转轴数；

$\quad \beta$——生物膜厚度系数，一般取 $2 \sim 4$。

【例 8-3】某小型纺织厂，用生物转盘法处理废水，废水量 $Q = 100$ m³/d，BOD₅ 浓度 L_a 为 200 mg/L，根据试验实测，生物转盘水量负荷 $N_W = 0.10 \sim 0.20$ m³/(m²·d)，有机负荷 $N_F = 0.022$ kgBOD/(m²·d)，要求 BOD 去除效率达 80%，试对生物转盘进行设计。

【解】（1）计算转盘总面积。

以水量负荷求转盘总面积，然后用有机负荷进行校核：

$$F_e = \frac{Q}{N_W} = 1000 \ (\text{m}^2)$$

校核：要求每天去除 BOD 的量为 $Q(L_a - L_e) = 100 \times 0.2 = 20$ kg/d。

为了安全，令 $L_e = 0$，则

$$F_e \times N_F = 1000 \times 0.022 = 22 \ (\text{kg/d})$$

设计的每天 BOD 去除量大于要求每天 BOD 的去除量，因此满足要求。

（2）盘片几何尺寸与材料。

设盘片直径 $D = 2.6$ m，则每片盘片的面积为

$$f = \frac{\pi}{4} D^2 \times 2 = \frac{\pi}{4} \times 2.6^2 \times 2 = 10.6 \ (\text{m}^2)$$

盘片材料选用聚氯乙烯硬板，盘片厚度 $a = 2$ mm，盘片间净距 b 取 20 mm。

轴中心到氧化槽液面距离 r 应根据结构要求保证转盘轴在液面以上，一般按 $\frac{r}{D} = 0.03 \sim 0.1$ 选取，本设计取 $\frac{r}{D} = 0.06$，则

$$r = 0.06D = 0.06 \times 2.6 = 0.156 \text{（m）}$$

盘片数为

$$m = \frac{F_{总}}{f} = \frac{1000}{10.6} = 94.3 \text{（片）}$$

取 $m = 100$ 片，采用一轴二级，每级 50 片，二级共 100 片。

（3）氧化槽的有效长度。

$$L = m(a + b)K = 100 \times (2 + 20) \times 1.2 = 2.64 \text{（m）}$$

（4）氧化槽容积。

取 $\delta = 20 \text{ mm}$，则

$$V = 0.335 \left(D + 2\delta \right)^2 L = 0.335 \times (2.6 + 2 \times 0.02)^2 \times 2.64 = 6.164 \text{（m}^3）$$

氧化槽有效容积为

$$V' = 0.335 \times (2.6 + 2 \times 0.02)^2 \times (2.64 - 100 \times 0.002) = 5.70 \text{（m}^3）$$

（5）废水在氧化槽内停留时间。

$$t = \frac{V'}{Q} = \frac{5.70}{100/24} = 1.37 \text{（h）}$$

（6）转盘的转速。

$$n_0 = \frac{6.37}{D}\left(0.9 - \frac{V'}{Q} \right) = \frac{6.37}{2.6}\left(0.9 - \frac{5.70}{100} \right) = 2.06 \text{（r/min）}$$

外圆线速度为

$$v = n_0 \pi D = 2.06 \times \pi \times 2.6 = 16.82 \text{（m/min）}$$

设计的生物转盘的几何尺寸如图 8 – 13 所示。

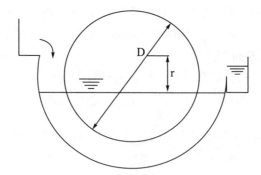

图 8 – 13　生物转盘的几何尺寸

三、生物转盘的运行管理

（一）生物转盘的投产

生物转盘与生物滤池同属生物膜法处理设备，因此，在转盘正式投产、发挥净化污水

功能前,首先需要使盘面上生长出生物膜(挂膜)。

生物转盘挂膜的方法与生物滤池基本相同。因氧化槽内可以不让污水或废水排放,故开始时,可以按照培养活性污泥的方法,培养出适合于待处理污水的活性污泥,然后将活性污泥置于氧化槽中(如有条件,直接引入同类废水处理的活性污泥更佳),在不进水的情况下使盘片低速旋转12~24 h,盘片上便会黏附少量微生物,接着开始进水,进水量依生物膜逐渐生长而由小到大,直至满负荷运行。

生物转盘挂膜也可按生物滤池驯化微生物的方法进行,这样可省去污泥驯化步骤,但整个周期稍长。

用于硝化的转盘,挂膜时间要增加2~3周,并注意将进水BOD浓度控制在30 mg/L以下。因自养硝化细菌世代周期长,繁殖生长慢,若进水有机物浓度过高,会使膜中异养细菌占优势,从而抑制自养菌的生长。当出水中出现亚硝酸盐时,表明生物膜上硝化作用已开始;当出水中亚硝酸盐已下降,并出现大量硝酸盐时,表明硝化菌在生物膜上已占优势,挂膜工作结束。

挂膜所需的环境条件与前述生物处理设备微生物驯化时相同,即要求进水具有合适的营养、温度、pH值等,避免毒物的大量进入。因初期膜量少,盘片转速应低些,以免使氧化槽内溶解氧过高。

(二)生物相的观察

生物转盘上的生物膜的特点与生物滤池上的生物膜完全相同,生物呈分级分布,第一级生物往往以菌胶团细菌为主,膜也最厚,随着有机物浓度的下降,以下数级依次出现丝状菌、原生动物及后生动物,生物的种类不断增多,但生物膜量即膜的厚度减少,依污水水质的不同,每一级都有其特征性的生物类群。当水质浓度或转盘负荷有所变化时,特征性生物层次也随之前推或后移。

通过生物相的观察可了解生物转盘的工作状况,发现问题,及时解决。

正常的生物膜较薄,厚度约1.5 mm,外观粗糙,带黏性,呈灰褐色。盘片上过剩生物膜不时脱落,这是正常的更替,随后即被新膜覆盖。用于硝化的转盘,其生物膜要薄得多,外观较光滑,呈金黄色。

(三)生物转盘的检修维护

为了保持生物转盘的正常运行,应对生物转盘的所有机械设备定期检修维护,其方法可按表8-6进行。

表8-6 生物转盘运行维护指南

检查内容	间隔时间				
	一周	一个月	一季度	半年	一年
检查轴承,判断温度是否正常,耳听有无不正常噪声,减速器输出处所有架座有无噪声	☆				

检查内容	间隔时间				
	一周	一个月	一季度	半年	一年
观察马达是否在运转时超过设计温度,检查传动轮系和轴承周围有无滑油现象	☆				
检查减速器和链传动系统的油位	☆				
对转盘的轴承加入润滑油		☆			
检查驱动装置的方向是否笔直、紧固			☆		
转盘轴端如无永久性涂层时应涂油脂			☆		
调节轴承位置(包括轴承座)			☆		
更换链式驱动系统的润滑油				☆	
更换减速器中密封的油脂					☆
更换减速器中的油和清洗磁性排水塞					☆
在电动机的轴承处加油脂					☆

(四)异常问题及其预防措施

一般来说,生物转盘是生化处理设备中最为简单的一种,只要设备运行正常,往往会获得令人满意的处理效果。但在水质、水量、气候条件大幅度变化的情况下,加上操作管理不慎,也会影响甚至破坏生物膜的正常工作,导致处理效率的下降。常见的异常现象有如下几种。

1. 生物膜严重脱落

在转盘启动的两周内,盘面上生物膜大量脱落是正常的,当转盘采用其他水质的活性污泥来接种时,脱落现象更为严重。但在正常运行阶段,膜的大量脱落会给运行带来困难。产生这种情况的主要原因通常是进水中含有过量毒物或抑制生物生长的物质,如重金属、氯或其他有机毒物等。此时应及时查明毒物来源、浓度、排放的频率与时间,立即将氧化槽内的水排空,用其他废水稀释。彻底解决的办法是防止毒物进入,若不能控制毒物进入,应尽量避免负荷达到高峰,或在污染源采取均衡的办法,使毒物负荷控制在允许范围内。

pH值突变是造成生物膜严重脱落的另一原因。当进水pH值在6.0~8.5范围时,运行正常,膜不会大量脱落。若进水pH值急剧变化,在pH<5或pH>10.5时,将导致生物膜大量脱落。此时,应投加化学药剂予以中和,以使进水pH值保持在6.0~8.5的正常范围内。

2．产生白色生物膜

当进水已发生腐败或含有高浓度的含硫化合物，如 H_2S、Na_2S、Na_2SO_3 等，或负荷过高使氧化槽内混合液缺氧时，生物膜中硫细菌（如贝氏硫细菌或发硫细菌）会大量繁殖，并占优势。有时除上述条件外，进水偏酸性，也会使膜中丝状真菌大量繁殖，此时，盘面会呈白色，处理效果大大下降。

防止产生白色生物膜的措施：①对原水进行预曝气；②投加氧化剂（如 H_2O_2、$NaNO_3$ 等），以提高污水的氧化还原电位；③对污水进行脱硫预处理；④消除超负荷状况，增加第一级转盘的面积，将一、二级串联运行改为并联运行，以降低第一级转盘的负荷。

3．固体的累积

沉砂池或初沉池中悬浮固体去除率不佳，会导致悬浮固体在氧化槽内积累并堵塞废水进入的通道。挥发性悬浮固体（主要是脱落的生物膜）在氧化槽内大量积累也会腐败、发臭，并影响系统的运行。

当氧化槽中积累的固体物数量上升时，应用泵将其抽去，并检验固体的类型，以针对产生累积的原因加以解决。若属原生固体累积，则应加强生物转盘预处理系统的运行管理；若系次生固体累积，则应适当增加转盘的转速，增加搅拌强度，使其便于同出水一道排出。

4．污泥飘浮

从盘片上脱落的生物膜呈大块絮状，一般用二沉池加以去除。二沉池的排泥周期通常为 4 h。周期过长，会产生污泥腐化；周期过短，会加重污泥处理系统的负担。若二沉池去除效果不佳或排泥量不足或排泥不及时等，都会形成污泥飘浮现象。由于生物转盘不需回流污泥，所以污泥飘浮现象不会影响转盘 BOD 的去除率，但会严重影响出水水质。因此，应及时检查排泥设备，确定是否需要维修，并根据实际情况适当增加排泥次数，以防止污泥飘浮现象的发生。

第四节　生物接触氧化池

生物接触氧化池实际上是一个充满废水的生物滤池，并向池中进行曝气，生物膜生长在填料表面，废水与附着在填料上的生物膜接触，在微生物的作用下，使废水得到净化。由此可见，生物接触氧化池是一种介于曝气池与生物滤池之间的处理设备，它兼有两种设备的优点。利用接触氧化池处理污水的方法称为接触氧化法。

一、生物接触氧化池的构造

生物接触氧化池由池体、填料及支架、布水装置和曝气系统组成，如图 8-14 所示。

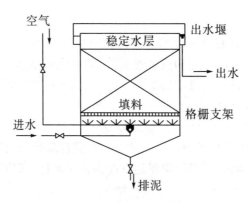

图 8-14　生物接触氧化池的构造

1. 池体

池体的作用是容纳处理水量和围挡填料并承受填料曝气装置的重量。池体的形状有圆形和矩形两种，结构形式有钢和钢筋混凝土等。当池体容积较小时，多采用圆形钢结构；当池体容积较大时，往往采用钢筋混凝土结构。

接触氧化池的池型按不同的曝气（装置）方式，可分为鼓风曝气生物接触氧化池和表面曝气生物接触氧化池，如图 8-15 和图 8-16 所示。

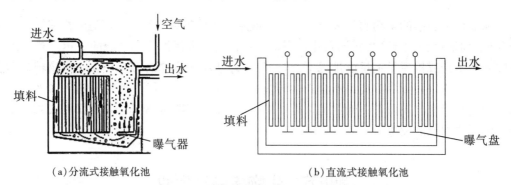

（a）分流式接触氧化池　　　　　（b）直流式接触氧化池

图 8-15　鼓风曝气生物接触氧化池

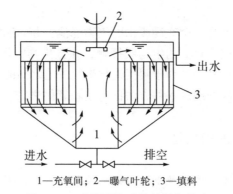

1—充氧间；2—曝气叶轮；3—填料

图 8-16　表面曝气生物接触氧化池

鼓风曝气生物接触氧化池按曝气装置位置的不同，可分为分流式和直流式两种。分流式接触氧化池的曝气器设在池的一侧，填料设在另一侧，废水在氧化池内不断循环。由于水流的冲刷作用小，生物膜只能自行脱落，更新速度慢，且易于堵塞。直流式接触氧化池是在塑料填料下面直接布气，生物膜受气流和水流的同时搅动，加速了生物膜的脱落更新，不仅生物膜活性高，而且不易堵塞。

2. 填料

填料是生物膜赖以栖息的场所，是生物膜的载体，并具有截留悬浮物的作用。因此，载体填料是接触氧化池的关键，直接影响生物接触氧化法的效能。同时，载体填料的费用在生物接触氧化处理装置的设备费用中占有较大的比重。因此，填料关系到接触氧化池的技术与经济的合理性。

（1）对载体填料的要求：①易于生物膜附着，比表面积大，空隙率大，水流阻力小，水流流态好，以利于发挥传质效应；②机械强度高，经久耐用，截留悬浮物质能力强；③化学和生物稳定性好，不溶出有害物质，不引起二次污染；④与水的密度相差不大，避免氧化池负荷过重；⑤形状规则，尺寸均一，使水在填料间形成均一的流速；⑥价廉易得，运输和施工方便。

（2）填料的种类：填料按形状分类，有蜂窝管状、束状、波纹状、圆形辐射状、盾状、板状、筒状、不规则粒状等；按性状分类，有硬性、半软性、软性；按材质分类，有塑料、玻璃钢、纤维填料等。目前，国内常用的是玻璃钢或塑料蜂窝填料、软性纤维填料、半软性填料、立体波纹塑料填料等。

①蜂窝填料：图 8-17 为蜂窝管状载体填料。其特点是材料耗费小，比表面积大，空隙率大，质轻，纵向强度大，蜂窝管壁面光滑无死角，衰老的生物膜易于脱落。

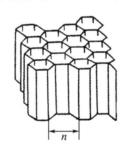

图 8-17 蜂窝管状载体填料

当选择的蜂窝孔径与 BOD 负荷不相适应时，生物膜的生长与脱落将失去平衡，容易使填料堵塞。若采用扩散曝气、射流曝气或表面曝气方式供气，在蜂窝管内难以达到均一流速，对接触效率和生物膜更新产生不良影响，成品体积较大，搬运比较麻烦。

②软性纤维填料：软性纤维填料是 20 世纪 80 年代初国内成功开发的一种填料。目前，一般的软性纤维填料是以维纶长丝作为原料，由中心绳和软性纤维束组成，如图 8-18 所示。软性纤维填料与蜂窝填料相比，具有处理废水浓度高、空隙可变、不易堵塞、适应性强、重量轻、比表面积大、价格便宜、运输便利、组装简易、管理方便等优点，但在实际使用中发现这种填料的纤维束中心易于产生厌氧状态，填料一经使用后，应长期浸泡在水中，否则纤维束易于结块，影响连续使用。

近年来，国内还开发了盾式纤维填料，它由纤维束和中心绳组成，束间嵌套塑料管用于固定束距及支撑纤维束，从而避免了软性纤维填料出现的结球现象，同时能起到良好的布水、布气作用，是一种性能良好、较为经济实用的纤维填料。

③半软性填料：半软性填料由变性聚乙烯塑料制成，如图8-19所示。这种填料结构既重视填料的比表面积对去除率的影响，又考虑水流在填料中的流态。在实际使用中，半软性填料既有一定的刚性，又有一定的柔性，无论在有无流体的作用下，都保持一定形状，并有一定的变形能力。这种填料具有较强的重新布水、布气能力，传质效果好，对有机物去除率高，耐腐蚀，不易堵塞，安装方便灵活。在相同条件下，半软性填料与软性填料相比，COD去除率一般可提高10%左右，溶解氧可提高10%～20%。

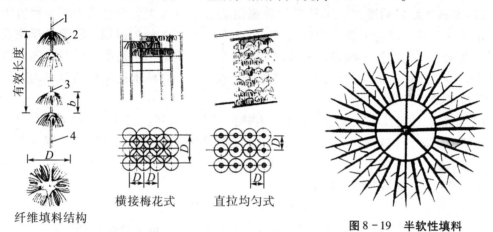

图8-19 半软性填料

1—拴接绳；2—纤维束；3—中心绳

图8-18 纤维填料的结构及组装形式

目前，国内常用填料的规格、性能及参考价格见表8-7。

表8-7 国内常用填料的规格、性能及参考价格

名称	项目										
	材质	规格	布水布气	挂膜	加工条件	运输	安装	堵塞	比表面积（m²/m³）	空隙率（%）	参考价格（元/m³）
玻璃钢蜂窝填料	玻璃钢	D_{20}～D_{36}	较差	较易	半机械化	易损耗	简单	较易	100～200	98～99	400～600
塑料蜂窝填料	硬聚氯乙烯或聚丙烯	D_{20}～D_{30}	较差	较易	半机械化	易损耗	简单	较易	100～200	98～99	450～700
软性纤维填料	维纶	束距60～80纤维长120～160	较差	易	手工	方便	简单	纤维易结球	1400～2400	>90	70～80

名称	项目										
	材质	规格	布水布气	挂膜	加工条件	运输	安装	堵塞	比表面积（m²/m³）	空隙率（%）	参考价格（元/m³）
盾状填料	聚乙烯维纶	束距60～80 纤维长120～160	较好	易	手工	方便	简单	不易	1000～2500	98～99	150～250
半软性填料	变性聚乙烯	单片Φ120～Φ160	好	较易	机械化	方便	简单	不易	87～93	97	250～350
立体波纹填料	聚氯乙烯	1600×800	较差	较易	半机械化	易损耗	简单	较不易	100～200	90～96	450～550

3. 填料的安装支架

填料在氧化池中的安装支架一般分为格栅支架、悬挂支架和框式支架。

（1）格栅支架：蜂窝状填料、立体波纹填料常采用格栅支架，即在氧化池底部设置拼装式格栅用以支撑填料。格栅一般用厚度2～6 mm的扁钢焊接而成，如图8－20所示。为了便于搬运、安装和拆卸，每块单元格栅尺寸为500 mm×1000 mm。

为保证未挂膜的蜂窝状填料和立体波纹填料不会上浮，在有些场合下，氧化池上部可设置活动格栅。

（2）悬挂支架：安装软性纤维填料、半软性填料、盾式填料常采用悬挂支架，即将填料用绳索或铁丝固定在氧化池上下两层支架上，以形成填料层。用于固定填料的支架可用圆钢、钢管或塑料管焊接而成，其尺寸或间距应与填料的安装尺寸相配合。为了避免绑托在支架上的绳索受激烈搅动气流的影响而断裂，不应采用有尖锐断面的材料作支架。悬挂支架的结构简单、制作方便，应用较广泛。

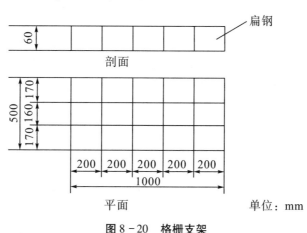

图8－20　格栅支架

(3)框式支架:目前,国内有的单位采用全塑可提升框式支架,用以填装软性填料和半软性填料。全塑可提升框式支架由聚乙烯管和板组合制成,这种支架的产品重量约为 $12 \sim 15 \text{ kg/m}^3$,具有重量轻、耐腐蚀、易提升、安装维修方便等优点。全塑可提升框式支架采用全对称框式结构,经测试,抗拉强度和抗压强度较大,可承受 5 m 以内填料在最佳挂膜状态下连同支架提升时的瞬间重量,但全塑可提升框式支架的价格高。

4. 布水布气装置

接触氧化池均匀地布水布气很重要,它对于发挥填料作用,提高氧化池工作效率有很大关系。供气的作用:①使生物接触氧化池溶解氧控制为 $4 \sim 5 \text{ mg/L}$;②充分搅拌形成紊流,有利于均匀布水,紊流程度越大,被处理水与生物膜的接触越充分,传质效率越好,从而处理效果也越佳;③防止填料堵塞,促进生物膜更新。

目前,生产上常采用的布气方式有喷射器(水射器)供氧、穿孔管布气、曝气头布气等。布水方式分为顺流和逆流两种。顺流是指进水与供气同向,氧化池中水、气同向流动,此种工艺中填料不易堵塞,生物膜更新情况较好,较易控制。逆流是指进水与供气方向相反,池内水、气逆向相对流动,气液接触条件好,增加了气、水与生物膜的接触面积,故去除效果好,但由于进水部分的水力冲刷作用较小,填料上的生物膜不易脱落更新。国内通常采用的是顺流工艺。

二、生物接触氧化法的特征

生物接触氧化处理装置作为一套实用的废水处理设备已有 40 多年的历史,其应用范围相当广泛。目前,无论是在城市污水,还是在工业废水,包括高浓度或低浓度废水、轻纺工业废水或重工业废水及给水水源预处理等领域,均取得良好的处理效果。

生物接触氧化法与其他生物处理方法比较,具有如下特点:

(1)BOD 容积负荷高,活性生物量大,处理效率较高,而且对进水冲击负荷(水力冲击负荷及有机浓度冲击负荷)的适应力强。

(2)处理时间短,在处理水量相同的条件下,所需装置的设备较少,因而占地面积小。

(3)剩余污泥量少,并能克服污泥膨胀问题。生物接触氧化法与其他生物膜法一样,不存在污泥膨胀问题,对于那些用活性污泥法容易产生膨胀的污水,生物接触氧化法更显优越性。容易在活性污泥法中产生膨胀的菌种,在生物接触氧化法中,不仅不产生膨胀,而且能充分发挥其分解氧化能力强的优点。

(4)可以间歇运转,当停电或发生其他突然事故后,生物膜对间歇运转有较强的适应力,细菌为适应环境的不利条件,它和原生动物都可进入休眠状态,显示了对不利生长的环境有较强的适应力,一旦环境条件好转,微生物又重新开始生长、代谢。有人试验,即使停止运转一个月,再重新开始运行,生物膜数日内即可恢复正常。

(5)维护管理方便,不需要回流污泥。由于微生物是附着在填料上形成生物膜,生物膜的脱落与增长可以自动保持平衡,所以无须回流污泥,运转十分方便。

(6)挂膜培菌简单。一般地,配制好的氧化池混合液只需 $2 \sim 3$ d 闷曝就可以挂膜,再经两周左右驯化便可以完成培菌工作。

生物接触氧化法是一种高效的生化处理法，其高效处理的原理包括以下几方面：

(1)生物活性高(泥龄低)。国内采用的接触氧化池中，绝大多数的曝气装置设在填料之下，不仅供氧充足，而且对生物膜起到了搅动作用，加速了生物膜的更新，使生物活性提高。如果从"泥龄"来看，活性污泥法的"泥龄"为 3~4 d，而第一级氧化池的生物膜"平均泥龄"为 1~2 d。由于平均泥龄低，微生物总是处在很高的活力下工作。经耗氧速度测定，同样湿重的带有丝状菌的生物膜，其耗氧速度较活性污泥法高 1.81 倍。

(2)传质条件好，微生物对有机物的代谢速度比较快。在接触氧化法中由于空气的搅动，整个氧化池的污水在填料之间流动，使生物膜和水流之间产生较大的相对速度，加快了细菌表面的介质更新，增强了传质效果，加快了生物代谢速度，缩短了处理时间。

(3)利于丝状菌的生长。有填料的接触氧化池，对丝状菌的生长很有利。丝状菌的存在能提高对有机物的分解能力。

(4)充氧效率高。生物接触氧化法的填料有提高充氧效果的作用，其动力效率高，通常在 3 $kgO_2/(kW \cdot h)$ 以上，比无填料的曝气提高30%。充氧效率高使有机物的氧化速度相应提高。

(5)有较高的生物浓度。一般活性污泥法的污泥浓度为 2~3 g/L，而生物接触氧化法可达 10~20 g/L。由于微生物浓度高，所以大大提高了 BOD_5 容积负荷和处理效率。由于生物量大，对低浓度的污水，也能有效地进行处理，而且填料表面有利于硝化菌的生长，故能适应污水中氨氮硝化的要求。

尽管生物接触氧化法具有许多优点，是一种高效的生化处理构筑物，但也存在着以下缺点：

(1)生物膜的厚度随负荷的增高而增大，负荷过高则生物膜过厚，引起填料堵塞。因此，负荷不宜过高，同时要有防堵塞的冲洗措施。

(2)大量产生后生动物(如轮虫类)。后生动物容易造成生物膜瞬时大块脱落，影响出水水质。

(3)填料及支架等导致建设费用增加。

三、常用工艺流程及其选择

生物接触氧化法的处理流程通常有两种，即一段法(一次生物接触氧化)和二段法(两次生物接触氧化)。实践证明，在不同的条件下，这两种系统各有特点，其经济性和适用性范围简介如下。

1. 一段法

一段法也称一氧一沉法。原水先经调节池，再进入生物接触氧化池，而后流入二沉池进行泥水分离。处理后的上层水排放或做进一步处理，污泥从二沉池定期排走。这种流程虽然在氧化池中有时会引起短路，但全池填料上的生物膜厚度几乎相等，BOD 负荷大体相同，具有完全混合型的特点，营养物(F)与活性微生物的质量(M)之比较低，微生物的生长处于下降阶段。此时微生物的增殖不再受自身生理机能的限制，而是由污水中营养物质的量起主导作用。

2. 二段法

二段法也称二氧二沉法。采用二段法的目的是增加生物氧化时间，提高生化处理效率，同时更适应原水水质的变化，使处理水质稳定。原水经调节池调节后，进入第一生物接触氧化池，然后流入中间沉淀池进行泥水分离，上层水继续进入第二接触氧化池，最后流入二沉池，再次泥水分离，出水排放，沉淀池的污泥定期排出。

在二段法流程中，需控制第一段氧化池内微生物处于较高的 F/M 条件，当 $F/M > 2.1$ 时，微生物生长率处于上升阶段。此时营养物远远超过微生物生长所需，微生物生长不受营养因素的影响，只受自身生理机能的限制，因而微生物繁殖很快，活力很强，吸附氧化有机物的能力也较强，可以提高处理效率。为了维持微生物能处于较高的 F/M 条件下，BOD 负荷应随之提高，处理水中有机物浓度也就必然要高一些，这样在第二阶段氧化池内，根据需要控制适当的 F/M 条件，一般为 0.5 左右，此时的微生物处于生长率下降阶段后的内源性呼吸阶段。由此可见，二段法流程的微生物工作情况与推流式活性污泥法或活性污泥 AB 法相似。

由上述两法的比较可以看出，一段法流程简单易行，操作方便，投资较省，但对 BOD 的降解能力不如二段法。二段法流程处理效果好，可以缩短生物氧化所需的总时间，但增加了处理装置和维护管理工作，投资也比一段法高。一般来说，当有机负荷较低，水力负荷较大时，采用一段法为宜。当有机负荷较高时，采用二段法或推流式更为恰当。试验表明，二段法中的第一接触氧化池与第二接触氧化池的容积比宜选用 7:3。在推流式流程中，既可按 BOD 变化的条件分格（第一格最大，以后逐渐减小），也可按水力负荷分格（每格为相等大小）。

四、生物接触氧化池的设计

（一）设计应考虑的因素

（1）生物接触氧化池一般按平均日污水量设计。填料体积按填料容积负荷计算，而填料的容积负荷则应通过试验确定。

（2）生物接触氧化池的座数不小于 2，并按同时工作考虑。

（3）污水在生物接触氧化池内的有效接触时间不得小于 2 h。

（4）进水 BOD_5 浓度应控制在 100 ~ 300 mg/L 范围内，当大于 300 mg/L 时，可考虑采用处理水回流稀释。

（5）填料层总高度一般取 3 m，当采用蜂窝填料时，应分层装填。每层高 1 m，蜂窝内切孔径不宜小于 25 mm。

（6）生物接触氧化池中的溶解氧含量一般应维持在 2.2 ~ 3.5 mg/L 之间，气水比约为 (12 ~ 20):1。

（7）为了保证布水、布气均匀，每格生物接触氧化池的面积一般应在 25 m² 以内。

（二）设计计算

1. 生物接触氧化池的容积

$$W = \frac{Q(L_0 - L_e)}{F_W} \qquad (8-31)$$

式中，W——生物接触氧化池有效容积，m^3；

$\quad\quad Q$——平均日污水流量，m^3/d；

$\quad\quad L_0$——进水 BOD_5 值，g/m^3；

$\quad\quad L_e$——处理水 BOD_5 值，g/m^3；

$\quad\quad F_W$——容积负荷，$gBOD_5/(m^3 \cdot d)$。

2. 氧化池的总面积

$$A = \frac{W}{H} \qquad (8-32)$$

式中，A——氧化池总面积，m^2；

$\quad\quad H$——填料层高度，m。

3. 氧化池格数

$$n = \frac{A}{f} \qquad (8-33)$$

式中，n——氧化池格数，一般 $n > 2$；

$\quad\quad f$——每格氧化池面积，m^2，一般情况下，$f < 25\ m^2$。

4. 接触时间

$$t = \frac{nfH}{Q} \qquad (8-34)$$

式中，t——污水在氧化池内的有效接触时间，h。

5. 氧化池总高度

$$H_0 = H + h_1 + h_2 + (m-1)h_3 + h_4 \qquad (8-35)$$

式中，H_0——氧化池总高度，m；

$\quad\quad h_1$——超高，m，$h_1 = 0.2 \sim 0.6\ m$；

$\quad\quad h_2$——填料层上部水深，m，$h_2 = 0.4 \sim 0.5\ m$；

$\quad\quad h_3$——填料层间隙高，m，$h_3 = 0.2 \sim 0.3\ m$；

$\quad\quad m$——填料层数；

$\quad\quad h_4$——配水区高度，m，当无须进入检修时，$h_4 = 0.5\ m$，当考虑进入检修时，

$\quad\quad\quad h_4 = 1.5\ m$。

五、生物接触氧化处理装置的运行管理

如前所述，生物接触氧化处理装置具有克服污泥膨胀、可以间歇运转、不需回流污泥、生物膜的脱落和增生可以自动保持平衡、处理效果稳定和运行管理方便等特点，但是，在运行过程中仍需加强管理，做好以下几方面的工作。

1. 加强生物相观察

接触氧化池中生物膜上的生物相是很丰富的，起作用的微生物包括许多门类，由细菌、真菌、原生动物、后生动物等组成比较稳定的生态系统。

在正常运行和生物膜降解能力良好时，生物膜上的生物相相对稳定，细菌和原生动物之间存在着制约关系。在运行过程中，若有机物负荷或营养状况有较大变化，则原生动物中的固着型钟虫、等枝虫突然消失，丝状菌稀少，菌胶团结构松散，而游泳型草履虫、钟虫游泳体大量出现，出水水质变差。若原来出水水质较差，一旦出现钟虫、等枝虫、丝状菌丛生，菌胶团结构紧密，而游泳型纤毛虫减少，则说明环境条件有了改善，池水水质变好。因此，原生动物纤毛虫，特别是钟虫、等枝虫和盖纤虫，是生物接触氧化系统运转良好的有价值的指示性生物。

与活性污泥法不同的是，在生物接触氧化池中的生物膜上存在着大量的后生动物，如轮虫、线虫、红斑瓢体虫。这些以食死肉为主的动物，能软化生物膜，促使其脱落更新，从而经常保持活性和良好的净化功能。轮虫等后生动物量多且活跃，个体肥大，则处理后出水水质良好；反之，则处理效果差。一旦发现生物呆滞，个体死亡，则预示着处理效果急剧下降。

综上所述，通过加强生物相观察，可及时发现问题，分析原因，以便采取相应的对策和措施。

2. 控制进水 pH 值

同其他生物处理过程一样，影响生物接触氧化池正常运行的因素主要有温度、pH 值、溶解氧和营养物，而其中最为直接且易于测定的是 pH 值。对于 pH 值过高或过低的废水，要进行 pH 值的调节处理，控制生物接触氧化池进水 pH 值在 6.5~8.5 之间；否则，氧化池中微生物会受到不适 pH 值的冲击损害，影响生物相和处理效果。

3. 防止接触填料的堵塞

防止填料堵塞除了在设计过程中采取一些必要措施(如选择的填料要同被处理污水的浓度相适应，BOD 浓度较低时，可选用 $D_{12}~D_{25}$ 的蜂窝填料，且分层设置；BOD 浓度较高的废水，特别是工业废水，选用软性纤维填料、半软性填料等)外，在运行过程应定时加大气量对填料进行反冲洗。通常是每 8 h 进行一次，每次反冲 2~10 min。这对于填料上衰老生物膜的脱落、促进生物膜的新陈代谢、防止填料堵塞是有效的。

第五节　生物流化床

生物流化床是以粒径小于 1 mm 的砂、焦炭、活性炭或高分子合成载体之类的颗粒材料作为载体，通过脉冲进水使污水由下向上流过，使载体呈流动状态或"流化"状态，依靠载体表面附着生长的生物膜，使污水得到净化。

最早是美国、日本等国家的环境工程学家，将这项工艺应用于污水的深度处理，随后研究了二级处理的应用。国内一些科研单位从 1977 年开始这项工作，采用纯氧和空气为氧源。除了好氧生物流化床外，还研究了厌氧、兼氧生物流化床，均获得较好的效果。

一、工艺特点

(1)生物流化床是一种高效率处理工艺，由于细颗粒载体提供巨大的表面积

（2000～3000 m²/m³流化床体积），使单位体积载体内保持较高的微生物量，污泥浓度可达 10～40 mg/L，从而使负荷较普通的活性污泥法提高 10～20 倍。据报道，其对普通生活污水在16 min内即能除去93%的 BOD。

（2）生物群体固定在填料上，能承受冲击负荷与毒物负荷，这一点与生物滤池相同。

（3）生长的生物膜在流化床反应池内脱落很少，使此法有可能省去二次沉淀池。

（4）由于流化床混合液悬浮固体浓度达 10000～40000 mg/L，污水在好氧硝化过程中采用纯氧时，氧的利用率超过90%。

（5）流化床工艺效率高，占地少，是普通活性污泥法的5%，投资少。

二、典型流程

两种典型的生物流化床流程如图 8-21 所示。

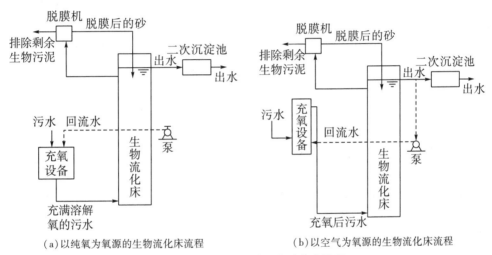

（a）以纯氧为氧源的生物流化床流程　　　（b）以空气为氧源的生物流化床流程

图 8-21　两种典型的生物流化床流程

第六节　移动床生物膜反应器

移动床生物膜反应器（Moving Bed Biofilm Reactor，MBBR）是一种简单、稳健、灵活和紧凑的污水处理工艺。不同构型的 MBBR 已经成功地用于去除 BOD、氧化氨氮和脱氮，并能满足包括严格的营养物限制在内的不同出水水质标准。与其他生物膜反应器相比，MBBR 的最大特点就是它结合了活性污泥法和生物膜法的诸多优点，同时又尽可能地避免了它们的缺点。

（1）与其他淹没式生物膜反应器一样，MBBR 能形成高度专性的活性生物膜，能适应反应器内的具体情况。高度专性的活性生物膜使反应器单位体积的效率较高，且增加了工艺的稳定性，从而减少了反应器的体积。

（2）与其他淹没床生物膜反应器不同，MBBR 是污水连续通过的工艺，无须为了保证效果和产水量所需的载体反冲洗，因此减少了水头损失和运行的复杂性。

(3)移动床反应器的灵活性和工艺流程与活性污泥法非常相似，可将多个反应器顺序沿着水流方向布置以满足多种处理目标(比如去除 BOD、硝化、前置或后置反硝化)而不需要中间设泵。

(4)大多数活性生物量持续性滞留在反应器内，因此与活性污泥工艺不同，MBBR 的生物作用与泥水分离无关。MBBR 出水固体浓度至少比反应器内的固体浓度低一个数量级，因此，除了传统的沉淀池外，MBBR 可采用各种不同的固液分离工艺。

(5)MBBR 具有多样性，反应器可有不同的几何形式。对于改造工程，MBBR 非常适合既有池子的改造。

一、MBBR 载体

MBBR 使用特殊设计的塑料作为生物膜载体，通过曝气扰动、液体回流或机械混合，可使载体悬浮在反应器中。大多数情况下，载体填充在反应器的 1/3 ~ 2/3 之间。反应器的出水端设置多孔盘或筛，这样可把载体截留在反应器内而让处理后的水进入下一单元。

任何生物膜反应器成功的关键都是在反应器内维持高比例的活性生物量。如果把 MBBR 载体上的生物量浓度换算成悬浮固体浓度，其数值一般是 1 ~ 5 g/L。从单位体积来看，MBBR 的去除率比活性污泥系统的去除率高得多。这可归功于以下三个方面：

(1)混合能(比如曝气)施加在载体上的剪切力能有效控制载体上的生物膜厚度，从而保持了较高的总生物活性。

(2)能在每个反应器内的特定条件下保持较高的专性生物量，且不受系统总的 HRT 影响。

(3)反应器内的紊流状态维持了所需的扩散率。

二、MBBR 的设计

MBBR 的设计是基于这样的概念：多个 MBBR 组成一个系列，每个 MBBR 都有特定的功能，这些 MBBR 共同完成污水处理的任务。这样的概念是合适的，因为在提供的独特条件(如可用的电子供体和电子受体)下，每个反应器都能培养出能够完成某个处理任务的专性生物膜。这种模块化的方式可看作是由多个完全混合式反应器顺序组成的，每个反应器都有特定的处理目的，因此其设计简单明了。反观活性污泥系统的设计，就非常复杂：由于总是发生竞争性反应，为了在池子的每个部分(曝气区和非曝气区)所限的停留时间内达到理想的处理目标，必须使总生物固体停留时间(SRT)维持在合适的水平，从而保证细菌能混合(与细菌生长速率和原水性质有关)在一起生长。

MBBR 可用于去除 BOD、硝化和反硝化，由此可组合成不同的连续流工艺流程。表 8-8 总结了 MBBR 的工艺流程。

表 8-8 MBBR 的工艺流程总结

处理目的	工 艺
去除碳类物质	单独 MBBR 活性污泥工艺前放置高负荷 MBBR
硝化	单独 MBBR 二级处理后设置 MBBR
反硝化(脱氮)	单独 MBBR 和前置反硝化 单独 MBBR 和后置反硝化 硝化出水后置 MBBR 进行反硝化

对 MBBR 而言,有效生物膜净面积是关键的设计参数,而负荷和反应速率可表示为载体表面积的函数,因此载体表面积就成为表达 MBBR 性能的常用和方便的参数。MBBR 的负荷常表示为载体表面积去除率(SARR)或载体表面积负荷(SAIR)。当主体基质浓度较高(比如 $S \gg K$)时,MBBR 的基质去除率为零级反应。当主体基质浓度较低(比如 $S \ll K$)时,MBBR 的基质去除率则为一级反应。在可控条件下,载体表面积去除率(SARR)可表达为载体表面积负荷(SAIR)的函数,即

$$r = r_{max} \times \frac{L}{L+K} \qquad (8-36)$$

式中,r——去除率,$g/(m^2 \cdot d)$;

　　　r_{max}——最大去除率,$g/(m^2 \cdot d)$;

　　　L——负荷率,$g/(m^2 \cdot d)$;

　　　K——饱和常数。

去除碳类物质所需的载体表面积负荷(SAIR)取决于其最重要的处理目的和泥水分离方法。当下游为硝化时,应采用较低的负荷值。仅当考虑碳类物质去除时才采用高负荷。经验表明,对于碳类物质的去除,主体液相中的溶解氧为 2~3 mg/L 是足够的,再增加溶解氧浓度对提高载体表面积去除率(SARR)并无意义。

1. 高负荷 MBBR 的设计

要满足二级处理基本标准但需紧凑的高负荷系统时,可考虑采用移动床反应器。当 MBBR 为高负荷运行时,其载体表面积负荷(SAIR)值较高,此时的主要目的是去除进水中溶解性和易降解的 BOD。在高负荷下,脱落生物膜丧失了沉降性,因此对高负荷 MBBR 的出水,常采用化学混凝、气浮或固体接触工艺来去除悬浮固体。总的来说,此工艺是能在较短的 HRT 下满足二级处理基本要求标准的简洁工艺。

2. 常规负荷 MBBR 的设计

当考虑采用传统的常规二级处理工艺时,可以选择移动床反应器。此时采用顺序排列 2 个 MBBR 可达到处理要求(二级处理程度)。

3. 低负荷 MBBR 的设计

当 MBBR 置于硝化反应器之前时,最经济的设计方案是去除有机物时考虑采用低负荷 MBBR。这样其下游的硝化移动床反应器可获得较高的硝化速率。如果硝化 MBBR 的 BOD 负荷没能降低到足够程度,硝化速率会大幅降低,从而使反应器处于低效状态。因

此，在设计去除 BOD 的 MBBR 时，应采用保守的做法，选择低负荷率来确定其尺寸，这样才能在其下游的硝化 MBBR 中获得最大的效率。

对于低负荷反应器的设计，保守地选择载体表面积负荷（SAIR）非常重要，可采用下述公式根据污水的温度来进行修正：

$$L_T = L_{10} \times 1.06^{T-10} \tag{8-37}$$

式中，L_T——温度 T 时的负荷；

L_{10}——10℃时的负荷，为 4.5 g/(m² · d)。

三、设计 MBBR 时的考虑因素

1. 行进流速（水平流速）

设计时必须考虑高峰流量通过 MBBR 时的峰值流速（流量除以反应器截面积）。行进流速较小（比如 20 m/h），载体就能在反应器内均匀分布。行进流速过大（比如 >35 m/h），载体就会堆积在截留网处，产生较大的水头损失。有时峰值流量时的水力条件会决定 MBBR 的几何尺寸和系列的数量。与厂家咨询并确定合适的行进流速对 MBBR 的设计非常重要。反应器的长宽比也是一个因素，长宽比小（比如 1∶1 或更小）有助于减少峰值流量下载体向截留网漂移，使载体更加均匀地分布在反应器内。

2. 泡沫问题

泡沫问题在 MBBR 中并不常见，但启动或运行不良时，也容易出现。由于两个连续池子中间的隔墙比水面高，因此泡沫会限于 MBBR 内。如果必须控制泡沫，需谨慎使用消泡剂。使用消泡剂将会覆盖载体并阻碍基质向生物膜的扩散，从而可能影响 MBBR 的性能。由于硅化物消泡剂与塑料载体不相容，所以不可使用此类消泡剂。

3. 载体的清床和暂存

对于设计和建造良好的移动床反应器，虽然很少出现故障，但从谨慎的角度出发，依然应考虑由于维护等原因造成反应器停产时，如何将载体移出反应器和储存的问题。反应器内包括载体在内的所有液体，都可用 10 cm 的凹轮漩涡泵排出。如果设计的填充比合适，则可将一个反应器内的载体暂时移到另外一个反应器。但这种方法的缺点是将载体移回时，很难把两个反应器都恢复到原来的填充比。当把载体泵送回反应器后，唯一精确测量载体填充比的合理方法就是把反应器放空，测量两个反应器内的载体高度。最好的方式是能有另外一个池子或其他闲置的单元可作为暂时存放载体的容器，这样就很容易保证原来反应器的载体填充比。

思考题

1. 什么是生物膜法？生物膜法具有哪些特点？

2. 试述生物膜法处理污水的基本原理。

3. 比较生物膜法和活性污泥法的优缺点。

4. 生物膜的形成一般有哪几个过程？与活性污泥法相比有何区别？

5. 生物膜法有哪几种形式？试比较它们的特点。

6. 试述各种生物膜法处理构筑物的基本构造及其功能。

7. 生物滤池有哪几种形式？各适用于什么条件？

8. 影响生物滤池处理效率的因素有哪些？它们是如何影响处理效果的？

9. 影响生物转盘处理效率的因素有哪些？它们是如何影响处理效果的？

10. 某工业废水水量为 600 m^3/d，BOD_5 为 430 mg/L，经初沉池后进入高负荷生物滤池处理，要求出水 $BOD_5 \leqslant 30$ mg/L。试计算高负荷生物滤池的尺寸和回流比。

11. 某印染厂废水量为 1000 m^3/d，废水平均 BOD_5 为 170 mg/L，COD 为 600 mg/L，试计算生物转盘的尺寸。

12. 某食品厂废水量为 1500 m^3/d，废水平均 BOD_5 为 300 mg/L，COD 为 600 mg/L，采用生物接触氧化池处理，要求出水 $BOD_5 \leqslant 10$ mg/L，$COD \leqslant 50$ mg/L。试计算生物接触氧化池的尺寸。

第九章　厌氧生物处理工艺及设备

第一节　废水厌氧生物处理的基本原理

一、概述

废水厌氧生物处理(厌氧消化)是在无氧条件下,利用厌氧微生物的作用来进行的。在厌氧消化过程中,复杂的有机化合物被降解,转化为简单、稳定的化合物,同时释放能量。在过去,厌氧消化常用于处理高浓度有机废水($BOD_5 > 1000$ mg/L),但近年来已开始利用厌氧消化处理较低浓度的废水,如城镇污水的试验研究,取得了一定的成果。

厌氧废水处理的主要优点:①不需要氧气,从而减少了供氧所耗能源,降低了运行费用;②产生的污泥量少,可降低污泥处理费用;③对营养要求低,所需的 BOD_5:N:P 约为200:5:1;④可以在较高的有机负荷下运行(无氧传递速率的限制);⑤产生甲烷气体,可以用作燃料;⑥能季节性或间歇性运行,厌氧污泥可以长期存放;⑦与好氧生化法对比,可以在较高温度条件下运行,当利用高温厌氧消化时,其处理效果会大大提高。

当然,传统的厌氧消化也存在一些缺点:①厌氧污泥增长很慢,故系统启动时间较长;②代谢不完全,出水 COD、BOD_5 较高,还需后续处理;③对温度的变化比较敏感,温度的波动对去除效果影响很大;④对负荷的变化也较敏感,尤其对可能存在的毒性物质,运行中需特别小心;⑤传统反应器的水力停留时间长、容积大、占地多;⑥有臭气产生;⑦若微生物悬浮生长,则所产生的生物固体较难沉降。因此,缩短水力停留时间(HRT)、提高处理效率、改善生物固体沉降性能长期以来都是厌氧消化研究的重要内容。

二、厌氧消化过程的机理

有机物厌氧消化的主要代谢过程,在20世纪30年代时被认为是由不产甲烷的发酵性细菌和产甲烷的细菌共同完成的两个阶段过程,如图9-1所示。第一阶段由发酵性细菌将复杂有机物水解和发酵,形成脂肪酸、醇类、CO_2 和 H_2O 等;第二阶段是产甲烷细菌将第一阶段的一些发酵产物转化为 CH_4 和 CO_2 的过程。第一阶段常称为酸性发酵阶段,第二阶段常称为碱性或产甲烷发酵阶段。但是,二阶段理论实际上不能完全反映厌氧消化的本质。1967年,Bryant 等研究 *Methanobacillus omelianskii* 时发现,该菌是由两种细菌组成的一个共生培养物,其中一种细菌把乙醇氧化产生 H_2,另一种细菌是利用 H_2/CO_2 的产甲烷菌，该发现揭示了厌氧消化过程中微生物的互营共生关系，从而更好地揭示了厌氧消化过程的本质。基于此，1979 年 Bryant 等提出了厌氧消化的三阶段理论，如图 9-2 所示。

三阶段理论认为，复杂有机物的厌氧降解也是先经水解和发酵的阶段，如多糖先水解为单糖，经酵解发酵成乙醇和脂肪酸、丙酸、丁酸、乳酸等代谢产物，蛋白质则先被水解成氨基酸，再经脱氨基作用产生脂肪酸和氨；然后通过另一类所谓产氢产乙酸菌将丙酸、

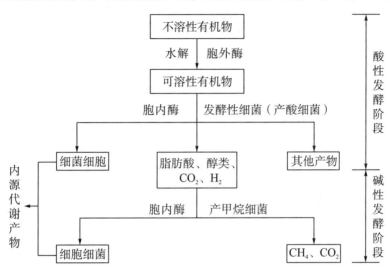

图 9-1 厌氧消化二阶段过程

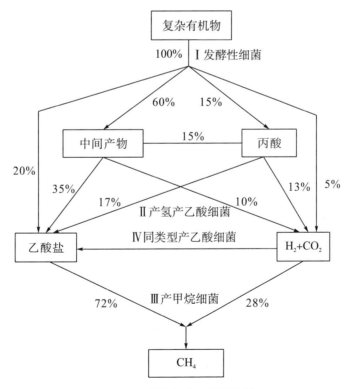

图 9-2 厌氧消化三阶段过程

丁酸、乙醇等转化为乙酸和 H_2/CO_2，这即是三阶段的第二阶段；最后，产甲烷菌利用乙酸和 H_2/CO_2 产生 CH_4，乙酸是产甲烷十分重要的前体物，研究表明，在厌氧反应器中大约有 70% 的 CH_4 来自乙酸的裂解。

几乎在 Bryant 等提出厌氧消化的三阶段理论的同时，Zeikus 等提出了厌氧消化的四类群理论，同型产乙酸菌的发现为该理论提供了实验依据。但由于由这类细菌产生的乙酸往往不到乙酸总量的 5%，因此，这类细菌在厌氧消化过程中的重要性尚未引起研究者的广泛重视。总之，三阶段理论和四类群理论实质上都是由二阶段理论发展建立起来的，仅仅是二阶段理论的补充和完善，因此，目前在废水处理工程中研究厌氧消化时主要采用二阶段理论。

第二节　废水厌氧生物处理设备

为了克服传统厌氧反应器水力停留时间长、效率低、体积大、占地面积多的缺点，开发新型高效厌氧反应器成为推动厌氧消化技术发展的关键。20 世纪 70 年代世界性的能源危机和环境问题日益突出，推动了厌氧消化技术的发展，人们开发了高效的厌氧生物反应器，这些反应器主要有厌氧生物滤池、厌氧生物转盘、上流式厌氧污泥床反应器、厌氧流化床反应器、厌氧膨胀床反应器、厌氧膨胀颗粒污泥床反应器、内循环厌氧反应器和厌氧折流板反应器。

一、厌氧生物滤池

厌氧生物滤池（如图 9 - 3 所示）是一个密封的池子，池内放置填料，以提供微生物生长的表面。废水从池底进入，从池顶排出。废水中有机物的去除主要依靠填料表面的生物膜来完成。

填料可采用拳状石质滤料（如碎石、卵石等，粒径为 40 mm），也可使用塑料填料（如塑料波纹板）。塑料填料具有较高的空隙率，重量也轻，但价格较贵。

厌氧生物滤池的主要优点是有机负荷高，抗冲击负荷能力强，有机物去除速度快，污泥一般不需回流，启动时间较短，不需另设泥水分离设备，出水 SS 较低。在中温条件下处理某些较高浓度的废水，有机容积负荷为 10 kgCOD/($m^3 \cdot$ d) 时，COD 的去除率可达 70% ~ 85%。厌氧生物滤池的主要缺点是滤料费用较贵，且滤料容易堵塞，尤其是下部生物膜很厚。堵塞后，没有简单有效的清洗方法。因此，悬浮物高的废水不适用此法。

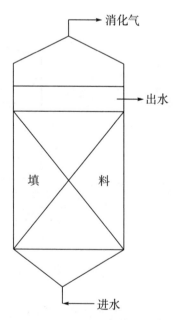

图 9 - 3　厌氧生物滤池

二、厌氧生物转盘

厌氧生物转盘如图9-4所示。它与好氧生物转盘的构造很相似，不同之处在于上部加盖密封，以收集沼气和防止液面上方存在氧气。盘片转动时，老化的生物膜在剪切力的作用下脱落，悬浮于水中，随水流出。废水中污染物的去除是靠盘片表面附着的生物膜和悬浮在反应槽中的厌氧活性污泥共同完成的，反应产生的沼气从槽顶排出。

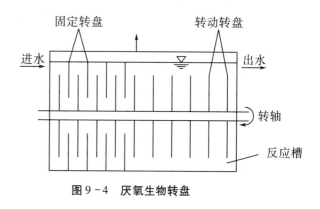

图9-4　厌氧生物转盘

厌氧生物转盘的优点是可承受较高的有机负荷和冲击负荷，COD去除率可达90%以上；不存在堵塞问题，生物膜可经常保持较高活性，便于操作，易于管理。厌氧生物转盘的缺点是造价较高。

三、上流式厌氧污泥床反应器

上流式厌氧污泥床反应器如图9-5所示。废水从反应器底部进入，从上部的澄清区流出。反应器的底部有一个高浓度（可达60~80 g/L）、高活性的厌氧污泥层，大部分有机物在这里被转化为 CH_4 和 CO_2。由于气态产物（消化气）的搅动和气泡黏附污泥，在污泥层之上形成一个污泥悬浮层。反应器上部设三相分离器进行气—固—液三相分离，被分离的消化气从上部排出，被分离的污泥则自动滑落到悬浮污泥层。上流式厌氧污泥床反应器经长期运行，可培养出大量沉降性能较好的厌氧颗粒污泥，使反应器的负荷能力很强，对一般的高浓度有机废水，当水温为30℃时，负荷率可达10~20 kg COD/（$m^3 \cdot d$）。

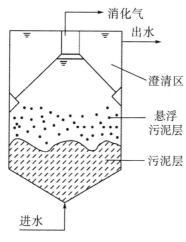

图9-5　上流式厌氧污泥床反应器

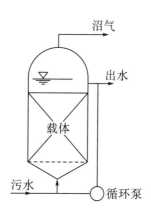

图9-6　厌氧膨胀床和厌氧流化床反应器

上流式厌氧污泥床反应器是高效厌氧反应器中工程应用最多的一种,主要用于食品工业(如淀粉加工、制糖、罐头、肉类加工等)和发酵工业的废水处理,也用于皮革、造纸、制药、化工等有机废水的处理。近年来,有些国家把上流式厌氧污泥床反应器成功地用于城市污水处理。

四、厌氧膨胀床和厌氧流化床反应器

厌氧膨胀床和厌氧流化床反应器如图 9 - 6 所示。反应器内填充粒径很小的固体颗粒作为填料,如石英砂、无烟煤、活性炭、陶粒和沸石等,粒径为 0.2~1 mm,填料表面附着厌氧生物膜后形成生物颗粒。废水从底部进入,以上升流方式通过床层,床内颗粒在合力的作用下处于悬浮状态,形成膨胀或流化。为了提高床内水流的上升速度,常将部分出水用泵回流。通常认为,膨胀率为 10%~20% 是厌氧膨胀床,床内载体略有松动,载体间仍保持相互接触;膨胀率为 20%~70% 是厌氧流化床,床内颗粒可做无规则的自由运动。废水在升流过程中与生物颗粒不断接触,完成厌氧生物降解过程后,净化后的水从上部溢出,同时产生的生物气由上部排出。

厌氧膨胀床和厌氧流化床反应器的优点是床内具有很高的微生物浓度,有机物容积负荷较大,水力停留时间短,具有较好的耐冲击负荷能力,运行稳定,剩余污泥量少,填料不易堵塞。缺点是耗能较大,系统的设计运行要求高。

五、厌氧膨胀颗粒污泥床反应器

厌氧膨胀颗粒污泥床反应器如图 9 - 7 所示,厌氧膨胀颗粒污泥床反应器与上流式厌氧污泥床反应器在结构上有相似性,不同的是厌氧膨胀颗粒污泥床反应器采用较大的高径比和回流比,废水上升流速高达 5~10 m/h,远远大于上流式厌氧污泥床反应器的上升流速。因此,厌氧膨胀颗粒污泥床反应器中的颗粒污泥处于部分或全部"膨胀化"的状态,颗粒污泥与废水间的接触更加充分,可允许较短的水力停留时间,从而可以处理较低浓度的有机废水。

厌氧膨胀颗粒污泥床反应器也可以看作是流化床反应器的一种改进,区别在于厌氧膨胀颗粒污泥床反应器内不投加载体填料,细菌在反应器中的滞留依赖细菌本身形成的颗粒污泥。此外,厌氧膨胀颗粒污泥床反应器的上升流速度小于流化床反应器,床内颗粒污泥并未达到流化状态,只是呈现出不同程度的膨胀状态而已。

厌氧膨胀颗粒污泥床反应器的主要特点:高径比大,占地面积小;床内颗粒处于膨胀状态,不易产生沟流和死角;液体表面上升流速最高可达 10 m/h,床内混合状态好,颗粒污泥与废水充分接触,处理效果好,适用于中低浓度的有机废水处理,且在低温处理废水时有明显优势。

六、内循环厌氧反应器

内循环厌氧反应器是在上流式厌氧污泥床反应器的基础上开发的,实际上它可以看作是由一个厌氧膨胀颗粒污泥床反应器和一个上流式厌氧污泥反应器上下重叠、串联组成的，如图9-8所示。该反应器的结构特点是有两个反应室、两个集气罩，内设沼气提升管。废水从反应器底部进入第一反应室，与厌氧颗粒污泥均匀混合，产生的沼气被集气罩收集，大量沼气携带泥水混合液沿着提升管上升至顶部的气液分离器，被分离出的沼气从顶部的导管排走，分离出的泥水混合液沿着回流管返回到第一反应室底部，实现了内循环。废水经第一反应室后进入第二反应室继续处理，有机物得到进一步降解，产生的沼气经集气罩收集后通过集气管进入气液分离器，泥水在沉淀区实现固液分离，上清液由出水管排走，沉淀的污泥自动返回第二反应室。

内循环厌氧反应器结合了已有的污泥颗粒化、污泥回流、分级处理工艺和内循环技术，大大提高了反应器的容积负荷，实现了泥水之间的良好接触。它的主要优点：解决了污泥负荷高易导致污泥流失的问题；具有一个无外加动力的内循环系统，增加了水力负荷，强化了传质过程，抗冲击能力强；高径比大，占地面积小，基建投资少；适合于处理较低浓度和较低温度的有机废水。但是，因其结构复杂，施工和安装难度大，水力模型的合理性及实用性较少，且对难降解废水的研究也较少，所以内循环厌氧反应器的研究还有待深入，其应用领域有待开拓。

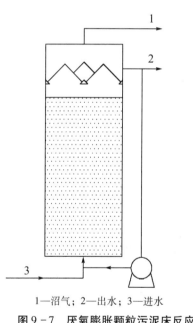

1—沼气；2—出水；3—进水

图9-7　厌氧膨胀颗粒污泥床反应器

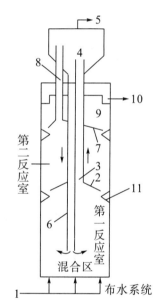

1—进水；2——级三相分离器；3—沼气提升管；
4—气液分离器；5—沼气排出管；6—回流管；
7—二级三相分离器；8—集气管；9—沉淀区；
10—出水管；11—气封

图9-8　内循环厌氧反应器

七、厌氧折流板反应器

厌氧折流板反应器是20世纪80年代初基于厌氧生物转盘开发的一种新型厌氧反应器，如图9-9所示。反应器水平布置，在垂直于水流方向设置多块挡板将反应器分隔出若干个上向流室和下向流室。上向流室比较宽，便于污泥聚集，下向流室比较窄。在通往上向流室的挡板下边缘处设置导流板，与挡板成 50° 角，以便将水送至上向流室的中心，使泥水充分混合。

厌氧折流板反应器的主要优点：设备及结构简单，造价及运行费用低，不易堵塞；污泥产率低，泥龄长，且无须另设沉淀池；HRT 短，可间歇运行；耐冲击负荷能力强。

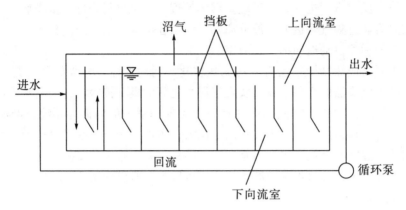

图 9 - 9   厌氧折流板反应器

表 9 - 1 简要总结了几种高效厌氧反应器的特点。

表 9 - 1   几种高效厌氧反应器的特点比较

反应器类型	结构及运行特点	微生物生长方式
厌氧生物滤池	反应器内加入填料，多为上流式，易堵塞或短路	以附着生长为主
上流式厌氧污泥床反应器	一般无载体，内设气—液—固三相分离器，上流式，颗粒污泥形成需要的时间较长，HRT 较长	可形成颗粒污泥
厌氧流化床反应器	加入载体，床层处于流态化，需回流，载体选择重要，结构设计要求高，HRT 短，容积负荷高	附着生长
厌氧膨胀床反应器	加入载体，床层膨胀率为 5% ~ 20%，采用或不采用回流，载体选择重要	附着生长
厌氧生物转盘	结构多样，板的形状有平板、波纹板、螺旋板、蜂房管状板、圆管状板等，外形有圆形、多边形、多角形等，反应器结构复杂、占地大、造价及运行费高	附着生长
内循环厌氧反应器	高径比大、占地面积小，有机负荷率高，HRT 短，抗冲击能力强，运行费用高，目前研究尚不深入，主要用于啤酒、土豆加工等易降解有机废水的处理	主要为颗粒污泥

思考题

1. 厌氧生物处理的基本原理是什么？它有哪些优势与不足？

2. 试比较厌氧生物处理与好氧生物处理的优缺点以及它们的适用条件。

3. 影响厌氧生物处理的主要因素有哪些？提高厌氧处理的效率主要可以从哪些方面考虑？

4. 厌氧发酵分为哪几个阶段？为何厌氧生物处理有中温消化和高温消化之分？

5. 提高厌氧处理的效能可以从哪些方面考虑？

6. 试比较现有几种常用厌氧处理工艺的优缺点和适用条件。

7. 试述上流式厌氧污泥床反应器的构造和高效运行的特点。

8. 某地区设计人口为80000人，人均日污水量为100 L，污泥含水率为95%。试估算完全混合污泥消化池的有效容积。

第十章　生物脱氮

第一节　水体的氮污染及其危害

一、氮素循环

氮是生命有机体中最重要的元素之一，它是构成生物体中的蛋白质、DNA、RNA 等一些重要组分中必不可少的一种元素，其含量约占生物重量的 10%。氮在自然界中的存在形式包括分子态氮、无机氮化物和有机态氮，其中分子态氮以游离的氮气形式存在于大气中，占大气含量的 79%，但分子氮不能被绝大多数的生物直接利用，大气中的分子氮进入生物有机体主要有以下四种途径：

(1)生物固氮：豆科植物能通过共生的根瘤菌固定大气中的氮，供植物吸收。某些固氮蓝细菌和固氮细菌也可以固定大气中的氮。

(2)工业固氮：氮肥化工，如合成氨工业。

(3)岩浆固氮：火山爆发时，喷射出的岩浆可以固定一部分氮。

(4)闪电固氮：雷雨时的闪电现象，可通过电离作用使氮氧化成氮氧化物。

上述固定的氮可为植物所利用，植物又被食草动物摄入，以构成动、植物体内的蛋白质等组分。

动、植物尸体中的蛋白质经细菌分解可生成氨。动物在新陈代谢过程中将一部分蛋白质分解生成氨、尿素、尿酸等。氨又可经亚硝酸菌的硝化作用转化成亚硝酸盐，进一步由硝酸菌把亚硝酸盐转化为硝酸盐。一部分硝酸盐为植物所利用，另一部分在反硝化细菌的作用下转化成游离氮进入大气，完成了氮的循环。

二、水体中化合态氮污染及危害性

氮在水体中的存在形式：①有机氮(如蛋白质、尿素、胺类、硝基化合物等)；②氨氮(NH_3、NH_4^+)；③亚硝酸态氮(NO_2^-)；④硝酸态氮(NO_3^-)。

工业生产过程中排放的含氮废水及生活污水排入受纳水体，土壤中的氮肥随雨水冲淋入江河，造成了水体污染，其危害性主要表现在以下几个方面：

(1)造成水体的富营养化，使某些藻类恶性繁殖，出现所谓的"水华"现象。这些藻类往往带有一股腥味，会使水质下降。其中一些藻类的蛋白类毒素可富集在水产生物体内，并通过食物链使人中毒。大量藻类死亡时会消耗水中的溶解氧，从而引起鱼类大批死亡。

（2）这类富营养化水体可使水流变缓。长期下去，大量藻类遗体可使湖、河变浅，最终成为沼泽地。

（3）增加给水处理的成本。例如，在水厂加氯时，即使增加了少量的氮也会使加氯量成倍增加；为了脱色、除臭、除味而使化学药剂的投加量增加，滤池的反冲洗次数也增多。

（4）还原态氮排入水体后，会因硝化作用而耗去水体中大量的氧，一个氨态氮氧化成硝态氮要耗去四个氧。

（5）化合态氮对人及生物的毒害作用。水中亚硝酸氮超过 1 mg/L 时，便会使水生生物的血液结合氧的能力降低；超过 3 mg/L 时，可在 24~96 h 内使金鱼、鳊鱼死亡。

第二节　生物脱氮原理及工艺

一、生物脱氮原理

污水生物脱氮处理过程中，氮的转化主要包括氨化、硝化和反硝化作用。其中氨化作用可在好氧或厌氧条件下进行，硝化作用在好氧条件下进行，反硝化作用在缺氧条件下进行。生物脱氮是含氮化合物经氨化、硝化、反硝化后，转变为 N_2 而被去除的过程。

1. 氨化反应

微生物分解有机氮化合物产生氨的过程称为氨化反应，很多细菌、真菌和放线菌都能分解蛋白质及其含氮衍生物，其中分解能力强并释放出氨的微生物称为氨化微生物。在氨化微生物的作用下，有机氮可以在好氧或厌氧条件下分解、转化为氨氮。

下面以氨基酸为例加以说明。

加氧脱氨基反应式为

$$RCHNH_2COOH + O_2 \longrightarrow RCOOH + CO_2 + NH_3$$

水解脱氨基反应式为

$$RCHNH_2COOH + H_2O \longrightarrow RCHOHCOOH + NH_3$$

2. 硝化反应

硝化反应是由两组自养型硝化细菌——亚硝酸菌和硝酸细菌，将氨氮转化为硝态氮的生化反应过程。首先由亚硝酸菌将氨氮转化为亚硝酸盐（NO_2^-），然后由硝酸菌将亚硝酸盐进一步氧化为硝酸盐（NO_3^-）。其反应如下：

$$2NH_4^+ + 3O_2 \xrightarrow{\text{亚硝酸菌}} 2NO_2^- + 4H^+ + 2H_2O$$

$$2NO_2^- + O_2 \xrightarrow{\text{硝酸菌}} 2NO_3^-$$

总反应式为

$$NH_4^+ + 2O_2 \xrightarrow{\text{硝化细菌}} NO_3^- + 2H^+ + H_2O$$

3. 反硝化反应

反硝化反应是指在缺氧条件下，亚硝酸盐（NO_2^-）和硝酸盐（NO_3^-）被反硝化细菌、硝酸还原菌和亚硝酸还原菌还原为氮气 N_2 的过程。以甲醇作碳源为例，其反应如下：

$$6NO_3^- + 2CH_3OH \xrightarrow{\text{硝酸还原菌}} 6NO_2^- + 2CO_2 + 4H_2O$$

$$6NO_2^- + 3CH_3OH \xrightarrow{\text{亚硝酸还原菌}} 3N_2 + 3CO_2 + 3H_2O + 6OH^-$$

总反应式为

$$6NO_3^- + 5CH_3OH \xrightarrow{\text{反硝化细菌}} 3N_2 + 5CO_2 + 7H_2O + 6OH^-$$

二、生物脱氮工艺

（一）传统活性污泥法脱氮工艺

传统活性污泥法脱氮工艺是由 Barth 开创的三级活性污泥法流程，它由氨化、硝化、反硝化三个过程组成，如图 10-1 所示。

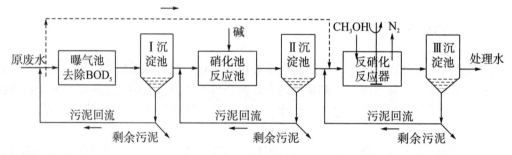

图 10-1　传统活性污泥法脱氮工艺

有机废水先进入一级曝气池进行氨化，使有机氮转化为氨氮，去除有机物；经沉淀后废水进入第二级硝化曝气池，使氨氮氧化为 $NO_3^- - N$，该级将消耗碱，为防止 pH 下降要加入碱；第三级为反硝化过程，采用厌氧—缺氧交替运行，反硝化菌为异氧菌，需有机物作为碳源，经一、二级反应后，废水中有机物较少，应加入 CH_3OH 或引入原废水。该流程的缺点是处理设备多、造价高、管理较为麻烦。

（二）A/O 工艺

A/O 工艺又称前置反硝化工艺，如图 10-2 所示。该工艺的好处是反硝化所需有机物为原水或经厌氧处理后废水中的有机物，在反硝化过程中所产生的碱可补充硝化反应消耗碱度的 50%，硝化池设于后段可进一步去除前两级反应残余的有机物。

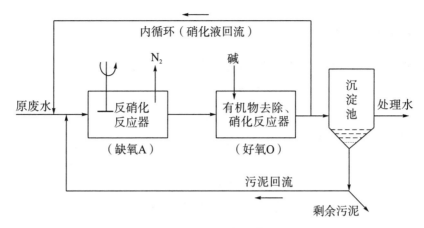

图 10-2　A/O 工艺

（三）A^2/O 工艺

A^2/O 工艺是 20 世纪 80 年代开发的脱氮工艺，其特点是将反硝化置于硝化之前，故称为"前置式反硝化生物脱氮系统"，如图 10-3 所示。

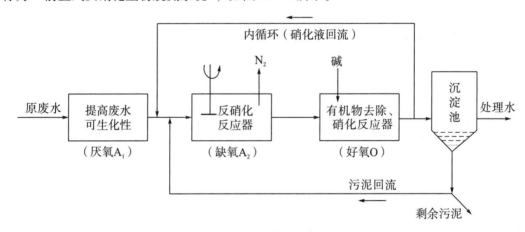

图 10-3　A^2/O 工艺

（四）桥本工艺

桥本工艺中反硝化的缺氧池置于好氧池之后，废水进入前面的好氧池进行除碳和硝化，利用旁路废水中的碳源和好氧后的硝酸盐进行反硝化脱氮，如图 10-4 所示。

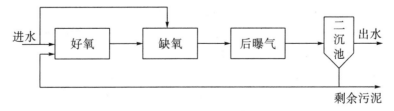

图 10-4　桥本工艺

（五）Bardenpho 工艺

Bardenpho 工艺是一种由硝化和反硝化交替组成的工艺，如图 10-5 所示。以该工艺为基础，还开发了具有除磷的新 Bardenpho 工艺，如图 10-6 所示。

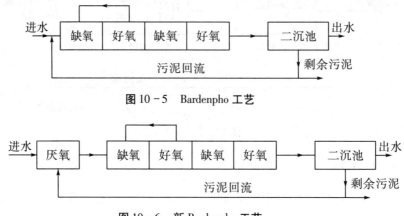

图 10-5　Bardenpho 工艺

图 10-6　新 Bardenpho 工艺

三、生物脱氮新技术

（一）同步硝化反硝化

传统的硝化反硝化工艺都是把硝化和反硝化过程分别放在严格好氧和缺氧的环境中进行的，常见的前置反硝化工艺、后置反硝化工艺、A/O 工艺和后来出现的改进工艺如 A^2/O 工艺、Bardenpho 工艺都是典型的例子。近年来，随着好氧反硝化菌和异养硝化菌的发现，突破了硝化和反硝化反应不能同时存在的传统观点。对好氧反硝化、异养硝化和自养反硝化的研究表明：当好氧环境和缺氧环境在同一个反应器中同时存在时，只要控制好硝化和反硝化的反应动力学平衡，就可以使硝化和反硝化在同一个反应器中进行，这一过程称为同步硝化反硝化（SND）。SND 工艺与传统生物脱氮工艺相比，具有节省反应器体积、缩短反应时间和不需要酸碱中和等优点。

目前，对 SND 的机理还没有一个明确的解释，比较合理的解释有三种：①宏观环境解释。由于反应器的结构原因或充氧不均的原因，使反应器内部形成局部的缺氧/厌氧区，这种情况称为生物反应的大环境，即宏观环境。②微观环境解释。从物理学角度看，由于氧扩散的限制，在活性污泥菌胶团或生物膜内产生溶解氧梯度，形成缺氧/厌氧段，即形成微观环境，如图 10-7 所示。③生物学的解释。研究发现，许多好氧反硝化菌同时也是异养硝化菌，能够直接把氨氮转化为最终气态产物而逸出。

许多研究表明，同时硝化反硝化不仅可以发生在生物膜反应器如流化床、生物滤池、生物转盘中，也可以发生在活性污泥系统如曝气池、氧化沟中，如图 10-8 所示。

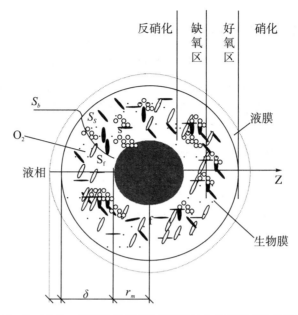

图 10-7 硝化—反硝化的微观环境解释(生物颗粒或生物絮体)

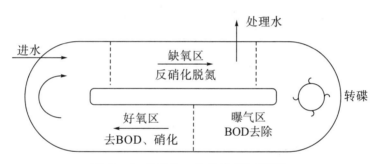

图 10-8 氧化沟工艺同时硝化反硝化

(二)短程硝化反硝化(亚硝化)

亚硝酸硝化反硝化工艺又称短程硝化反硝化。在反应过程中将硝化过程控制在亚硝酸盐阶段,阻止亚硝酸盐向硝酸盐转化,从而使反硝化过程直接由 NO_2^- 还原为氮气。在硝化反应中,由于亚硝酸菌的世代期较短,生长速率较快,因此较能适应冲击负荷和不利的环境条件,常出现亚硝酸盐积累的情况。研究发现,在控制温度、pH 值、溶解氧、水力负荷等条件下,可以使氨氮的去除通过亚硝酸硝化反硝化途径来完成。

短程硝化反硝化工艺具有全程硝化反硝化无法比拟的优点:①节约 25% 的硝化曝气量;②反硝化阶段节省 40% 的碳源;③节省 30%~50% 反硝化反应器容积;④具有较高的反硝化速率。

短程硝化反硝化工艺中,如何把氨氧化控制在 NO_2^- 状态并维持较高的 NO_2^- 浓度是关键,目前对影响 NO_2^- 积累的因素普遍认为是温度、pH 值、DO、自由羟氨(NH_2OH)以及水力负荷、污泥泥龄等。短程硝化反硝化脱氮途径如下:

$$NH_4^+ \longrightarrow NO_2^- \longrightarrow N_2$$

(三)厌氧氨氧化(ANAMMOX)

厌氧氨氧化是在同一厌氧反应器中,ANAMMOX 菌以 NO_2^-、NO_3^- 作为电子受体,将氨氮转化为氮气,该反应的存在可以降低后续工艺中的氨氮负荷。Mulder 在实验室的反硝化反应器中,发现了氨和硝酸盐的同时消失,推测的反应如下:

$$5NH_4^+ + 3NO_3^- \longrightarrow 4N_2 + 9H_2O + 2H^+$$

Graaf 又证明了这一反应是一个生物化学反应,厌氧氨氧化过程是由自养菌完成的,亚硝酸盐是合适的电子受体:

$$NH_4^+ + NO_2^- \longrightarrow N_2 + 2H_2O$$

根据热力学理论,上述反应的自由能小于零,说明反应可以自发进行,厌氧氨氧化过程的总反应是一个产生能量的反应,因此可以提供能量供微生物生长。ANAMMOX 工艺完成的可能途径如图 10-9 所示。

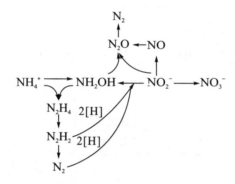

图 10-9　ANAMMOX 的可能代谢途径

与其他的生物脱氮工艺相比,厌氧氨氧化有如下突出优点:①耗氧量下降 62.5%,可以大幅度降低硝化反应的充氧能耗;②无须外加碳源作电子供体,节约处理成本;③厌氧氨氧化是一个厌氧过程,其反应物和产物均为中性,可以节约大量的中和试剂,既节约费用,又降低了二次污染。鉴于此,厌氧氨氧化工艺具有十分重要的研究价值和开发前景,国内外的许多学者在这方面进行了深入的研究。

思考题

1. 生物脱氮的环境条件和主要影响因素有哪些?
2. 试述生物脱氮的基本原理及基本流程。
3. 生物脱氮工艺主要有哪些?各有何特点?
4. 如何计算生物脱氮系统反硝化池的容积?
5. 如何计算生物脱氮系统的曝气池容积、曝气池需氧量和剩余污泥量?

第十一章 污水的自然处理系统

污水的自然处理技术具有处理成本低，运行管理方便，可同时有效去除 BOD、病原菌、重金属、有毒有机物及氮、磷营养物质的特点。该技术在面源污染和村镇污水的治理方面具有一定的优越性。

第一节 稳定塘

一、概述

稳定塘又名氧化塘，是一种天然的或经一定人工构筑的污水自然生物处理设施，它对污水的净化过程与水体的自净过程相似。污水在塘内经较长时间的停留，通过微生物的分解代谢作用，以及伴随的物理、化学和物理化学过程，使污水中的污染物进行多级转换、降解和去除，从而实现污水的无害化、资源化与再利用。按氧化塘内的微生物类型和水中溶解氧状况，可分为好氧塘、兼性塘、厌氧塘和曝气塘，这是氧化塘类型最常用的划分方法。目前，稳定塘多用于处理中、小城镇的污水，可用作一级处理、二级处理（相当于传统的生物处理），也可以用作三级处理。

稳定塘的主要优点是塘体构造及设施较简单，基建投资费用低，运行管理技术要求不高，耐冲击负荷能力强，出水可以综合利用。它的运行费用约为传统二级处理厂的 $1/5 \sim 1/3$，它的出水可用于农业灌溉、水生动物养殖等，实现污水的资源化利用。稳定塘的缺点主要是占地面积大，处理效果易受环境因素的影响，设计运行不当时可能产生臭味、滋生蚊蝇、污染地下水等。如果能进行合理的设计、运行和管理，利用稳定塘处理污水，可以带来明显的环境效益和经济效益。

二、好氧塘

1. 好氧塘概述

好氧塘的深度较浅（一般为 $15 \sim 50$ cm），阳光能直透塘底。塘内菌藻共生，好氧微生物活跃，藻类生长茂盛，光合作用强。塘水中溶解氧充分，溶解氧主要由藻类光合作用提供，此外还有自然复氧。好氧塘通过好氧微生物的分解代谢来净化污水，一般适于处理 BOD_5 小于 100 mg/L 的污水，多用于处理其他稳定塘的最终出水。好氧塘的 BOD 去除率高，在停留时间为 $2 \sim 6$ d 后，BOD 去除率可达 80% 以上。

好氧塘的最大缺点是出水中藻类固体含量高，每升可高达几十到几百毫克，若对藻类处理不当，将会造成二次污染。因此，实际工程中往往需要增加除藻处理过程。

根据在处理系统中的位置和功能，好氧塘分为以下三种：

(1)高负荷好氧塘：这类塘设置在处理系统的前部，目的是处理污水和产生藻类。塘的水深较浅，水力停留时间较短，有机负荷高。

(2)普通好氧塘：这类塘用于处理污水，起二级处理作用。它的有机负荷较高，水深比高负荷好氧塘更深，水力停留时间更长。

(3)深度处理好氧塘：这类塘设置在塘处理系统的后部或二级处理系统之后，作为深度处理设施。它的有机负荷较低，其水深比高负荷好氧塘更深。

2. 好氧塘中的生物

活跃在好氧塘内并对污水起净化作用的微生物主要是细菌、藻类、原生动物、后生动物等。

细菌是氧化塘中数量最多、作用最大的一类微生物。在氧化塘的不同区域、不同深度（主要在水深 0.5 m 的上层），往往存在着不同的细菌种群，细菌对有机污染物的降解起主要作用。

藻类在好氧塘中起着十分重要的作用，它的主要贡献是通过光合作用为塘水提供充足的溶解氧。好氧塘中的藻类主要是绿藻和蓝绿藻，有时也会出现黄褐藻，但它往往不能在与绿藻的竞争中取胜而成为优势藻类。绿藻是污水处理中最常见的藻类，它适合在微碱性环境中生长，大部分在春夏之交或秋季生长最旺盛。蓝绿藻不仅能代谢 H_2S，而且能在缺氮的环境中固定大气中的氮。好氧塘中藻类的种类和数量与塘的负荷有关，它可反映塘的运行状况和处理效果。塘水中营养物质浓度过高时，会引起藻类异常繁殖，产生藻类水华，使塘水浑浊。

原生动物可以捕食细菌，其种类和数量可以反映好氧塘的运行是否正常以及出水水质的优劣。后生动物以细菌和原生动物为食料，对污水有净化作用。此外，有些后生动物（如甲壳类动物）还能分泌黏液物质，具有促进细小悬浮物凝聚、沉淀的功能。

3. 好氧塘的净化机理

好氧塘的净化机理如图 11 - 1 所示，塘内存在细菌、藻类、原生动物和后生动物的共生系统。塘水中的溶解氧来源有二：①水面因风力的搅动存在大气复氧；②藻类在光照充足的白天进行光合作用，吸收 CO_2，释放出 O_2，使水中的溶解氧上升。但在夜间，藻类光合作用停止，供氧也就停止，而微生物仍在进行有氧呼吸，其结果是塘水中的溶解氧逐渐下降，凌晨时达到最低。

在好氧条件下，塘内的好氧和兼性异养菌将一部分有机物氧化分解为无机物（CO_2、H_2O、NH_3等），在氧化分解过程中消耗水中的溶解氧并放出大量能量供微生物生命活动利用。另一部分有机物则被细菌利用合成新的基体，完成细菌的自身增长繁殖。此外，藻类生长所需的营养直接从污水中获取，也可以去除某些污染物（如氮、磷）。原生动物和后生动物吞食游离细菌和细小颗粒，使水质澄清，此外它们还起生物絮凝作用。

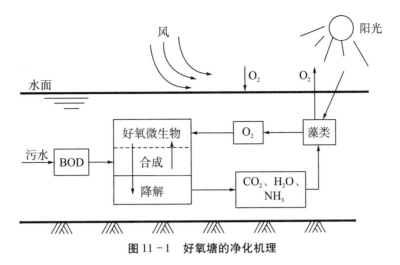

图 11 - 1　好氧塘的净化机理

4. 好氧塘的设计

好氧塘设计的主要内容是确定塘的个数及相应尺寸。目前常用的方法是首先根据表面有机负荷设计塘的面积(单座塘的面积不宜超过 40000 m²),然后确定塘的结构和尺寸,校核停留时间。表 11 - 1 列出了稳定塘的基本计算公式,这些公式对好氧塘同样适用。

表 11 - 1　稳定塘的基本计算公式

计算项目	计算公式	符号说明
塘的总面积	$A = \dfrac{QS_0}{L_A}$	A——稳定塘的有效面积,m²; Q——进水设计流量,m³/d; S_0——进水 BOD_5 浓度,mg/L; L_A——BOD_5 面积负荷,g/(m²·d)
单塘有效面积	$A_1 = \dfrac{A}{n}$	A_1——单塘有效面积,m²; n——塘个数
单塘水面长度	$L_1 = \sqrt{RA_1}$	L_1——单塘水面长度,m; R——塘水面的长宽比
单塘水面宽度	$B_1 = \dfrac{L_1}{R}$	B_1——单塘水面宽度,m
单塘有效容积 (有斜坡的 矩形塘)	$V_1 = [L_1 B_1 + (L_1 - 2sd_1) \times (B_1 - 2sd_1) +$ $4(L_1 - sd_1) \times (B_1 - sd_1)] \times d_1/6$	V_1——单塘有效容积,m³; d_1——单塘有效深度,m; s——水平坡度系数,例如坡度为 3:1 时,$s = 3$
水力停留时间	$HRT = \dfrac{nV_1}{Q}$	HRT——水力停留时间,d
单塘长度	$L = L_1 + 2s(d - d_1)$	L——单塘长度,m; d——单塘总深度,m
单塘宽度	$B = B_1 + 2s(d - d_1)$	B——单塘宽度,m
单塘容积	$V_2 = [LB + (L - 2sd) \times (B - 2sd) +$ $4(L - sd) \times (B - sd)] \times d/6$	V_2——单塘容积,m³
塘总容积	$V = nV_2$	V——单塘总容积,m³

目前，对好氧塘的设计尚无严密的理论计算和设计方法，在实际工程中多根据经验数据来设计。表 11-2 列出了好氧塘的典型设计参数，可供参考。

好氧塘主要尺寸的经验值如下：

(1)好氧塘的结构多为矩形，表面的长宽比为 3:1~4:1，一般以 1/2 塘深处的面积作为计算塘面。塘堤的超高为 0.6~1.0 m。

(2)塘堤的内坡坡度为 1:3~1:2(垂直：水平)，外坡坡度为 1:5~1:2(垂直：水平)。

(3)数量一般不少于 3 座，规模很小时不少于 2 座。

表 11-2　好氧塘的典型设计参数

设计参数	高负荷好氧塘	普通好氧塘	深度处理好氧塘
BOD_5 负荷/[kg×(hm²×d)⁻¹]	80~160	40~120	<5
HRT/d	4~6	10~40	5~20
有效水深/m	0.3~0.45	0.5~1.5	0.5~1.5
pH	6.5~10.5	6.5~10.5	6.5~10.5
温度/℃	0~30	0~30	0~30
BOD_5 去除率/%	80~95	80~95	60~80
藻类浓度/(mg·L⁻¹)	100~260	40~100	5~10
出水 SS/(mg·L⁻¹)	150~300	80~140	10~30

三、兼性塘

1. 兼性塘概述

兼性塘是最常用的一种污水处理稳定塘，其特点是塘深较深，通常为 1.2~2.0 m，塘中存在三个不同的区域。上层为好氧区，阳光能透射到此区域，藻类生长旺盛，溶解氧含量充足，好氧细菌活跃；下层为厌氧区，有污泥积累，溶解氧几乎为零，主要由厌氧菌对不溶性的有机物进行代谢；中层为兼性区，是介于好氧区和厌氧区之间的过渡区，大量兼性菌存在于此，且随环境条件的变化以不同的代谢方式对有机物进行分解代谢。

好氧区、兼性区和厌氧区不易截然分清，相互之间联系紧密。厌氧区产生的气体(如 CH_4、CO_2 等)将依次经过兼性区和好氧区后逸出至大气，且有可能被好氧区中的藻类利用。底泥厌氧消化生成的有机酸、醇等，会扩散转移到兼性区和好氧区，由好氧及兼性细菌对其进一步分解。好氧区和兼性区中的细菌、藻类等死亡后，会自然沉淀至塘底，由厌氧菌将其分解。

兼性塘的运行管理方便，耐冲击负荷能力较强，能经受水质水量的较大波动，去除污染物的范围比好氧塘广。兼性塘不仅可以用于处理城镇污水，还被用于处理石油化工、印染、造纸等工业废水。

2．兼性塘的净化机理

兼性塘中的生物种群与好氧塘基本相同，但由于其存在兼性区和厌氧区，使兼性菌、厌氧菌得以生长。兼性塘对污水的净化是由好氧、兼性、厌氧细菌共同完成的，运行效果主要取决于藻类光合作用产氧量和水面的大气复氧情况。兼性塘的净化机理如图 11-2 所示。

好氧区对有机污染物的净化机理与好氧塘基本相同，此外，还有可能存在诸如硝化反应等复杂反应。兼性区的塘水溶解氧较低，且时有时无。活动在此区域的兼性异养菌将随溶解氧的变化对有机污染物进行不同的代谢过程，在有氧条件下进行氧化分解，在无氧的条件下进行无氧代谢。

厌氧区的溶解氧为零，厌氧微生物将底泥中的有机物进行厌氧分解，使底泥减量。厌氧反应产生的一些中间产物(如有机酸、醛、醇等)进入兼性区和好氧区，由好氧菌和兼性菌进一步降解。厌氧反应产生的 CH_4 因水溶性很差而很快地逸出水面，而 CO_2、NH_3 等气体部分逸出水面，部分溶解在水中参与其他反应。

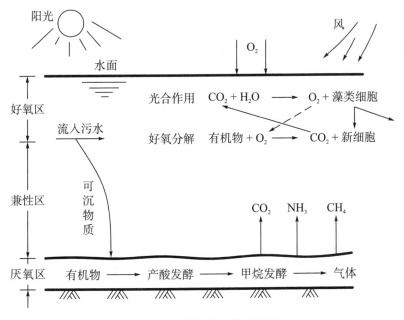

图 11-2　兼性塘的净化机理

3．兼性塘的设计

目前，我国尚未建立较完善的兼性塘设计规范。兼性塘一般采用负荷法进行计算设计，BOD_5 表面负荷按 $0.0002 \sim 0.01$ kg/$(m^2 \cdot d)$ 考虑，随着气温的升高，可采用较大值。停留时间一般为 $7 \sim 180$ d，北方的停留时间较长，南方的停留时间较短。兼性塘设计中的一些经验值如下：

(1)兼性塘一般为矩形，长宽比为 $3:1 \sim 4:1$，有效水深为 $1.2 \sim 2.5$ m，超高为 $0.6 \sim 1.0$ m，储泥区高度应大于 0.3 m。

(2)堤坝的内坡坡度为 $1:3 \sim 1:2$，外坡坡度为 $1:5 \sim 1:2$(垂直：水平)。

(3)多采用串联的多塘系统，座数一般不少于 3 座，单塘面积应小于 4 hm^2，且第一塘的面积约占总面积的 $30\% \sim 60\%$。

四、厌氧塘

1. 厌氧塘概述

厌氧塘是一类在无氧条件下净化污水的稳定塘，塘的表面积较小而深度较大（通常是 2.5~5 m）。塘内为厌氧状态，有机负荷高，厌氧菌大量生长并消耗有机物，主要反应是酸化和甲烷发酵。

厌氧塘一般作为预处理设施而设在氧化塘系统的首端，与好氧塘组成厌氧—好氧（兼氧）生物氧化塘系统，以减少随后的兼性塘、好氧塘的有机负荷和容积。

厌氧塘适用于处理水量小、浓度高的有机废水，如屠宰废水、禽蛋废水、食品工业废水、制浆造纸废水、制药废水等。影响厌氧塘处理效率的主要因素是温度，温度过低会降低厌氧降解速率。

厌氧塘的最大问题是无法回收甲烷，会产生臭味，环境效果较差。

2. 厌氧塘的净化机理

厌氧塘中参与反应的生物只有细菌，不存在其他任何生物。厌氧塘净化污水的原理，与废水的厌氧生物处理相同，是由两类厌氧菌通过水解、酸化和甲烷化三个步骤来完成的，即在产酸菌的作用下，复杂有机物先被胞外酶水解，然后被转化为简单有机物（如有机酸、醛、醇等），再由产甲烷菌进一步转化为甲烷和二氧化碳。图 11-3 为厌氧塘功能模式图。

除了对废水进行厌氧生物处理外，厌氧塘还能起到初次沉淀、污泥消化和污泥浓缩的作用。

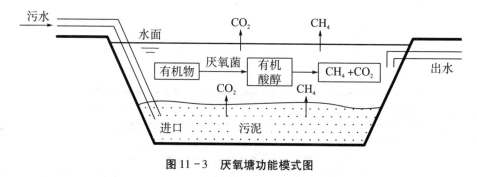

图 11-3　厌氧塘功能模式图

3. 厌氧塘的设计

厌氧塘的设计通常根据经验数据，采用有机负荷来进行的。设计的主要经验数据如下：

（1）BOD_5 表面负荷。处理城市污水建议采用 200~600 kg/(hm^2·d)，对于工业废水，应通过试验确定。

（2）厌氧塘一般为矩形，长宽比为 (2~2.5):1，单塘面积不大于 40000 m^2。塘的有效水深一般为 2~4.5 m，储泥深度大于 0.5 m，超高 0.6~1.0 m，大塘取上限值。

（3）塘底采用平底，略具坡度，以利于排泥。堤内坡为 1:3~1:1。

（4）进水口位于接近塘底的深处，高于塘底 0.6~1.0 m。出水口为淹没式，淹没深度不小于 0.6 m。

五、曝气塘

1. 曝气塘概述

曝气塘是利用安装在塘面上的人工曝气设备来为塘水供氧的稳定塘，它是人工强化与自然净化相结合的一种污水塘处理系统。人工曝气设备一般采用表面曝气机，也可采用鼓风曝气。塘内微生物生长所需的氧主要来自人工曝气，当然也有大气复氧。

按悬浮物在塘水中的状态，曝气塘可分为好氧曝气塘和兼性曝气塘，如图 11 - 4 和图 11 - 5 所示。

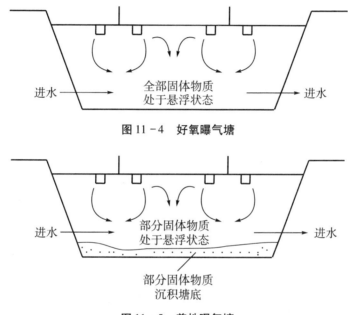

图 11 - 4　好氧曝气塘

图 11 - 5　兼性曝气塘

好氧曝气塘又称完全混合曝气塘，其曝气设备应满足两个要求：①曝气强度应能使塘水中的全部固体物质都呈悬浮状态；②能为塘水提供充足的溶解氧，以供微生物分解有机污染物。

兼性曝气塘又称部分混合曝气塘，其塘内曝气设备的布置较好氧曝气塘稀疏。它不要求塘水中全部固体物质都呈悬浮状态，只需使部分固体物质处于悬浮状态即可，而另一部分固体物质则沉积在塘底，进行厌氧消化。

曝气塘出水中往往含有大量活性和惰性微生物体，SS 较高，不宜直接排放，通常需后续连接其他类型的塘或进行沉淀处理，沉淀的方法可以用沉淀池，或在塘中分割出静水区用于沉淀。

由于污水在塘内停留时间较短，多则 8～9 d，少则 1～3 d，因而曝气塘所需的容积和占地面积均较小，特别适用于土地面积有限，不足以建成完全以自然净化为特征的塘系统。

曝气塘虽属于氧化塘，但它又不同于以天然净化过程为主的其他类型的氧化塘。它是人工强化的氧化塘，其净化功能、净化效果以及工作效率都高于一般的氧化塘，但运行费用要比其他类型的氧化塘高很多。

2. 曝气塘的设计

曝气塘可以采用表面负荷进行计算，相关参数参考如下：

(1)BOD_5表面负荷建议采用 $30 \sim 60$ g $BOD_5/(m^2 \cdot d)$，塘内悬浮固体浓度在 $80 \sim 200$ mg/L 之间。

(2)塘深与曝气设备的功率有关，通常为 $2.5 \sim 6$ m。

(3)好氧曝气塘的 HRT 为 $1 \sim 10$ d，兼性曝气塘的 HRT 为 $7 \sim 20$ d。

(4)曝气塘一般不少于 3 座，通常以串联方式运行。

第二节　土地处理系统

污水土地处理是在污水农田灌溉的基础上发展起来的一种以土地为主要处理系统的污水处理方法。污水土地处理系统是由土壤—微生物—植物构成的陆地生态系统，它在净化污水的同时，通过绿色植物的生长将污水中的植物营养元素再利用，实现污水的资源化、无害化和稳定化。

污水土地处理系统具有以下优点：①可以将废劣土地、坑洼地等充分利用，基建投资费用较低；②机电设备少，运行及管理费用低；③增添风景美色，促进生态环境的良性循环。

目前，常用的污水土地处理系统有五种类型，即慢速渗滤系统、快速渗滤系统、地表漫流系统、地下渗滤系统和湿地处理系统。本节主要介绍前四种类型，湿地处理系统将在第三节中介绍。

一、土地处理系统的净化机理

土壤是整个土地处理系统的核心，而土壤中的胶体和微生物是其能够容纳、缓冲和分解水中污染物的关键。污水在土地处理系统中的净化是一个综合净化过程，其净化机理十分复杂，它包含了物理过滤、吸附、沉积、化学反应和化学沉淀、微生物降解等过程。污水中主要污染物的去除机理如下。

1. 悬浮物的去除

污水中的悬浮物是通过土壤颗粒间的孔隙过滤截留、沉淀、生物的吸附及植物的阻截而去除的。慢速渗滤、快速渗滤和地下渗滤系统以过滤截留作用为主，地表漫流系统以沉淀、生物的吸附以及植物的阻截作用为主。值得注意的是，悬浮固体是导致土地处理系统堵塞的一个重要原因，若悬浮物浓度太高、颗粒太大，则会造成土壤堵塞。

2. BOD 的去除

土壤中含有大量种类繁多的异养型微生物，它们一般集中在距离表层 50 cm 深度的土壤中，因而大部分 BOD 是在土壤表层中被去除的。BOD 首先进入土壤表层，在过滤、吸附作用下被截留在土壤颗粒的空隙中，再通过微生物的分解代谢被降解，并合成新的细胞，完成自身的增殖。

3. 氮的去除

氮的去除主要靠植物吸附吸收，微生物脱氮(氨化、硝化、反硝化)、挥发(氨在碱性条件下逸出)和渗出(硝酸盐的渗出)。其中，土壤中微生物脱氮起主要作用，而对于慢速渗滤和地表漫流系统，植物吸收也起重要作用，它可去除 TN 的 10% ~ 50%。

污水进入土地处理系统后，有机氮首先被截留或沉淀，然后通过微生物的氨化作用转化为氨氮。

氨氮的去除主要有三种途径：①铵离子被带负电的土壤颗粒吸附；②微生物的硝化作用将氨氮转化为硝态氮；③在土壤的 pH > 7.5 的情况下，有分子态的氨氮(NH_3)存在，会有部分 NH_3 挥发，在 pH > 9.3 的情况下，NH_3 挥发更加显著。

硝态氮的去除主要有三种途径：①在微生物的反硝化作用下转化为氮气；②被植物根系吸收；③由于带负电的土壤颗粒对硝态氮没有吸附截留作用，因此部分硝态氮将随水分渗出。

4. 磷的去除

在土地处理中，磷的去除方式主要有植物吸收、微生物作用、土壤吸附和沉淀等，其中以土壤吸附和沉淀为主。土壤对磷的吸附能力极强，污水中 95% 的磷可以被土壤吸附而储存于土壤中，而磷在土壤中的扩散、移动极弱。微生物可以将无机磷转化为有机磷。植物对磷的吸收与对氮的吸收成比例，通常认为，植物要求氮、磷的营养比为 6 : 1。

5. 重金属元素的去除

污水中重金属(如 Hg、Pb、Cr、Cd、Ni、Cu、Zn)的去除方式主要有吸附、化学反应与沉淀等。金属离子在土壤胶体表面进行阳离子交换而被置换、吸附，并生成难溶性化合物；重金属离子与土壤的某些组分进行化学反应，生成金属磷酸盐和有机重金属等沉积于土壤中。

6. 病原体的去除

土壤可以去除污水中的大部分病菌、寄生虫和病毒，去除率可达 92% ~ 97%，去除的方式主要有过滤、吸附、生物捕食等。原生动物和蠕虫主要通过土壤的表面过滤而去除，细菌主要通过吸附和过滤而去除，而病毒则几乎全部通过吸附而去除。

二、污水土地处理系统工艺

1. 慢速渗滤系统

慢速渗滤系统是将污水投配到种有植物的土壤表面，污水在流经地表土壤—植物系统时得到充分净化的一种土地处理工艺系统，如图 11 - 6 所示。灌入的污水缓慢向下渗滤，通过土壤—微生物—植物对污水的净化，部分污水被植物吸收，部分污水蒸发散失，部分污水渗入地下。

慢速渗滤系统的污水投配负荷一般较低，污水通过土壤的渗滤速度缓慢，污水处理效率高，再生水质好，渗滤水缓慢补给地下水，不产生二次污染，一般不产生径流排放，污水与降水共同满足植物需要，并与蒸散量、渗滤量大致平衡。

慢速渗滤系统适用于渗水性良好的土壤、砂质土壤及蒸发量小、气候湿润的地区，适用于处理村镇生活污水和季节性排放的有机工业废水。

污水的投配方式可采用畦灌、沟灌及可升降的或可移动的喷灌系统，设计时可根据场地条件和工艺目标来选择。

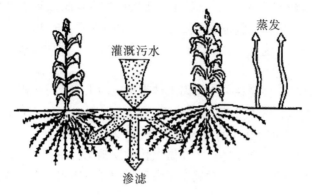

图 11-6　慢速渗滤系统

2. 快速渗滤系统

快速渗滤系统是将污水有控制地投配到具有良好渗滤性能的土壤(如沙土、砾石性砂土、砂质土壤等)，废水在向下渗滤过程中经生物氧化、硝化、反硝化、沉淀、过滤、氧化还原等过程而得到净化的一种污水土地处理工艺。如图 11-7 所示，污水灌至快速渗滤田表面后很快下渗，部分蒸发，部分渗入地下，并最终进入地下水层。淹水与干化反复交替进行，使滤田表层土壤处于厌氧—好氧交替运行状态，通过土壤及土壤微生物对污染物的阻截、吸附及生物降解作用，使污水得到净化。

进入快速渗滤系统的污水应进行适当的预处理，以保证有较大的渗滤速率。在土壤质地较粗时，可以采用一级处理或酸化(水解)作为预处理，这种废水的 C/N 值较高，有利于废水中氮的去除。一般情况下，污水经过一级处理就可以满足要求。若要增大渗滤速度、节省土地或者提高系统出水水质，宜选择二级处理作为预处理。

快速渗滤系统的出水可回收再利用，也可用于补给地下水。若要再生回用，需另设地下集水管或井群以收集再生水。

快速渗滤土地处理系统是一种高效、低耗、经济的污水处理与再生方法，其水力负荷和有机负荷比其他类型的土地处理系统要高很多，但场地和土壤条件决定了它的适用性，并且它对总氮的去除率不高，出水中的硝态氮有可能导致地下水二次污染。

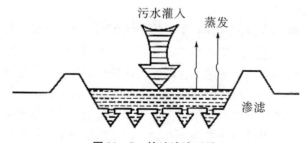

图 11-7　快速渗滤系统

3. 地表漫流系统

地表漫流系统是将污水有控制地投配到土壤渗透性低、具有一定坡度、生长牧草的土地表面，使污水在沿坡面以薄层缓慢流动过程中得到净化的一种土地处理工艺。污水流经坡面的过程中，少量被植物吸收、蒸发和渗入地下，大部分出水以地表径流汇集到坡脚的集水渠，收集的尾水可回用或排放，如图 11-8 所示。

地表漫流系统适用于渗透性低的黏土或亚黏土。坡面的最佳坡度为 2%~8%，经人工建造形成均匀、缓和的坡面。坡面种有牧草以供微生物栖息，并防止土壤被冲刷流失。

灌溉可采用喷灌法或漫灌(淹灌)法，具体采用何种灌溉方法取决于土壤性质、作物类型、气象和地形。

地表漫流系统对污水预处理程度要求低，对地下水的影响最小，其出水可达到二级或高于二级处理的出水水质。

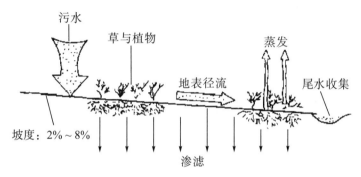

图 11-8 地表漫流系统

4. 地下渗滤系统

地下渗滤系统是将污水有控制地投配到距地面一定深度(约 0.5 m)，有良好渗透性的土层中，使污水在土壤的毛细管浸润和渗透作用下向周围扩散，通过过滤、沉淀、吸附和生物降解等过程使污水得以净化。地下渗滤系统净化污水的过程与慢速渗滤系统类似，如图 11-9 所示。

地下渗滤系统适用于无法接入城市排水管网的小规模污水的就地处理，如分散的居住小区、度假村、疗养院等。由于负荷低，停留时间长，其水质净化效果好且稳定，出水还可回用。

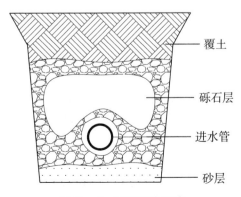

图 11-9 地下渗滤系统

第三节　人工湿地处理系统

一、概述

湿地是指地下水位终年接近地表面、土壤含水量处于饱和状态并生长着植物的地方。湿地具有复杂的功能，可以通过物理、化学和生物的反应去除污水中的污染物，因而被人们用来净化污水。从广义上讲，湿地可分为天然湿地和人工湿地。天然湿地系统以生态系统的保护为主，净化污水是辅助性的；人工湿地系统是通过人为地控制条件，将废水有控制地投配到经人工构造的湿地，废水在沿一定方向流动的过程中，在土壤、植物和微生物的共同作用下得到净化。

人工湿地处理系统具有以下优点：

（1）设计合理、正常运行的人工湿地，其处理效果好且稳定，出水 BOD、SS 等指标明显优于生物处理，具有较强的脱氮除磷能力。

（2）对重金属等难降解污染物有较高的净化能力。

（3）对水力负荷和污染物负荷的波动有较强的耐受力。

（4）需要的构筑物和设备较少，无须二沉池和人工曝气供氧，易于维护管理，基建投资和运行费用低，一般只需常规处理的 1/5～1/2。

（5）可以间接产生经济效益和环境效益，如收割作物、美化景观、保护野生生物等。

当然，人工湿地处理系统也存在缺陷：①占地面积较大；②抵抗恶劣气候条件的能力较弱；③净化能力受植物生长情况的影响较大，一般需要经过两三个植物生长季节，形成稳定的植物和微生物系统后才能达到设计处理要求；④易滋生蚊蝇。

二、人工湿地的填料、植物及其作用

1. 填料

传统的人工湿地填料，也称湿地基质，主要包括土壤、细沙、粗沙、砾石、灰渣等。随着人工湿地技术的发展，出现了一些具有优秀性能的人工湿地填料，如沸石、石灰石、页岩、塑料、陶瓷等。

填料是人工湿地不可缺少的组成部分，被称为高效的"活过滤器"，在污水净化和水体修复过程中起重要作用，主要包括：①为植物提供载体和营养物质，使植物根系可以有效地对污染物进行吸收、转化和降解；②为微生物的生长提供稳定的依附表面，促进微生物对污染物质的降解、转化和生物固定化作用；③通过沉淀、过滤和吸附等作用直接去除污染物；④对气体进行扩散的作用。

2. 植物

应用于人工湿地的植物一般为水生植物，主要包括挺水植物、沉水植物和浮水植物。挺水植物在人工湿地系统中主要起固定床体表面、提供良好的过滤条件、防止湿地被淤泥淤塞、为微生物提供良好根区环境的作用。常见的挺水植物有芦苇、香蒲、水葱、菖蒲、花叶芦竹、梭鱼草、美人蕉等。一些沉水植物(如金鱼藻、苦草、伊乐藻等)和浮水植物(如浮萍等)也常被用于人工湿地系统。

人工湿地中的植物一般应具有生态接受性好、环境耐受性强、处理性能好、成活率高、抗水能力强等特点,且具有一定的经济效益、生态效益和景观效益。人工湿地中的许多植物对污染物都具有吸收、代谢和累积作用。通常,植物的长势越好、密度越大、根系越发达,去污效果就越好。此外,植物在水中的根茎和根毛可以向周围释放多余的少量氧气,可以为有机物好氧分解供氧。

三、人工湿地的净化机理

人工湿地处理系统具有强大的多功能净化污水的能力,它通过沉淀、过滤、吸附、微生物降解和植物吸收等过程,可以去除废水中的有机物、悬浮物、氮、磷、重金属、细菌和病毒等多种污染物质。它对有机物、氮、磷的去除过程如下。

1. 有机物的去除

不溶性有机物在缓流条件下通过沉淀和过滤作用,可以很快地被截留,进而被微生物降解。溶解性有机物主要通过植物根系生物膜的吸附、吸收及微生物降解而被去除。废水中的 SS 主要是靠沉淀作用及植物性碎屑和生物的截留作用而被去除。沉积物中的可降解有机物能够在厌氧条件下逐步分解,但速度很慢。通过对填料的定期更换和对湿地植物的收割,将污染物从人工湿地中除去。

2. 氮的去除

氮的去除过程主要包括:①有机氮经微生物代谢转化为氨氮,大部分氨氮通过硝化—反硝化作用被还原成氮气而脱除;②植物的吸收;③NH_3 的挥发而进入大气;④渗入地下水。

3. 磷的去除

磷在人工湿地中通过吸附、络合、沉淀、植物吸收、生物除磷等作用而被去除。其中大部分磷是被填料吸附而除去的,生物除磷的量相对较小,可忽略不计。

四、人工湿地的类型

按水流方式,人工湿地可分为三种类型:①表面流湿地;②水平潜流湿地;③垂直流湿地。

1. 表面流湿地

表面流湿地如图 11-10 所示。污水在生长稠密的水生植物丛中流动,具有自由水面。污水在流动过程中与土壤、植物(特别是植物根茎上的生物膜)接触,通过物理、化学和生物的反应过程而得到净化。表面流湿地的投资及运行费用较低,但占地大,水力负荷小,净化能力有限。

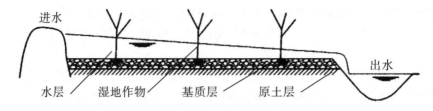

图 11 - 10　表面流湿地

2. 水平潜流湿地

如图 11 - 11 所示，水平潜流湿地的床底有隔水层，进水端设有布水沟，内置填料（如砾石）。污水从布水沟投入床内，从另一端的出水沟流出。在出水端砾石层底部设有多孔集水管，可与出水管相连接，通过调节出水管来控制床内水位。水平潜流湿地对 BOD、COD、SS 及重金属等的处理效果好，但脱氮除磷效果欠佳。

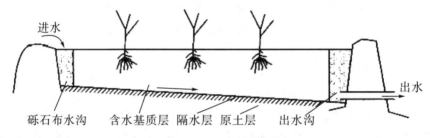

图 11 - 11　水平潜流湿地

3. 垂直流湿地

垂直流湿地实质上是水平潜流湿地与渗滤型土地处理系统相结合的一种新型湿地，如图 11 - 12 所示。湿地两侧地下设有多孔集水管，污水从湿地表面投入后，经水平渗滤，汇入集水管之后流出，污水在此过程中得到净化。垂直流湿地的氧来自大气复氧和植物根系释放的氧气，它的硝化能力强，适于处理氨氮含量高的污水，但其处理有机物的效果欠佳。

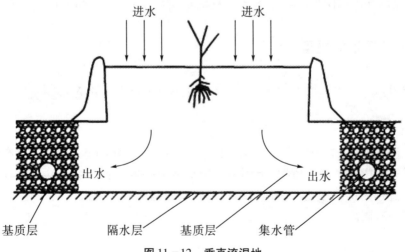

图 11 - 12　垂直流湿地

五、人工湿地的设计

人工湿地的设计可以参考以下参数：

HRT：7 ~ 10 d；

投配负荷：2 ~ 20 cm/d；

有机负荷：15 ~ 20 kg BOD_5/(hm² · d)；

布水深度：夏季小于 10 cm，冬季大于 30 cm；

长宽比：大于 10：1；

植物：芦苇、香蒲、水葱、灯芯草等；

坡度：一般为 0 ~ 3%；

土壤：土壤质地为黏土—壤土，渗透性为慢—中等，渗透率为 0.025 ~ 0.35 cm/h；

占地面积：$F = 6.57 \times 10^{-3} Q$ hm²。其中，Q 为污水设计流量，m³/d。

思考题

1. 稳定塘有哪几种主要类型？各适用于什么场合？
2. 试述好氧塘、兼性塘和厌氧塘净化污水的基本原理及优缺点。
3. 好氧塘中的溶解氧为什么会发生变化？
4. 在设计计算稳定塘时一般采用什么方法？应注意哪些问题？
5. 污水土地处理系统中的工艺类型有哪些？各有什么特点？各适用于什么场合？
6. 人工湿地去除污染物的机理是什么？
7. 人工湿地系统设计的主要工艺参数是什么？选用参数时应考虑哪些问题？

参 考 文 献

[1]美国水环境联合会. 膜生物反应器设计与运行手册[M]. 曹相生, 译. 北京: 中国建筑工业出版社, 2013.

[2]高廷耀, 顾国维. 水污染控制工程（下册）[M]. 3 版. 北京: 高等教育出版社, 2007.

[3]张建伟, 冯颖, 吴剑华. 工业水污染控制技术与设备[M]. 北京: 化学工业出版社, 2006.

[4]高廷耀, 顾国维. 水污染控制工程（下册）[M]. 2 版. 北京: 高等教育出版社, 1999.

[5]蒋维钧, 余立新. 新型传质分离技术[M]. 北京: 化学工业出版社, 2006.

[6]张统. 污水处理工程方案设计[M]. 北京: 中国建筑工业出版社, 2017.

[7]王社平, 高俊发. 污水处理厂工艺设计手册[M]. 2 版. 北京: 化学工业出版社, 2011.

[8]潘涛, 李安峰, 杜兵. 废水污染控制技术手册[M]. 北京: 化学工业出版社, 2013.

[9]潘涛, 李安峰, 杜兵. 废水处理设备与材料手册[M]. 北京: 化学工业出版社, 2012.

[10]孙体昌, 娄金生. 水污染控制工程[M]. 北京: 机械工业出版社, 2009.

[11]周敬宣. 环保设备及课程设计[M]. 北京: 化学工业出版社, 2007.

[12]周正立. 反渗透水处理应用技术及膜水处理剂[M]. 北京: 化学工业出版社, 2005.

[13]祖波, 张代钧, 周富春. 强化废水生物脱氮新技术——厌氧氨氧化、甲烷化、反硝化耦合的机理与动力学研究[M]. 北京: 中国环境科学出版社, 2009.

[14]陈杰瑢, 周琪, 蒋文举. 环境工程设计基础[M]. 北京: 高等教育出版社, 2007.

[15]阮文权. 废水生物处理工程设计实例详解[M]. 北京: 化学工业出版社, 2006.

[16]王建龙. 生物固定化技术与水污染控制[M]. 北京: 科学出版社, 2002.

[17]郑平, 徐向阳, 胡宝兰. 新型生物脱氮理论与技术[M]. 北京: 科学出版社, 2004.

[18]安树青. 湿地生态工程——湿地资源利用与保护的优化模式[M]. 北京: 化学工业出版社, 2003.